建筑工程项目管理
（第2版）

主　编　庞业涛　　何培斌

副主编　王　伟

参　编　陈　靖　　傅　佳　　杨　静

　　　　吴晶晶　　陈　耕　　刘　娜

　　　　郑小曼　　张翰兮　　陈　双

　　　　宋　丹

主　审　张　林

U0350521

北京理工大学出版社
BEIJING INSTITUTE OF TECHNOLOGY PRESS

内 容 提 要

本书根据最新标准与规范编写修订。全书共分为11个项目，主要内容包括建筑工程项目管理基础知识、建筑工程项目组织、建筑工程项目进度控制、建筑工程项目成本控制、建筑工程项目质量控制、建筑工程项目职业健康安全与环境管理、建筑工程项目合同管理、建筑工程项目资源管理、建筑工程项目信息管理、建筑工程项目风险管理和建筑工程项目收尾管理等。全书按照项目导向、任务驱动的教学模式构建知识体系，采用项目制的编写形式，注重实践技能的培养，突出实用性。

本书可作为高等院校土木工程类相关专业的教学用书，也可供相关工程技术人员参考使用。

图书在版编目（CIP）数据

建筑工程项目管理/庞业涛，何培斌主编.—2版.—北京：北京理工大学出版社，2018.1

ISBN 978-7-5682-5322-2

Ⅰ.①建…　Ⅱ.①庞…　②何…　Ⅲ.①建筑工程－工程项目管理－高等学校－教材

Ⅳ.①TU71

中国版本图书馆CIP数据核字(2018)第032739号

出版发行 / 北京理工大学出版社有限责任公司

社　　　址 / 北京市海淀区中关村南大街5号

邮　　　编 / 100081

电　　　话 / （010）68914775（总编室）

　　　　　　（010）82562903（教材售后服务热线）

　　　　　　（010）68948351（其他图书服务热线）

网　　　址 / http://www.bitpress.com.cn

经　　　销 / 全国各地新华书店

印　　　刷 / 北京紫瑞利印刷有限公司

开　　　本 / 787毫米×1092毫米　1/16

印　　　张 / 17.5　　　　　　　　　　　　　　　　责任编辑 / 李志敏

字　　　数 / 404千字　　　　　　　　　　　　　　文案编辑 / 李志敏

版　　　次 / 2018年1月第2版　2018年1月第1次印刷　责任校对 / 周瑞红

定　　　价 / 72.00元　　　　　　　　　　　　　　责任印制 / 边心超

第2版前言

《建筑工程项目管理》一书自2013年出版以来，受到了广大读者的一致好评。本教材紧紧围绕工程项目对工程项目管理的实际需要，从内容选取到任务练习等方面都非常适合培养高素质技术技能型人才。

《建筑工程项目管理》的使用已经历时4年，在此期间，我国建筑行业发生了巨大变化，建筑业正在朝着工业化、信息化、产业化的方向发展，国家正在推行BIM为代表的信息技术，大力发展装配式建筑，促进建筑业转型升级，国家也颁布了一批新的规范与标准，加之第1版教材之中也存在一些不足，故我们对本教材进行了修订。

本次修订依据《建设工程项目管理规范》（GB/T 50326—2017）、《建设项目工程总承包管理规范》（GB/T 50358—2017）、《环境管理体系 要求及使用指南》（GB/T 24001—2016）、《建设工程施工合同（示范文本）》（GF—2017—0201）等最新规范标准，对第1版中不合适的表述进行更正；增加了建筑工业化及装配式建筑、建筑信息化及BIM等内容；更新任务练习以及项目练习题目；紧跟信息时代步伐，提供二维码知识链接，丰富知识内容。

本书由庞业涛、何培斌担任主编，王伟担任副主编，陈靖、傅佳、杨静、吴晶晶、陈耕、刘娜、郑小曼、张翰兮、陈双、宋丹参与了本书部分章节的编写工作。具体编写分工为：庞业涛修订项目1、项目6、项目7和项目9，王伟修订项目4，陈靖、傅佳修订项目8，杨静、吴晶晶修订项目3，陈耕、刘娜修订项目10，郑小曼修订项目11，张翰兮修订项目2，陈双、宋丹修订项目5。全书由张林主审。

由于编者水平有限，书中难免存在疏漏和不妥之处，恳请读者批评指正。

编　者

第1版前言

本书编写目的是满足高等院校工程管理类专业教学需求，使学生系统地掌握建筑工程项目管理的基本理论和方法，具备从事建筑工程项目管理的基本职业能力。

在编写过程中，本书针对高等教育教学的特点，突出建筑工程项目管理的实践性，遵循项目导向、任务驱动的教学模式，创新编写思路。每个项目都配有案例导入，每个任务都安排了相应的练习题，在每个项目后都给出了精选的建造师执业资格考试题。这种编写思路能够将理论与实践更好地结合，能够进一步提高学生的学习兴趣，锻炼学生运用所学理论知识解决实际问题的能力，增强学生从事建筑工程项目管理的职业能力，为学生的可持续发展打下坚实的基础。

本书共分为11个项目。具体编写分工如下：何培斌编写项目2、任务3.3；庞业涛编写任务7.3、任务9.2；傅佳编写项目6、任务4.3、任务4.4；陈靖编写任务7.1、任务7.2、任务9.1；何巧编写项目11、任务3.4；彭雁英编写任务3.1、任务3.2；周淑金编写任务4.1；盖晓曦编写任务4.2；陈双编写项目1；宋丹编写项目5；黄娜娜编写项目8；金莉编写项目10；王敏、詹正广参与了部分章节的编写。全书由何培斌担任第一主编，庞业涛统稿。

本书由重庆大学赵宏家主审，他对全书的编写给予了精心指导，提出了许多宝贵意见，在此表示衷心感谢！本书编写参考和引用了大量文献资料，在此一并致谢！

由于编者水平有限，书中难免存在疏漏和不妥之处，恳请读者批评指正。

编　者

目 录

项目 1 建筑工程项目管理基础知识

项目目标

近年来，项目管理在我国越来越引起人们的重视，项目管理教育在许多工程技术和工程管理领域中得到普及。通过对本项目的学习，熟悉项目管理在工程建设中所起到的作用，掌握项目管理的基本知识，为后续的学习打下基础。

教学要求

学习目标	知识要点
了解项目管理	(1)项目的概念及特性 (2)项目管理的概念、内容、工作内容、形式
掌握建筑工程项目管理	(1)建筑工程项目的概念、特点、分类 (2)建筑工程项目管理的概念、类型、目标和任务 (3)建筑工程项目管理策划
了解建筑工程项目全寿命周期管理	(1)建筑工程项目全寿命周期管理的定义 (2)建筑工程项目全寿命周期各阶段工作内容 (3)建筑工程项目全寿命周期管理的内容和基本特点
了解建筑工业化	(1)建筑产业现代化、建筑工业化概念、内容 (2)装配式建筑概念、特征、种类 (3)装配式建筑发展瓶颈

案例导入

鲁布革水电站位于云南罗平县和贵州兴义市交界处黄泥河下游的深山峡谷中，这里河流密布，水流湍急，落差较大，1990 年在这里建成投产了装机容量为 60 万千瓦的水电站。

1977 年，水电部就着手进行鲁布革水电站的建设，水电十四局开始进行施工准备。但由于资金缺乏，工程一直未能正式开工。1983 年，水电部决定向世界银行贷款。鲁布革水电站工程向世界银行贷款总额度为 1.454 亿美元。根据世界银行的要求，鲁布革水电站工程将引水系统工程进行国际竞争性招标，日本大成公司以比标底低 43％的投标额中标。大成公司组成了 30 人的项目管理班子进行管理，施工人员是我国水电十四局的 500 名职工。1984 年 11 月 24 日，引水系统工程正式开工，1985 年 11 月截流，1988 年 7 月，大成公司承担的引水系统工程全部完工，1988 年年底第一台机组发电，1990 年水电站全部竣工。

鲁布革水电站是我国第一次按国际惯例进行水电工程项目管理的实践，开创了中国水电工程项目管理体制改革的先河。

【问题】

1. 进行项目管理的意义有哪些？
2. 该项目具有哪些特点？
3. 应如何做好该项目的管理工作？

任务 1.1　项目管理概述

任务导入

项目管理是指将各种系统、方法和人员结合在一起，在规定的时间、预算和质量目标范围内完成项目的各项工作。项目管理是一门应用科学，它反映了项目运作和项目管理的客观规律，是在实践的基础上总结研究出来的，同时又用来指导实践活动。项目管理对企业来说非常重要，无论企业经济效益好坏、规模大小，都需要加强项目管理。重视项目管理和加强项目管理是企业走向成功的必经之路。

1.1.1　项目的概念及特性

1. 项目的概念

项目是指一系列独特的、复杂的并相互关联的活动，这些活动有着一个明确的目标或目的，必须在特定的时间、预算、资源限定内，依据规范完成。项目参数包括项目范围、质量、成本、时间、资源。

2. 项目的特性

（1）一次性。一次性是项目与其他重复运行或操作的工作最大的区别。项目有明确的起点和终点，没有可以完全照搬的先例，也不会有完全相同的复制。项目的其他属性也是从这一主要的特征衍生出来的。

（2）独特性。每个项目都是独特的；或者其提供的产品或服务有自身的特点；或者其提供的产品或服务与其他项目类似，然而其时间和地点、内部和外部的环境、自然和社会条件有别于其他项目。因此，项目的过程总是独一无二的。

（3）目标的确定性。项目必须有确定的目标：

①时间性目标，如在规定的时段内或规定的时点之前完成；

②成果性目标，如提供某种规定的产品或服务；

③约束性目标，如不超过规定的资源限制；

④其他需满足的要求，包括必须满足的要求和尽量满足的要求。

目标的确定性允许有一个变动的幅度，也就是可以修改。不过一旦项目目标发生实质性变化，它就不再是原来的项目，而成为一个新的项目。

（4）活动的整体性。项目中的一切活动都是相关联的，构成一个整体。多余的活动是不必要的，而缺少某些活动必将损害项目目标的实现。

1.1.2　项目管理

1. 项目管理的概念

项目管理是指将各种系统、方法和人员结合在一起，在规定的时间、预算和质量目标范围内完成项目的各项工作，即对项目从投资决策开始到项目结束的全过程进行计划、组织、指挥、协调、控制和评价，以实现项目的目标。

按照传统的做法，当企业设定了一个项目后，会有好几个部门将参与这个项目，包括财务、市场、行政等，而不同部门在运作项目过程中不可避免地会产生摩擦，必须进行协调，而这些无疑会增加项目管理的成本，影响项目实施的效率。而项目管理的做法则不同，不同职能部门的成员因为某一个项目而组成团队，项目经理是项目团队的领导者，他们所肩负的责任就是领导他的团队准时、优质地完成全部工作，在不超出预算的情况下实现项目目标。项目的管理者不仅仅是项目的执行者，他还参与项目的需求确定、项目选择、计划直至收尾的全过程，并在时间、成本、质量、风险、合同、采购、人力资源等各个方面对项目进行全方位的管理，因此，项目管理可以帮助企业处理需要跨领域解决的复杂问题，并实现更高的运营效率。

2. 项目管理的内容

(1)项目范围管理。项目范围管理是指为实现项目的目标，对项目的工作内容进行控制的管理过程。其包括范围的界定、范围的规划、范围的调整等。

(2)项目时间管理。项目时间管理是指为确保项目最终按时完成的一系列管理过程。其包括具体活动界定、活动排序、时间估计、进度安排及时间控制等工作。很多人把 GTD 时间管理引入其中，大大提高了工作效率。

(3)项目成本管理。项目成本管理是指为保证完成项目的实际成本、费用不超过预算成本、费用而开展的管理活动。其包括资源的配置，成本、费用的预算以及费用的控制等工作。

(4)项目质量管理。项目质量管理是指为确保项目达到客户所规定的质量要求所实施的一系列管理措施。其包括质量规划、质量控制和质量保证等。

(5)项目人力资源管理。项目人力资源管理是指为保证所有项目关系人的能力和积极性都得到最有效的发挥和利用所做的一系列管理措施。其包括组织的规划、团队的建设、人员的选聘和项目的班子建设等一系列工作。

(6)项目沟通管理。项目沟通管理是指为确保项目信息的合理收集和传输所需要实施的一系列措施。其包括沟通规划、信息传输和进度报告等。

(7)项目风险管理。项目风险管理是指对项目风险从识别到分析乃至采取应对措施等一系列活动。其包括风险识别、风险量化、对策制订和风险控制等。

(8)项目采购管理。项目采购管理是指为从项目实施组织之外获得所需资源或服务所采取的一系列管理措施。其包括采购计划、采购与征购、资源的选择以及合同的管理等工作。

(9)项目集成管理。项目集成管理是指为确保项目各项工作能够有机协调和配合所展开的综合性和全局性的项目管理工作和过程。其包括项目集成计划的制订、项目集成计划的实施、项目变动的总体控制等。

3. 项目管理的工作内容

(1)对项目进行前期调查，收集整理相关资料，编制初步的项目可行性研究报告，为决策层提供建议，协同配合编制和申报立项报告材料。

(2)对项目进行分析和需求策划。

(3)对项目的组成部分或模块进行完整系统的设计。

(4)制订项目目标及项目计划、项目进度表。

(5)制订项目执行和控制的基本计划。

(6)建立项目管理的信息系统。

(7)控制项目进程，配合上级管理层对项目进行良好的控制。

(8)跟踪和分析成本。

(9)记录并向上级管理层传达项目信息。

(10)管理项目中的问题、风险和变化。

(11)项目团队建设。

(12)各部门、各项目组之间的协调并组织项目培训工作。

(13)项目及项目经理考核。

(14)理解并贯彻公司长期和短期的方针与政策，用以指导公司所有项目的开展。

4. 项目管理的三要素

在项目管理中，最重要的是质量、进度与成本三要素。

(1)质量是项目成功的必须与保证，质量管理包括质量计划、质量保证与质量控制。

(2)进度管理是保证项目能够按期完成所需的过程。在总体计划的指导下，各参与建设的单位编制自己的分解计划，才能保证项目的顺利进行。

(3)成本管理是保证项目在批准的预算范围内完成项目的过程，其包括资源计划的编制、成本估算、成本预算与成本控制。

5. 项目管理的形式

(1)设置项目管理的专门机构，对项目进行专门管理。规模庞大、工作复杂、时间紧迫、不确定性因素多的项目可以单独设置专门机构，配备一定的专职人员，对项目进行专门管理。

(2)设置项目管理的专职管理人员，对项目进行专职管理。规模较小、工作简单、不确定因素少、涉及的单位和部门少的项目可只委派专职人员进行协调管理，协助企业的有关领导人员对各有关部门和单位分管的任务进行联系、督促和检查。

(3)设置项目主管，对项目进行临时授权管理。有些项目的规模、复杂程度、涉及面和协调量介于上述两种情况之间，对于这样的项目，可以指定主管部门和主管人员来负责，并临时授予相应权力，主管部门或主管人员在充分发挥原有职能作用并履行岗位职责的同时，全权负责项目的计划、组织与控制。

(4)设置矩阵结构的组织形式，对项目进行综合管理。矩阵结构就是由纵、横两套管理系统组成的矩形组织结构。一套是纵向的部门职能系统；另一套是由项目组成的横向项目系统。将横向项目系统在运行中与纵向部门职能系统两者交叉重叠起来，就组成一个矩阵。

任务练习

1. 项目具有的特性包括_____、_____、_____和活动的整体性。

2. 项目管理的内容包括_____、_____、_____、_____、人力资

源管理、项目沟通管理、项目风险管理、项目采购管理、项目集成管理。

3. 项目风险管理包括风险识别、_____、_____。

4. 项目管理是指将_____、_____和_____结合在一起，在规定的_____、_____和_____目标范围内完成项目的各项工作。

5. 项目范围管理是对项目的工作内容进行控制的管理过程。其包括_____、_____、_____。

6. 项目质量管理是为了确保项目达到客户所规定的质量要求所实施的一系列管理措施。其包括_____、_____、_____。

7. 项目管理三要素为_____、_____、_____。

8. 项目是( )。

    A. 一个实施一个计划相应范围的过程

    B. 一组以协作方式管理、获得一个期望的结果的主意

    C. 创立独特的产品或服务所承担的临时努力

    D. 一系列必须在一个确定的日期完成的任务或功能

9. ( )属于项目。

    A. 管理一个公司

    B. 开发一种新型计算机

    C. 提供产品技术支持

    D. 提供金融服务

10. 项目管理的目标是在有限资源条件下，保证项目的( )、质量、成本达到最优化。

    A. 范围   B. 时间   C. 效率   D. 效益

11. 项目最主要的特征是( )。

    A. 目标明确性   B. 一次性   C. 约束性   D. 生命周期性

参考答案

任务 1.2 建筑工程项目与建筑工程项目管理

任务导入

建筑工程项目是由建筑业企业自施工承包投标开始到保修期满为止的全过程中完成的项目。企业项目管理的基本任务是进行施工项目的进度、质量、安全和成本目标控制。而要实现这些目标，就得从项目管理抓起，其项目管理主要服务于项目的整体利益。

1.2.1 建筑工程项目

1. 建筑工程项目的概念

建筑工程项目也称建设项目（Construction Project），是指在一个总体设计或初步设计范围内，由一个或几个单项工程所组成、经济上实行统一核算、行政上实行统一管理、严

格按基建程序实施的基本建设工程；一般指符合国家总体建设规划，能独立发挥生产功能或满足生活需要，其项目建议书经批准立项和可行性研究报告经批准的建设任务，如工业建设中的一座工厂、一个矿山，民用建设中的一个居民区、一幢住宅、一所学校等均为一个建设项目。

2. 建筑工程项目的特点

(1)具有明确的建设目标。每个项目都具有确定的目标，包括成果性目标和约束性目标。成果性目标是指对项目的功能性要求，也是项目的最终目标；约束性目标是指对项目的约束和限制，如时间、质量、投资等量化的条件。

(2)具有特定的对象。任何项目都具有具体的对象，它决定了项目的最基本特性，是项目分类的依据。

(3)一次性。项目都是具有特定目标的一次性任务，有明确的起点和终点，任务完成即告结束，所有项目没有重复。

(4)生命周期性。项目的一次性决定了项目具有明确的起止点，即任何项目都具有诞生、发展和结束的时间，也就是项目的生命周期。

(5)有特殊的组织和法律条件。项目的参与单位之间主要以合同作为纽带相互联系，并以合同作为分配工作、划分权力和责任关系的依据。项目参与方之间在建设过程中的协调主要通过合同、法律和规范实现。

(6)涉及面广。一个建筑工程项目涉及建设规划、计划、土地管理、银行、税务、法律、设计、施工、材料供应、设备、交通、城管等诸多部门，因而，项目组织者需要做大量的协调工作。

(7)作用和影响具有长期性。每个建设项目的建设周期、运行周期、投资回收周期都很长，因此，其影响面大、作用时间长。

(8)环境因素制约多。每个建设项目都受建设地点的气候条件、水文地质条件、地形地貌等多种环境因素的制约。

3. 建筑工程项目的分类

为了加强建筑工程项目管理，正确反映建设的项目内容及规模，建筑工程项目可按不同的标准分类。

(1)按建设性质分类。建筑工程项目按其建设性质不同，可划分为基本建设项目和更新改造项目两大类。

①基本建设项目是指投资建设以扩大生产能力或增加工程效益为主要目的的新建、扩建工程及有关工作。其具体包括以下内容：

a. 新建项目是指以技术、经济和社会发展为目的，从无到有的建设项目。现有企业、事业和行政单位一般不应有新建项目，新增加的固定资产价值超过原有全部固定资产价值(原值)三倍以上时，才可算新建项目。

b. 扩建项目是指企业为扩大生产能力或新增效益而增建的生产车间或工程项目，以及事业和行政单位增建业务用房等。

c. 迁建项目是指现有企、事业单位为改变生产布局或出于环境保护等其他特殊要求，搬迁到其他地点的建设项目。

d. 恢复项目是指原固定资产因自然灾害或人为灾害等原因已全部或部分报废，又投资重新建设的项目。

②更新改造项目是指建设资金用于对企、事业单位原有设施进行技术改造或固定资产更新，以及相应配套的辅助性生产、生活福利设施等工程和有关工作。其包括挖潜工程、节能工程、安全工程、环境工程。

更新改造项目应依据"专款专用、少搞土建、不搞外延"的原则进行。

(2)按投资作用分类。基本建设项目按其投资在国民经济各部门中的作用不同，可分为生产性建设项目和非生产性建设项目。

①生产性建设项目是指直接用于物质生产或直接为物质生产服务的建设项目。其主要包括以下内容：

a. 工业建设项目包括工业、国防和能源建设。

b. 农业建设项目包括农、林、牧、渔、水利建设。

c. 基础设施项目包括交通、邮电、通信建设，地质普查、勘探建设，建筑业建设等。

d. 商业建设项目包括商业、饮食、营销、仓储、综合技术服务事业等的建设。

②非生产性建设项目(消费性建设)包括用于满足人民物质和文化需求、福利需要的建设和非物质生产部门的建设。其主要包括以下内容：

a. 办公用房包括各级国家党政机关、社会团体、企业管理机关的办公用房。

b. 居住建筑包括住宅、公寓、别墅等。

c. 公共建筑包括科学、教育、文化艺术、广播电视、卫生、博览、体育、社会福利事业、公用事业、咨询服务、宗教、金融、保险等建设。

d. 不属于上述各类的其他非生产性建设。

(3)按项目规模分类。按照国家规定的标准，基本建设项目可分为大型、中型、小型三类；更新改造项目可分为限额以上和限额以下两类。不同等级标准的建设项目，国家规定的审批机关和报建程序也不尽相同。现行国家的有关规定如下：

①按投资额划分的基本建设项目，属于工业生产性项目中的能源、交通、原材料部门的工程项目，投资额达到 5 000 万元以上为大中型项目；其他部门和非工业建设项目，投资额达到 3 000 万元以上为大、中型建设项目。

②按生产能力或使用效益划分的建设项目，以国家对各行各业的具体规定作为标准。

③更新改造项目只按投资额标准划分为限额以上(能源、交通、原材料工业项目为 5 000 万元，其他项目为 3 000 万元)和限额以下项目。

(4)按项目的投资效益分类。建筑工程项目按其投资效益不同，可分为竞争性项目、基础性项目和公益性项目。

①竞争性项目主要是指投资效益比较高、竞争性比较强的一般性建设项目。这类建设项目应以企业作为基本投资主体，由企业自主决策、自担投资风险。

②基础性项目主要是指具有自然垄断性、建设周期长、投资额大而收益低的基础设施和需要政府重点扶持的一部分基础工业项目，以及直接增强国力的符合经济规模的支柱产业项目。对于这类项目，主要应由政府集中必要的财力、物力，通过经济实体进行投资。同时，还应广泛吸收地方、企业参与投资，有时还可吸收外商直接投资。

③公益性项目主要包括科技、文教、卫生、体育和环保等设施建设项目，公、检、法等司法机关以及政府机关、社会团体办公设施建设项目，国防建设项目等。公益性项目的投资主要是由政府用财政资金安排的。

4. 建筑工程项目的划分

根据工程设计要求以及编审建设预算、制订计划、统计、会计核算的需要，建设项目一般进一步划分为单项工程、单位工程、分部工程及分项工程。

(1)单项工程。单项工程一般是指有独立设计文件，建成后能独立发挥效益或生产设计规定产品的车间(联合企业的分厂)、生产线或独立工程等。一个项目在全部建成投产以前，往往陆续建成若干个单项工程，所以，单项工程也是考核投产计划完成情况和计算新增生产能力的基础。

(2)单位工程。单位工程是单项工程中具有独立施工条件的工程，是单项工程的组成部分。通常按照不同性质的工程内容，根据组织施工和编制工程预算的要求，将一个单项工程划分为若干个单位工程。例如，在工业建设中，一个车间是一个单项工程，车间的厂房建筑是一个单位工程，车间的设备安装又是一个单位工程。

(3)分部工程。分部工程是单位工程的组成部分，是按建筑安装工程的结构、部位或工序划分的。例如，一般房屋建筑可分为土方工程、桩基础工程、砖石工程、混凝土工程、装饰工程等。

(4)分项工程。分项工程是对分部工程的再分解，指在分部工程中能用较简单的施工过程生产出来，并能适当计量和估价的基本构造。一般是按不同的施工方法、不同的材料、不同的规划划分的，例如，砖石工程就可以分解成砖基础、砖内墙、砖外墙等分项工程。

分部、分项工程是编制施工预算，制订检查施工作业计划，核算工、料费的依据，也是计算施工产值和投资完成额的基础。

5. 建筑工程项目应满足的要求

(1)技术上：满足一个总体设计或初步设计的技术要求。

(2)构成上：由一个或几个相互关联的单项工程所组成，每一个单项工程可由一个或几个单位工程所组成。

(3)建设过程中：在经济上实行统一核算，在行政上实行统一管理。

1.2.2 建筑工程项目管理

1. 建筑工程项目管理的概念

建筑工程项目管理是指在一定约束条件下，以建筑工程项目为对象，以最优实现建筑工程项目目标为目的，以建筑工程项目经理负责制为基础，以建筑工程承包合同为纽带，为实现项目投资、进度、质量目标而进行的全过程、全方位的规划组织、控制和协调的系统管理活动。

根据《建设工程项目管理规范》(GB/T 50326—2017)的规定，建筑工程项目管理是一种专业化的活动，简称项目管理。企业应遵循策划、实施、检查、处置的动态管理原理，确定项目管理流程，建立项目管理制度，实施项目系统管理，持续改进管理绩效，提高相关方满意水平，确保实现项目管理目标。

建筑工程项目管理的内涵是：自项目开始至项目完成，通过项目策划和项目控制，以使项目的费用目标、进度目标和质量目标得以实现。"自项目开始至项目完成"是指项目的实施期；"项目策划"指的是目标控制前的一系列筹划和准备工作；"费用目标"对业主而言是投资目标，对施工方而言是成本目标。项目决策期管理工作的主要任务是确定项目的定义，而项目实施期管理的主要任务是通过管理使项目的目标得以实现。

2. 建筑工程项目管理的类型

企业应识别项目需求和项目范围，根据自身项目管理能力、相关方约定及项目目标之间的内在联系，确定项目管理目标。在建筑工程项目的实施过程中，由于各阶段的任务和实施主体不同，建筑工程项目管理也分为了不同的类型。同时，由于建筑工程项目承包合同形式的不同，建筑工程项目管理的类型也不同。因此，从系统分析的角度看，建筑工程项目管理大致有如图 1-1 所示的几种类型。

图 1-1　建筑工程项目管理类型示意

（1）发包方（业主）的项目管理（建设监理）。业主的项目管理是全过程的，包括项目决策和实施阶段的各个环节，即从编制项目建议书开始，经可行性研究、设计和施工，直至项目竣工验收、投产使用的全过程管理。

工程项目的一次性决定了业主自行进行项目管理往往有很大的局限性。在项目管理方面，缺乏专业化的队伍，即使配备了管理班子，没有连续的工程任务也是不经济的。在计划经济体制下，每个建设单位都要配备专门的项目管理队伍，这不符合资源优化配置和动态管理的原则，而且也不利于工程建设经验的积累和应用。在市场经济体制下，工程业主完全可以从社会化的咨询服务单位获得项目管理方面的服务。如图 1-1 所示，监理单位可以受工程业主的委托，在工程项目实施阶段为业主提供全过程的监理服务；另外，监理单位还可将其服务范围扩展到工程项目前期的决策阶段，为工程业主进行科学决策提供咨询服务。

（2）工程总承包方的项目管理。在设计、施工总承包的情况下，业主在项目决策之后，通过招标择优选定总承包方全面负责工程项目的实施过程，直至最终交付使用功能和质量标准符合合同文件规定的工程项目。由此可见，总承包方的项目管理是贯穿于项目实施全过程的全面管理，既包括工程项目的设计阶段，也包括工程项目的施工安装阶段。总承包方为了实现其经营方针和目标，必须在合同条件的约束下，依靠自身的技术和管理优势或实力，通过优化设计及施工方案，在规定的时间内保质、保量地全面完成工程项目的承建任务。

（3）设计方的项目管理。设计方的项目管理是指设计方受业主委托承担工程项目的设计任务后，根据设计合同所界定的工作目标及责任义务，对建设项目设计阶段的工作所进行的自我管理。设计方通过设计项目管理，对建设项目的实施在技术和经济上进行全面而详尽的安排，引进先进技术和科研成果，形成设计图纸和说明书，以便实施，并在实施过程中进行监督和验收。

（4）施工方的项目管理。施工方通过投标获得工程施工承包合同，并以施工合同所界定的工程范围组织项目管理，简称为施工项目管理。施工项目管理的目标体系包括工程施工质量（Quality）、成本（Cost）、工期（Delivery）、安全和现场标准化（Safety），简称 QCDS 目标体系。显然，这一目标体系既和整个工程项目目标相联系，又有很强的施工企业项目管理的自主性特征。

3. 建筑工程项目管理的目标和任务

(1)业主方项目管理的目标和任务。业主方项目管理服务于业主的利益，其项目管理的目标包括项目的投资目标、进度目标和质量目标。其中投资目标是指项目的总投资目标；进度目标是指项目动用的时间目标，即项目交付使用的时间目标，如办公楼可以启用、旅馆可以开业的时间目标等。

业主方的项目管理工作涉及项目实施阶段的全过程，即在设计前的准备阶段、设计阶段、施工阶段、动用前的准备阶段和保修阶段分别进行如下工作：安全管理、投资控制、进度控制、质量控制、合同管理、信息管理、组织和协调。其中安全管理是项目管理中最重要的任务。

(2)工程总承包方项目管理的目标和任务。建设项目工程总承包方作为项目建设的一个重要参与方，其项目管理主要服务于项目的整体利益和建设项目工程总承包方本身的利益，其项目管理的目标应符合合同的要求，包括：工程建设的安全管理目标；项目的总投资目标和建设项目工程总承包方的成本目标(前者是业主方的总投资目标，后者是建设项目工程总承包方本身的成本目标)；建设项目工程总承包方的进度目标；建设项目工程总承包方的质量目标。

建设项目工程总承包方项目管理的主要任务包括安全管理、项目的总投资控制和建设项目工程总承包方的成本控制、进度控制、质量控制、合同管理、信息管理、与建设项目工程总承包方有关的组织和协调等。

(3)设计方项目管理的目标和任务。设计方作为项目建设的一个参与方，其项目管理主要服务于项目的整体利益和设计方本身的利益。设计方的项目管理工作主要在设计阶段进行，但它也涉及设计前的准备阶段、施工阶段、动用前的准备阶段和保修阶段。其项目管理的目标包括设计的成本目标、设计的进度目标和设计的质量目标，以及项目的投资目标。项目的投资目标能否实现与设计工作密切相关。

设计方项目管理的任务包括与设计工作有关的安全管理、设计成本控制和与设计工作有关的工程造价控制、设计进度控制、设计质量控制、设计合同管理、设计信息管理、与设计工作有关的组织和协调。

(4)施工方项目管理的目标和任务。施工方作为项目建设的一个重要参与方，其项目管理不仅应服务于施工方本身的利益，也必须服务于项目的整体利益。

施工方项目管理的目标应符合合同的要求，它包括：施工的安全管理目标、施工的成本目标、施工的进度目标和施工的质量目标。

施工方项目管理的任务包括：施工安全管理、施工成本控制、施工进度控制、施工质量控制、施工合同管理、施工信息管理及与施工有关的组织和协调等。

4. 建筑工程项目范围管理

企业应确定项目范围管理的工作职责和程序，把项目范围管理贯穿于项目的全过程。项目范围管理的过程应包含下列内容：

(1)范围计划。

(2)范围界定。

(3)范围确认。

(4)范围变更控制。

1.2.3 建筑工程项目管理策划

项目管理策划是为达到项目管理目标，在调查、分析有关信息的基础上，遵循一定的程序，对未来(某项)工作进行全面的构思和安排，制定和选择合理可行的执行方案，并根据目标要求和环境变化对方案进行修改、调整的活动。企业应建立向项目管理策划的管理制度，确定项目管理策划的管理职责、实施程序和控制要求。

项目管理策划由项目管理规划策划和项目管理配套策划组成。项目管理规划包括项目管理规范大纲和项目管理实施规划，项目管理配套策划包括项目管理规划以外的所有项目管理策划的内容。

1. 项目管理策划程序

(1)识别项目管理范围。

(2)进行项目工作分解。

(3)确定项目的实施方法。

(4)规定项目需要的各种资源。

(5)测算项目成本。

(6)对各个项目管理过程进行策划。

2. 项目管理规划大纲内容

项目管理规划大纲是指导项目管理的纲领性文件。项目管理规划大纲应该包含下列内容，企业也可根据项目的实际需要在其中选定。

(1)项目概况。

(2)项目范围管理。

(3)项目管理目标。

(4)项目管理组织。

(5)项目采购与投标管理。

(6)项目进度管理。

(7)项目质量管理。

(8)项目成本管理。

(9)项目安全生产管理。

(10)绿色建造与环境管理。

(11)项目资源管理。

(12)项目信息管理。

(13)项目沟通与相关方管理。

(14)项目风险管理。

(15)项目收尾管理。

3. 项目管理实施规划

项目管理实施规划是项目管理规划大纲的进一步深化与细化。项目管理实施规划包含下列内容：

(1)项目概况。

(2)项目总体工作安排。

(3)组织方案。

(4)设计与技术措施。

(5)进度计划。

(6)质量计划。

(7)成本计划。

(8)安全生产计划。

(9)绿色建造与环境管理。

(10)资源需求与采购管理。

(11)信息管理计划。

(12)沟通管理计划。

(13)风险管理计划。

(14)项目收尾计划。

(15)项目现场平面图布置。

(16)项目目标控制计划。

(17)技术经济指标。

一般情况下，施工单位的施工组织设计等同于项目管理实施规划。

4. 项目管理配套策划

项目管理配套策划是与项目管理规划策划相关联的项目管理策划过程。企业应将项目管理配套策划作为项目管理规划的支撑措施纳入项目管理策划过程。项目管理配套策划应包含下列内容：

(1)确定项目管理规划的编制人员、方法选择、时间安排。

(2)安排项目管理规划各项规定的具体落实途径。

(3)明确可能影响项目管理规划实施绩效的风险应对措施。

任务练习

1. 建设项目按其建设性质不同，可划分为 _____ 和 _____ 两大类。

2. 基本建设项目包括 _____ 、 _____ 、 _____ 、 _____ 。

3. 属于工业生产性项目中的能源、交通、原材料部门的工程项目，投资额达到 _____ 万元以上为大、中型项目；其他部门和非工业建设项目，投资额达到 _____ 万元以上为大、中型建设项目。

4. 建设项目按项目的投资效益不同可分为 _____ 、 _____ 、 _____ 。

5. 建设项目一般可划分为 _____ 、 _____ 、 _____ 、 _____ 。

6. 建设工程项目管理的核心任务是项目的(   )。

    A. 合同管理　　　　　　　　　　　B. 组织与协调

    C. 目标控制　　　　　　　　　　　D. 质量控制、成本控制和进度控制

7. 在建设工程项目管理的内涵中，"自项目开始至项目完成"指的是项目的(   )。

    A. 施工工期　　　B. 实施期　　　C. 竣工期　　　D. 投产

参考答案

8. 一般具有独立设计文件，建成后能独立发挥效益或生产设计规定产品的车间(联合企业的分厂)、生产线或独立工程等是指(　　)。
   A. 单项工程　　　　B. 单位工程　　　　C. 分部工程　　　　D. 分项工程
9. 如工业建设中一个车间是一个单项工程，那车间的设备安装属于(　　)。
   A. 单项工程　　　　B. 单位工程　　　　C. 分部工程　　　　D. 分项工程
10. 房屋建筑的土方工程属于(　　)。
    A. 单项工程　　　　　　　　　　B. 单位工程
    C. 分部工程　　　　　　　　　　D. 分项工程
11. 按照建筑工程项目不同参与方的工作性质和组织特征划分的项目管理类型，施工方的项目管理不包括(　　)的项目管理。
    A. 施工总承包方　　　　　　　　B. 建设项目总承包方
    C. 施工总承包管理方　　　　　　D. 施工分包方

任务 1.3　建筑工程项目全寿命周期管理

任务导入

近年来，我国大力提倡科学发展观，发展循环经济，全寿命周期的项目管理模式对工程建设将发挥越来越重要的作用。项目管理理念、理论和方法的不断创新，项目管理内容、效用和领域的拓展，目标控制的强化，以及项目增值和可持续发展的需要，使全寿命周期的项目管理模式成为新世纪管理模式更新的必然。

1.3.1　建筑工程项目全寿命周期管理的定义

全寿命周期管理(Life Cycle Cost，LCC)于 20 世纪 60 年代出现在美国军界，主要用于军队航母、激光制导导弹、先进战斗机等高科技武器的管理上。从 20 世纪 70 年代开始，全寿命周期管理理念被各国广泛应用于交通运输系统、航天科技、国防建设、能源工程等领域。

所谓全寿命周期管理，就是从长期效益出发，应用一系列先进的技术手段和管理方法，统筹规划、建设、生产、运行和退役等各环节，在确保规划合理、工程优质、生产安全、运行可靠的前提下，以项目全寿命周期的整体最优作为管理目标。

1.3.2　建筑工程项目全寿命周期各阶段工作程序

(1)根据国民经济和社会发展长远规划，结合行业和地区发展规划的要求，编制项目建议书。

(2)在勘察、试验、调查研究及详细技术经济论证的基础上编制可行性研究报告。

(3)根据项目的咨询评估情况对建设项目进行决策。

(4)根据可行性研究报告编制设计文件。

(5)初步设计批准后，做好施工前的各项准备工作。

(6)组织施工并根据工程进度做好生产准备。

(7)项目按批准的设计内容建成并经竣工验收合格后正式投产，交付生产使用。

(8)生产运营一段时间后(一般为两年)进行项目后评价。

建筑工程项目全寿命周期是指从建设项目构思开始到建设工程报废(或建设项目结束)的全过程。

建筑工程项目全寿命周期包括项目的决策阶段、实施阶段和使用阶段(或称运营阶段、运行阶段)。

项目的决策阶段包括编制项目建议书和可行性研究报告；项目的实施阶段包括设计前的准备阶段、设计阶段、施工阶段、动用前的准备阶段和保修阶段，如图1-2所示。

图1-2　建筑工程项目的全寿命周期各阶段工作程序

1.3.3　建筑工程项目全寿命周期各阶段工作内容

1. 编制项目建议书阶段

项目建议书是业主单位向国家提出的要求建设某一项目的建议文件，是对工程项目建设的轮廓设想。项目建议书的主要作用是推荐一个拟建项目，论述其建设的必要性、建设条件的可行性和获利的可能性，供国家选择并确定是否进行下一步工作。

项目建议书的内容视项目的不同而有繁有简，但一般应包括以下几个方面：

(1)项目提出的必要性和依据。

(2)产品方案、拟建规模和建设地点的初步设想。

(3)资源情况、建设条件、协作关系等的初步分析。

(4)投资估算和资金筹措设想。

(5)项目的进度安排。

(6)经济效益和社会效益的估计。

项目建议书按要求编制完成后，应根据建设规模和限额划分分别报送有关部门审批。

项目建议书经批准后，可以进行详细的可行性研究工作，但并不表示项目非上不可，项目建议书不是项目的最终决策。

2. 编制可行性研究报告阶段

项目建议书一经批准，即可着手开展项目可行性研究工作。可行性研究是对工程项目在技术上是否可行和经济上是否合理进行科学的分析和论证。

(1)可行性研究的工作内容。

①进行市场研究，以解决项目建设的必要性问题。

②进行工艺技术方案的研究，以解决项目建设的技术可能性问题。

③进行财务和经济分析，以解决项目建设的合理性问题。

凡经可行性研究未通过的项目，不得进行下一步工作。

(2)可行性研究报告的内容。可行性研究工作完成后，需要编写出反映其全部工作成果的可行性研究报告。就其内容来看，各类项目的可行性研究报告内容不尽相同，但一般应包括以下基本内容：

①项目提出的背景、投资的必要性和研究工作的依据。

②需求预测及拟建规模，产品方案和发展方向的技术经济比较和分析。

③资源、原材料、燃料及公用设施情况。

④项目设计方案及协作配套工程。

⑤建厂条件与厂址方案。

⑥环境保护、防震、防洪等要求及其相应措施。

⑦企业组织、劳动定员和人员培训。

⑧建设工期和实施进度。

⑨投资估算和资金筹措方式。

⑩经济效益和社会效益。

(3)可行性研究报告的审批。按照现行国家规定，凡属中央政府投资、中央和地方政府合资的大中型和限额以上项目的可行性研究报告，都要报送国家发改委审批。国家发改委在审批过程中要征求行业主管部门和国家专业投资公司的意见，同时要委托具有相应资质的工程咨询公司进行评估。总投资在2亿元以上的项目，无论是中央政府投资还是地方政府投资，都要经国家发改委审查后报国务院审批。中央各部门所属小型和限额以下项目的可行性研究报告，由各部门审批。总投资额在2亿元以下的地方政府投资项目，其可行性研究报告由地方发改委审批。

可行性研究报告经过正式批准后，将作为初步设计的依据，不得随意修改和变更。如果在建设规模、产品方案、建设地点、主要协作关系等方面有变动以及突破原定投资控制数时，应报请原审批单位同意，并正式办理变更手续。可行性研究报告经批准，建设项目才算正式"立项"。

3. 设计阶段

设计是对拟建工程的实施在技术上和经济上所进行的全面而详尽的安排，是基本建设计划的具体化，同时也是组织施工的依据。工程项目的设计工作一般分为两个阶段，即初步设计阶段和施工图设计阶段。重大项目和技术复杂项目可根据需要增加技术设计阶段。

(1)初步设计。初步设计是根据可行性研究报告的要求所做的具体实施方案，目的是阐明在指定的地点、时间和投资控制数额内，拟建项目在技术上的可能性和经济上的合理性，并通过对工程项目所做出的基本技术经济规定，编制项目总概算。

初步设计不得随意改变被批准的可行性研究报告所确定的建设规模、产品方案、工程标准、建设地址和总投资等控制目标。如果初步设计提出的总概算超过可行性研究报告总投资的10％以上或其他主要指标需要变更时，应说明原因和计算依据，并重新向原审批单位报批可行性研究报告。

(2)技术设计。应根据初步设计和更详细的调查研究资料，进一步解决初步设计中的重大技术问题，如工艺流程、建筑结构、设备选型及数量确定等，使工程建设项目的设计更具体、更完善，技术指标更好。

（3）施工图设计。根据初步设计或技术设计的要求，结合现场实际情况，完整地表现建筑物外形、内部空间分割、结构体系、构造状况以及建筑群的组成和周围环境的配合。它还包括各种运输、通信、管道系统、建筑设备的设计。在工艺方面，应具体确定各种设备的型号、规格及各种非标准设备的制造加工图。

4. 建设准备阶段

项目在开工建设之前要切实做好各项准备工作，其主要内容包括以下几项：

（1）征地、拆迁和场地平整。

（2）完成施工用水、电、路等工作。

（3）组织设备、材料订货。

（4）准备必要的施工图纸。

（5）组织施工招标，择优选定施工单位。

按规定进行了建设准备和具备了开工条件以后，便应组织开工。建设单位申请批准开工要经国家发改委统一审核后，编制年度大中型和限额以上工程建设项目新开工计划报国务院批准。部门和地方政府无权自行审批大中型和限额以上工程建设项目开工报告。年度大中型和限额以上新开工项目经国务院批准，国家发改委下达项目计划。

5. 施工安装阶段

施工安装活动应按照工程设计要求、施工合同条款及施工组织设计，在保证工程质量、工期、成本及安全、环保等目标的前提下进行，达到竣工验收标准后，由施工单位移交给建设单位。

6. 生产准备阶段

对于生产性工程建设项目而言，生产准备是项目投产前由建设单位进行的一项重要工作。它是衔接建设和生产的桥梁，是由项目建设转入生产经营的必要条件。建设单位应适时组成专门班子或机构做好生产准备工作，确保项目建成后能及时投产。

生产准备工作的内容根据项目或企业的不同，其要求也各不相同，但一般应包括以下几项主要内容：

（1）招收和培训生产人员。招收项目运营过程中所需要的人员，并采用多种方式进行培训。特别要组织生产人员参加设备的安装、调试和工程验收工作，使其能尽快掌握生产技术和工艺流程。

（2）组织准备。组织准备主要包括生产管理机构设置、管理制度和有关规定的制订、生产人员配备等。

（3）技术准备。技术准备主要包括国内装置设计资料的汇总，有关国外技术资料的翻译、编辑，各种生产方案、岗位操作法的编制以及新技术的准备等。

（4）物资准备。物资准备主要包括落实原材料、协作产品、燃料、水、电、气等的来源和其他需协作配合的条件，并组织工装、器具、备品、备件等的制造或订货。

7. 竣工验收阶段

（1）竣工验收的范围和标准。按照现行国家规定，所有基本建设项目和更新改造项目，按批准的设计文件所规定的内容建成，符合验收标准，即工业项目经过投料试车（带负荷运转)合格、形成生产能力的，非工业项目符合设计要求、能够正常使用的，都应及时组织验收，办理固定资产移交手续。工程项目竣工验收、交付使用，应达到相应标准。

（2）竣工验收的准备工作。建设单位应认真做好工程竣工验收的准备工作，主要包括：

①整理技术资料。技术资料主要包括土建施工、设备安装方面及各种有关的文件、合同和试生产情况报告等。

②绘制竣工图。工程建设项目竣工图是真实记录各种地下、地上建筑物等详细情况的技术文件，是对工程进行交工验收、维护、扩建、改建的依据，同时，也是使用单位长期保存的技术资料。关于绘制竣工图的规定如下：

a. 凡按图施工没有变动的，由施工承包单位（包括总包单位和分包单位）在原施工图上加盖"竣工图"标志后即作为竣工图。

b. 凡在施工中，虽有一般性设计变更，但能将原施工图加以修改补充作为竣工图的，可不重新绘制，由施工承包单位负责在原施工图上注明修改部分，并附以设计变更通知单和施工说明，加盖"竣工图"标志后，即作为竣工图。

c. 凡结构形式改变、工艺改变、平面布置改变、项目改变以及有其他重大改变，不宜再在原施工图上修改补充的，应重新绘制改变后的竣工图。由于设计原因造成的，由设计单位负责重新绘图；由于施工原因造成的，由施工承包单位负责重新绘图；由于其他原因造成的，由业主自行绘图或委托设计单位绘图，施工承包单位负责在新图上加盖"竣工图"标志，并附以有关记录和说明，作为竣工图。

竣工图必须准确、完整，符合归档要求，方能交工验收。

③编制竣工决算。建设单位必须及时清理所有财产、物资和未花完或应收回的资金，编制工程竣工决算，分析概（预）算执行情况，考核投资效益，报请主管部门审查。

（3）竣工验收的程序和组织。根据国家现行规定，规模较大、较复杂的工程建设项目应先进行初验，然后进行正式验收；规模较小、较简单的工程项目，可以一次进行全部项目的竣工验收。

工程项目全部建完，经过各单位工程的验收，符合设计要求，并具备竣工图、竣工决算、工程总结等必要文件资料，由项目主管部门或建设单位向负责验收的单位提出竣工验收申请报告。

大中型和限额以上项目由国家发改委或由国家发改委委托项目主管部门、地方政府组织验收。小型和限额以下项目，由项目主管部门或地方政府组织验收。竣工验收要根据工程规模及复杂程度组成验收委员会或验收组。验收委员会或验收组负责审查工程建设的各个环节，听取各有关单位的工作汇报，审阅工程档案，实地查验建筑安装工程实体，对工程设计、施工和设备质量等做出全面评价。不合格的工程不予验收。对遗留问题要提出具体解决意见，限期落实完成。

8. 项目后评价阶段

项目后评价是工程项目竣工投产、生产运营一段时间后，再对项目的立项决策、设计施工、竣工投产、生产运营等全过程进行系统评价的一种技术经济活动，是固定资产投资管理的一项重要内容，也是固定资产投资管理的最后一个环节。通过建设项目后评价，可以达到肯定成绩、总结经验、研究问题、吸取教训、提出建议、改进工作、不断提高项目决策水平和投资效果的目的。

项目后评价的内容包括立项决策评价、设计施工评价、生产运营评价和建设效益评价。

在实际工作中，可以根据建设项目的特点和工作需要而有所侧重。

项目后评价的基本方法是对比法，就是将工程项目投产后所取得的实际效果、经济效益和社会效益、环境保护等情况与前期决策阶段的预测情况相对比，与项目建设前的预测情况相对比，从中发现问题，总结经验和教训。在实际工作中，往往从以下三个方面对建设项目进行后评价：

(1)影响评价。通过项目竣工投产(营运、使用)后对社会的经济、政治、技术和环境等方面所产生的影响来评价项目决策的正确性。如果项目投产后达到了原来预期的效果，对国民经济发展、产业结构调整、生产力布局、人民生活水平的提高、环境保护等方面都带来有益的影响，说明项目决策是正确的；如果背离了既定的决策目标，就应具体问题具体分析，找出原因，改进工作。

(2)经济效益评价。通过项目竣工投产后所产生的实际经济效益与可行性研究时所预测的经济效益相比较，对项目进行评价。对生产性建设项目要运用投产运营后的实际资料计算财务内部收益率、财务净现值、财务净现值率、投资利润率、投资利税率、贷款偿还期、国民经济内部收益率、经济净现值、经济净现值率等一系列后评价指标，然后与可行性研究阶段所预测的相应指标进行对比，从经济上分析项目投产运营后是否达到了预期效果。没有达到预期效果的，应分析原因，采取措施，提高经济效益。

(3)过程评价。对工程项目的立项决策、设计施工、竣工投产、生产运营等全过程进行系统分析，找出项目后评价与原预期情况之间的差异及其产生的原因，使后评价结论有根有据，同时，针对问题提出解决办法。

以上三个方面的评价有着密切的联系，必须全面理解和运用，才能对后评价项目作出客观、公正、科学的结论。

1.3.4 建筑工程项目全寿命周期管理的内容和基本特点

1. 全寿命周期管理的内容

全寿命周期管理的内容包括对资产、时间、费用、质量、人力资源、沟通、风险、采购的集成管理。管理的周期由原来的以项目期为主转变为现在以运营期为主的全寿命模式，能更全面地考虑项目所面临的机遇和挑战，有利于提高项目价值。全寿命周期管理具有宏观预测与全面控制两大特征，它考虑了从规划设计到报废的整个寿命周期，避免短期成本行为，并从制度上保证 LCC 方法的应用；打破了部门界限，将规划、基建、运行等不同阶段的成本统筹考虑，以企业总体效益为出发点寻求最佳方案；考虑所有会产生的费用，在合适的可用率和全部费用之间寻求平衡，找出 LCC 方法最优的方案。

2. 全寿命周期管理的基本特点

全寿命周期管理具有与其他管理理念不同的特点，其具体包括以下几项：

(1)全寿命周期管理是一个系统工程，需要系统、科学地管理，才能实现各阶段目标，确保最终目标(投资的经济、社会和环境效益最大化)的实现。

(2)全寿命周期管理贯穿于建设项目全过程，并在不同阶段有不同的特点和目标，各阶段的管理环环相连，如图 1-3 所示。

(3)全寿命周期管理的持续性，即建设项目全寿命周期管理既具有阶段性，又具有整体性，要求各阶段工作具有良好的持续性。

图1-3 建设项目全寿命周期管理的阶段

(4)全寿命周期管理的参与主体多，各主体之间相互联系、相互制约。

(5)全寿命周期管理的复杂性，它由建设项目全寿命周期管理的系统性、阶段性、多主体性决定。

1.3.5 全寿命周期中的项目系统管理

在项目管理的过程中，企业应识别影响项目管理目标实现的所有过程，确定其相互关系和相互作用，集成项目寿命期阶段的各项因素，确定项目系统管理方法。系统管理方法应包括系统分析、系统设计、系统实施、系统综合评价。

应用系统管理方法，应符合下列规定：

(1)在综合分析项目质量、安全、环保、工期和成本之间内在联系的基础上，结合各个目标的优先级，分析和论证项目目标，在项目目标策划过程中兼顾各个目标的内在需求。

(2)对项目投资决策、招投标、勘察、设计、采购、施工、试运行进行系统整合，在综合平衡项目各过程和专业之间关系的基础上，实施项目系统管理。

(3)对项目实施的变更风险进行管理，兼顾相关过程需求，平衡各种管理关系，确保项目偏差的系统性控制。

(4)对项目系统管理的过程和结果进行监督和控制，评价项目系统管理绩效。

任务练习

1. 全寿命周期管理的内容包括对_____、_____、_____、_____、人力资源、沟通、风险、采购的集成管理。

2. 全寿命周期管理具有_____、_____两大特征。

3. 建设项目全寿命周期是指从_____到建设工程报废(或建设项目结束)的全过程。

4. 全寿命周期管理的复杂性由建设项目全寿命周期管理的_____、_____、_____决定。

5. 项目后评价的内容包括_____、_____、_____、_____。

6. 生产准备工作的内容一般应包括_____、_____、_____、_____。

7. 工程项目的设计工作一般划分为两个阶段，即_____和_____，重大项目和技术复杂项目，可根据需要增加_____。

参考答案

任务1.4　建筑工业化与装配式建筑

📋任务导入

建筑业将改变传统建筑生产方式，逐步实现建筑产业现代化，推广绿色建筑与绿色施工技术，满足未来建筑业可持续发展的要求。建筑工业化即按照大工业生产方式，引入产品流水线生产方式，最终实现"像造汽车一样造房子"和"像搭积木一样造房子"。建筑工业化的核心技术是预制构件装配式集成建筑技术，即以工厂造房的形式将门窗、叠合楼板等在工厂生产完毕，施工现场只需吊装。通过机械化操作将大大节省能源资源、劳动力资源，确保从设计、制造、施工、运营全周期的质量可控、周期缩短、绿色环保。我国现阶段建筑工业化的直接表现形式为装配式建筑。

1.4.1　建筑产业现代化与工业化

1. 建筑产业现代化

建筑产业现代化是指以绿色发展为理念，以建筑业转型升级为目标，以技术创新为先导，以现代化管理为支撑，以信息化为手段，以新型建筑工业化为核心，对建筑业的全产业链进行更新、改造和升级，实现传统生产方式向现代工业化生产方式转变，从而全面提升建筑工程的质量、效率和效益。

2. 建筑工业化概念

建筑工业化是指以构件预制化生产、装配式施工为生产方式，以设计标准化、构件部品化、施工机械化为特征，能够整合设计、生产、施工等整个产业链，实现房屋建造全过程的工业化、集约化和社会化，从而提高建筑工程质量和效益，实现节能减排与资源节约的一种新型建筑生产方式。

根据构件生产地点的不同，工业化建造方式可分为工厂化建造和现场建造两种。工厂化建造是指采用构配件定型生产的装配施工方式，即按照统一标准定型设计，在工厂内成批生产各种构件，然后运到工地，在现场以机械化的方法装配成房屋的施工方式。现场建造是指直接在现场生产构件，生产的同时就组装起来，生产与装配过程合二为一，但是在整个过程中仍然采用工厂内通用的大型工具和生产管理标准。

建筑产业现代化是生产方式的变革，其核心是建筑工业化。现在所说的建筑工业化实际上是"新型建筑工业化"，"新型"主要新在信息化，体现在信息化与建筑工业化的深度融合，有别于20世纪50年代所提出的建筑工业化的概念。

3. 建筑工业化的内容

建筑工业化的内容包括设计标准化、构配件生产工厂化、施工作业机械化和管理科学化四个方面，并逐步采用现代科学技术的新成果，以提高劳动生产率，加快建设速度，降低工程成本，提高工程质量。

(1)设计标准化。设计标准化包括建筑设计的标准化、建筑体系的定型化、建筑部品的通用化和系列化。建筑设计标准化就是在设计中按照一定的模数标准规范构件和产品，形成标准化、系列化的部品，减少设计的随意性，并简化施工手段，以便于建筑产品能够进行成批生产。

(2)构配件生产工厂化。建筑产品具有单件性和一次性的特点,建筑产品固定,人员流动,而工业产品大多是产品流动,人员固定,而且具有重复生产的特性。建筑工业化所提倡的工业化生产方式是针对中间产品(包括各种构配件等)而言的,它是将建筑产品形成过程中需要的构配件生产由施工现场转入工厂制造,以提高建筑物的建设速度、减少污染、保证质量、降低成本。最终,批量生产出来的建筑构配件进入流通领域成为社会化的商品,进一步促进建筑产品质量的提高和生产成本的降低,从而推进建筑工业化的发展。

(3)施工作业机械化。建筑设计的标准化、构配件生产的工厂化和产品的商品化,使建筑机械设备和专用设备得以充分开发利用。构配件的生产、运输、安装,运用机械化、自动化生产方式来完成,从而达到减轻工人劳动强度、有效缩短工期的目的。另外,专业性强、技术性高的工程可由具有专用设备和技术的施工队伍承担,使建筑生产进一步走向专业化和社会化。

(4)管理科学化。科学合理地组织生产要素,按照建筑产品的技术经济规律组织建筑产品的生产。提高建筑施工和构配件生产的社会化程度,也是建筑生产组织管理科学化的重要方面。针对建筑业的特点,一是设计与产品生产、产品生产与施工方面的综合协调,使产业结构布局和生产资源合理化;二是生产与经营管理方法的科学化,要运用现代科学技术和计算机技术促进建筑工业化的快速发展。

其中,设计标准化是实现建筑工业化目标的前提,部件工厂化是实现建筑工业化目标的手段,施工机械化是实现建筑工业化目标的核心,管理科学化是实现建筑工业化目标的保证。

4. 传统建筑生产方式与建筑工业化生产方式的区别

传统建筑生产方式,是将设计与建造环节分开,设计环节仅从目标建筑体及结构的设计角度出发,而后将所需建材运送至目的地,进行露天施工,完工交底验收的方式;而建筑工业化生产方式,是设计施工一体化的生产方式,是从标准化的设计,至构配件的工厂化生产,再进行现场装配的过程。两种不同的建筑生产方式之间的区别见表 1-1。

表 1-1　传统建筑生产方式与建筑工业化生产方式的区别

内容	传统生产方式	工业化生产方式
设计阶段	各专业相对独立,不注重一体化设计,设计的专业协同差,设计与建筑产品、施工工艺等不协调、相脱节	标准化、一体化设计,信息化技术协同设计,设计与生产工艺、施工建造、装饰装修等环节紧密结合
施工阶段	现场湿作业,手工操作为主,采用小型手工设备,尺寸精度较低;工人综合素质低,专业化程度低;现场物件较多,环境管理难度加大;现场安全管理注重工人施工过程;施工工艺较多,施工进度缓慢	设计施工一体化,构件生产工厂化,现场施工装配化,大型机械设备吊装,尺寸精度较高;施工队伍专业化;现场场地管理较好,环境管理好;现场安全管理重点在机械设备、工人专业化水平培训,安全人员管理要求较高;施工进度加快
装修阶段	毛坯房、二次装修	装修与建筑设计同步,装修与主体结构一体化

内容	传统生产方式	工业化生产方式
验收阶段	分部、分项抽验方式	工厂、现场全过程质量控制
管理阶段	以包代管，专业化协同弱，依赖农民工劳务市场分包，追求设计与施工各自效益	工程总承包模式，全过程信息化管理，项目整体效益最大化

1.4.2 装配式建筑

1. 装配式建筑的概念

装配式建筑指的是构件在加工厂或施工现场预制，通过机械吊装和一定的连接方式将零散的预制构件连接成为一个整体而建造起来的工业化建筑，主要包括预制装配式混凝土结构、钢结构、木结构及混合结构等。装配式建筑是工业化建筑的重要组成部分。

2. 装配式建筑的特征

装配式建筑是设计、生产、施工、装修和管理"五位一体"的体系化和集成化的建筑，而不是"传统生产方式＋装配化"的建筑，用传统的设计、施工和管理模式进行装配化施工不是建筑工业化。装配式建筑的特征主要体现在以下几个方面：

(1)建筑设计标准化——以定型设计为基础。

(2)部品生产工厂化——以工厂制作为条件。

(3)现场施工装配化——以建造工法为核心。

(4)结构装修一体化——以建筑设计为前提。

(5)过程管理信息化——以信息技术为手段。

装配式建筑的核心是"集成"，装配式建筑要求技术前置、管理前移、同步设计、协同合作。装配式建筑项目应采用建筑信息模型(BIM)技术，通过设计、生产、运输、施工等专业协调和信息共享，优化装配式建筑的整体方案和资源配置，建立数据库，为实现全过程的质量控制和管控追溯提供信息化支撑。BIM技术是实现装配式建筑的平台。

国务院办公厅印发的《关于大力发展装配式建筑的指导意见》指出，装配式建筑原则上应采用工程总承包模式。装配式建筑需要从设计阶段、生产阶段和施工阶段开始紧密配合，与传统的设计、制造、施工分离的承包模式不同，采用工程总承包模式能够发挥更好的效率。

3. 装配式建筑的种类

(1)砌块建筑。砌块建筑指的是用预制的块状材料砌成墙体的装配式建筑，适用于建造3～5层建筑，如提高砌块强度或配置钢筋，还可以适当增加层数。砌块建筑适应性强，生产工艺简单，施工简便，造价较低，还可利用地方材料和工业废料。建筑砌块有小型、中型、大型三种。小型砌块适用于人工搬运和砌筑，其工业化程度较低，灵活方便，使用较广；中型砌块用小型机械吊装，可节省砌筑劳动力；大型砌块现已被预制大型板材所代替。

(2)板材建筑。板材建筑由预制的大型内外墙板、楼板和屋面板等板材装配而成，又称大板建筑。其是工业化体系建筑中全装配式建筑的主要类型。板材建筑可以减轻结构重量，提高劳动生产率，扩大建筑的使用面积和防震能力。板材建筑的内墙板多为钢筋混凝土的实心板或空心板；外墙板多为带有保温层的钢筋混凝土复合板，也可用轻集料混凝土、泡沫混凝土或大孔混凝土等制成带有外饰面的墙板。建筑内的设备常采用集中的室内管道配件或盒式卫生间等，以提高装配化的程度。大板建筑的关键问题是节点设计。在结构上应保证构件连接的整体性。在防水构造上要妥善解决外墙板接缝的防水，以及楼缝、角部的热工处理等问题。大板建筑的主要缺点是对建筑物造型和布局有较大的制约性；小开间横向承重的大板建筑内部分隔缺少灵活性。

（3）盒式建筑。盒式建筑由板材建筑发展而来，其具有工业化程度高，现场安装快的特点。盒子吊装完成、接好管线后即可使用。盒式建筑分全盒式、板材盒式、核心体盒式、骨架盒式四种。全盒式建筑完全由承重盒子重叠组成；板材盒式即将小开间做成承重盒子，再与其他板材组成；核心体盒式则以承重盒子作核心体，四周加上其他板材；骨架盒式是用轻质材料制成多个住宅单元或单间式盒子，支撑在承重骨架上形成建筑。

（4）骨架板材建筑。骨架板材建筑由骨架、板材组成。一种是由柱、梁组成承重的结构，在其上搁置楼板，墙板不承重；另一种是柱子和楼板组成承重的板柱结构，墙板不承重。钢筋混凝土框架结构体系的骨架板材建筑有全装配式、预制和现浇相结合的装配整体式两种。只要构件连接得当，这种建筑是有足够的刚度和整体性。骨架板材建筑结构合理，可以减轻建筑物的自重，内部分隔灵活，适用于多层和高层的建筑。

（5）升板和升层建筑。升板和升层建筑是由在底层混凝土地面上重复浇筑各层楼板和屋面板，竖立预制钢筋混凝土柱子，以柱为导杆，用放在柱子上的千斤顶把楼板和屋面板提升到设计高度，加以固定后建成的，与骨架板材建筑同属于板柱结构体系。升板建筑施工时大量操作在地面进行，减少高空作业和垂直运输，节约模板和脚手架，并可减少施工现场面积。升板建筑一般柱距较大、楼板承载力也较强，施工快，对空间要求低，楼板多用作商场、仓库、工场和多层车库等。

4. 装配式建筑结构体系

装配式建筑结构体系主要分为混凝土结构、钢结构和木结构三大体系，每个体系还可以进行细分。各种结构不仅可以单独存在，也可以根据需要进行组合，如图 1-4 所示。

图 1-4　装配式建筑结构体系

5. 装配式建筑的优势

装配式建筑更能符合绿色施工的节地、节能、节材、节水和环境保护等要求，降低对环境的负面影响，包括降低噪声、防止扬尘、减少环境污染、清洁运输、减少场地干扰、节约水、电、材料等资源和能源，遵循可持续发展的原则。总的来说，装配式建筑具有以下优势：

（1）工厂生产，现场装配，推动建筑工业化、产业化发展。装配式建筑的工厂生产、现场组装的技术可以实现建筑部件化、建筑工业化和产业化。所生产的产品可以根据建筑需要，在工厂加工制作成整体墙板、梁、柱、叠合楼板等部件，并可在构件内预埋好水、电管线、窗户等，还可根据需要在工厂将墙体装饰材料制作完成。部品部件在工厂生产，有固定的模具，使产品精度高，产品更加标准化、规范化、集成化，而且技术标准易于统一，即以模数化构建标准化；由于装配式建筑构件标准化、工厂化生产，运送到工地就可以装配施工，每道工序可以像设备安装一样进行现场安装，即以标准化推动工业化。

（2）精确度高，质量好，减少质量通病。装配式建筑是工厂化的作业模式，大量的建筑部件都由工厂流水线生产，工业化生产的部品部件更利于质量控制，并且质量稳定；部件运到现场装配后建筑精确度比传统建筑方式提高十倍以上，精确度为毫米级；门窗洞预留尺寸在工厂已完成，尺寸偏差完全可控；以装配化作业取代手工砌筑作业，能大幅减少施工失误和人为错误，保证施工质量；装配式建造方式可有效解决系统性质量通病，减少建筑后期维修维护费用；装配式建筑抗震性能高、耐火性好、隔音效果好。

（3）环保节能，符合绿色发展理念。装配式建筑是绿色、环保、低碳、节能型建筑。由于构件采用工厂化生产，装配式建筑用干式作业取代了湿式作业，施工现场更加整洁，现场施工污染排放量明显减少，最大限度地减少了对周边环境的污染。装配式建筑的建筑材料选择更加灵活，可以大量运用轻钢以及木质板材等各种节能环保材料。装配式建筑的保温隔热性能非常好，由于装配式建筑保温隔热材料放置在墙体中间，而材料本身也满足建筑围护结构保温隔热的要求，这样使室内采暖能耗大量降低。

据统计，相较于传统现浇建筑，装配式建筑可节水约 50%，减低砌筑抹灰砂浆约 60%，节约木材约 80%，降低施工能耗约 20%，减少建筑垃圾 70% 以上，并显著降低施工粉尘和噪声污染。同时，绿色的建造方式在节能、节材和减排方面也具有明显优势，对实现绿色建筑发展具有支撑作用。

（4）缩短工期，提高效率。相较于传统现浇建筑，装配式建筑可缩短施工周期 25%～30%。不同于传统建筑那样必须先做完主体才能进行装饰装修，装配式建筑可以将各预制部件的装饰装修部位完成后再进行组装，实现了装饰装修工程与主体工程的同步，减少了建造过程，短了整体工期。装配式建筑工厂化生产、现场组装可减少进场的工程机械种类和数量，消除工序衔接的停闲时间，实现立体交叉作业，减少施工人员，提高功效。另外，装配式建筑需要的部件一般在工厂车间生产，不受季节限制，有利于冬季施工，解决了北方地区冬期施工难的问题。

（5）降低劳动强度，节省人力资源。装配式建筑需要的构件一般在工厂车间生产，部件现场组合安装，减少工作量，减少现场湿作业量。部件集中工厂化生产和现场组合安装使现场施工作业量大幅减少，大幅降低操作工人劳动强度，比传统建造模式极大地节约了人力资源。在装配式建筑工厂化生产方式下，农民工将转化为产业工人。

此外，随着装配式建筑大量普及和技术的逐步成熟，部品部件生产形成标准化、通用化和社会化以后，将会实现规模化制造的成本优势。装配式建筑相比传统的建造方式，从成本上来说更节约。

6. 装配式建筑的发展瓶颈

无论建筑质量、建造工期、还是现场节能、环境影响等都较传统方式具有较大的优越性，但随着预制装配式项目的大量落地，装配式建筑在推进过程中同样将面临以下问题。

(1)标准化程度低。从目前的住宅建筑市场来看，建筑个性化程度大，不同开发商各有各的建筑风格，房型平面千变万化，立面造型更是纷繁复杂，模数化、标准化程度比较低，通用化构件使用较少，造成装配式建筑的建造效率低下，成本较高，无法充分发挥产业化的优势。

(2)装配式建筑总体成本高。由于市场尚处于培育期，对预制构件的需求较少，因此，上、下游配套产业链还远不成熟，可供选择的产品范围不大。由于产业链上设计、PC 深化、构件制作、配套材料生产、施工企业等资源跟不上市场扩容的步伐，故对于未形成充分竞争的市场而言，就会造成相应产品、部品的价格较高。

(3)产品质量良莠不齐。近年来，由于鼓励政策的陆续出台，上海涌现许多构件生产厂家，但质量参差不齐。一些具有多年生产经验的企业构件产品质量较好、产品质量较为稳定，也有一些企业起步较晚，其技术积累和管理经验缺乏，造成构件质量相对较差。

(4)产业链资源相对不足。在众多资源中最为紧缺的是人力资源。目前处于装配式技术推广期，对人才的需求是很旺盛的。预制技术涉及的人才涵盖面比较广，不仅有设计、深化设计、预制生产、施工管理和操作，项目管理者也需要更新知识。

任务练习

1. 建筑产业现代化主要有多种技术路径，其中( )是实现新型建筑工业化的主要方式和手段。

   A. 装配式钢结构

   B. 装配整体式混凝土结构

   C. 现代新型材料结构

   D. 现代木结构

参考答案

2. 建筑工业化的发展主要是指( )。

   A. 发展预制装配式建筑体系和使现场施工作业工业化

   B. 仅指发展预制装配式建筑体系

   C. 仅指现场施工作业工业化

   D. 仅指施工机械化

3. 建筑产业现代化主要有多种技术路径，其中( )是实现新型建筑工业化的主要方式和手段。

   A. 装配式钢结构

   B. 装配整体式混凝土结构

   C. 现代新型材料结构

   D. 现代木结构

4. 以预制构件组成外墙、楼板和屋面，以现浇钢筋混凝土形成内墙的建筑物为（ ）。

    A. 全装配式建筑   B. 现浇、现砌式建筑

    C. 部分现砌、部分装配式建筑   D. 部分现浇、部分装配式建筑

5. 建筑工业化的核心是（ ）。

    A. 标准化的设计   B. 施工装配化

    C. 装修一体化和管理信息化   D. 构配件生产工厂化

6. 发展装配式建筑最主要的原因是（ ）。

    A. 建筑产业现代化的需求

    B. 解决建筑市场劳动力资源短缺及劳动力成本增加的需要

    C. 改变建筑设计模式和建造方式

    D. 建筑行业节能减排的需要

项目小结

    本项目介绍了项目的概念，项目的特性，项目管理的概念，项目管理的内容，项目管理的工作内容，项目管理的形式；工程项目的概念，工程项目的特点，工程项目建设周期，工程项目管理的概念，工程项目管理的分类；建筑工程项目的概念，建设项目的特点，建设项目的分类，建设项目的划分，建筑工程项目管理的概念类型及目标和任务；全寿命周期管理的定义，建筑工程项目全寿命周期各阶段工作程序、工作内容，全寿命周期管理的内容和基本特点，全寿命周期建筑工程项目管理的目标和任务，项目系统管理；建筑产业现代化和工业化，装配式建筑。

建筑业发展"十三五"规划

国务院办公厅关于大力发展装配式建筑的指导意见

项目练习

1. 下列项目管理类型中，属于项目管理核心的是（ ）。

    A. 业主方的项目管理   B. 设计方的项目管理

    C. 施工方的项目管理   D. 供货方的项目管理

2. 建设项目管理规划涉及项目整个实施阶段，它属于（ ）项目管理的范畴。

    A. 业主方   B. 设计方

    C. 施工方   D. 监理方

3. （ ）不属于建筑工程项目管理的类型。

    A. 发包方的项目管理

    B. 工程总承包方的项目管理

参考答案

    C. 供货方的项目管理

    D. 施工方的项目管理

4. 建筑工程项目全寿命周期是指从( )开始到建设工程报废(或建设项目结束)的全过程。

    A. 可行性研究阶段　　　　　　　　B. 建设项目立项

    C. 建设项目开始施工　　　　　　　D. 建设项目构思

5. 工程项目建设周期可划分为( )。

    A. 工程项目策划和决策阶段　　　　B. 工程项目准备阶段

    C. 工程项目实施阶段　　　　　　　D. 工程项目竣工验收和总结评价阶段

6. 工程项目管理可分为( )。

    A. 建设项目管理　　　　　　　　　B. 设计项目管理

    C. 业主项目管理　　　　　　　　　D. 施工项目管理

7. 建设项目按其建设性质不同可分为( )。

    A. 新建项目　　　　　　　　　　　B. 扩建项目

    C. 迁建项目　　　　　　　　　　　D. 重建项目

8. 建设项目按规模可分为( )。

    A. 大型　　　　　　　　　　　　　B. 大中型

    C. 中型　　　　　　　　　　　　　D. 小型

9. 建设项目按投资效益可分为( )。

    A. 非竞争性项目　　　　　　　　　B. 竞争性项目

    C. 基础性项目　　　　　　　　　　D. 公益性项目

10. 我国建设项目可行性研究的主要内容有( )。

    A. 项目协议书　　　　　　　　　　B. 可行性研究

    C. 项目评估　　　　　　　　　　　D. 经济研究

    E. 技术研究

11. 建筑工程项目在投资决策阶段工作的核心和重点是( )。

    A. 项目决策　　　　　　　　　　　B. 可行性研究工作

    C. 筹资　　　　　　　　　　　　　D. 厂址选择

12. 在建筑工程项目可行性研究中,( )可作为项目能否成立的依据。

    A. 市场研究　　　　　　　　　　　B. 财务分析

    C. 经济效益分析　　　　　　　　　D. 工艺技术方案论证

13. 建筑工程项目可行性研究可作为项目进行( )。

    A. 工程结算的依据　　　　　　　　B. 编制施工图的依据

    C. 招标投标的依据　　　　　　　　D. 投资决策的基本依据

14. 项目实施阶段管理的主要任务是( )。

    A. 确定项目的定义　　　　　　　　B. 通过管理使项目的目标得以实现

    C. 为业主提供建设服务　　　　　　D. 施工合同管理

15. 建筑工程项目管理的内涵是自项目开始至项目完成通过项目策划和项目控制以使项目的( )得以实现。

    A. 成本目标　　　　　　　　　　　B. 费用目标

C. 进度目标   D. 管理目标

E. 质量目标

16. 建筑工程项目管理中的费用目标对业主而言是(　　)。

A. 成本目标   B. 管理目标

C. 投资目标   D. 控制目标

17. 施工方项目管理的目标主要包括(　　)。

A. 施工的投资目标   B. 施工的进度目标

C. 施工的安全管理目标   D. 施工的质量目标

E. 施工的成本目标

18. PC 装配式剪力墙结构技术的应用打破了传统建造方式受工程作业面和气候的影响是因为(　　)。

A. 大幅度地提高劳动生产效率   B. 节省能源

C. 缩短了生产周期、安装周期   D. "空间换时间"

19. 对于施工类企业,《2016—2020 年建筑业信息化发展纲要》提出(　　)要求。

A. 加强信息化基础设施建设   B. 加快 BIM 普及应用,实现技术升级

C. 推进管理信息系统升级换代   D. 强化企业知识管理,支撑智慧企业建设

E. 拓展管理信息系统新功能

20. 装配整体式混凝土结构由预制混凝土构件或部件通过各种可靠的方式进行连接,并与现场浇筑的混凝土形成整体的混凝土结构,其期望的效果是什么?(　　)

A. 使装配式混凝土结构比现浇混凝土结构有更低的成本

B. 使装配式混凝土结构比现浇混凝土结构有更高的效率

C. 使装配式混凝土结构比现浇混凝土结构更加节省能源和有利于环境的保护

D. 使装配式混凝土结构具有与现浇混凝土结构完全等同的整体性、稳定性和延性

21. 工业化建筑的预制装配式建筑类型中,装配化程度最高的是下列的(　　)。

A. 盒子结构   B. 框架建筑

C. 大板建筑   D. 砌块建筑

 项目实训

---------------------------------- **实训题 1** ----------------------------------

【背景资料】

某施工企业承接了一个工程项目的施工任务。该企业成立了一个项目组,确定了项目的背景、目标及领导组,并决定由该企业的老总担任项目领导组组长。在施工过程中,发现有个别员工做事急慢、工作不积极,找其谈话之后效果仍然不佳,导致部分工作停滞不前,影响了工程的进度。

【问题】

1. 该企业成立项目组之后,除了确定项目的背景、目标及领导组之外,还应确定哪些内容?

参考答案

2. 项目领导组组长由企业老总担任是否妥当？

3. 针对员工做事怠慢、工作不积极的情况，作为一个出色的项目负责人，可从哪些方面入手来改善？

实训题2

【背景资料】

华北某厂 1 260 m³ 级高炉扩容改造工程。根据招标文件要求，为了快速、高效、优质、低耗地完成扩容改建任务，该扩容改建应采用高炉整体平移新技术。高炉分两段安装：第一段为移送；第二段为悬吊。高炉本体工程拟定在拼装平台上基本完成，尽量缩短停炉后施工工期，保证业主要求的工期。高炉本体平移作业采用滚动摩擦方式，液压缸推送。要求"新、旧高炉中心线重合，标高与原设计标高相符，误差控制在 5～8 m"。高炉本体移送重量约为 4 500 t，推移高度约为 36 m，推移距离约为 42 m。高炉本体在液压缸推动下，分步向炉基平移。

【要求】

1. 结合该工程谈谈项目目标的制订。

2. 结合该工程谈谈项目管理的总体安排。

实训题3

【背景资料】

某公司在工程进行前成立了项目组，工程各个阶段资金需求已事先确定，但工程进行到某一阶段时，却出现了资金短缺的现象，项目组着手调查资金短缺原因，发现该项目在建设时各个阶段所用资金没有完整记录，以致该阶段资金出现短缺的原因无法进行详细分析。

【问题】

1. 该项目组对项目资金的使用及管理出现了什么问题？

2. 在项目管理过程中，资金使用应如何进行控制？

实训题4

【背景资料】

甲建设单位将教学楼改建工程直接发包给乙施工单位，约定工期为 12 个月，由丙监理公司负责监理。甲指定丁建材公司为供货商，乙施工单位不得从其他供货商处另行采购建筑材料。乙施工单位具有房屋建筑工程总承包资质，为完成施工任务，招聘了几名具有专业执业资格的人员。在征得甲同意的情况下，乙施工单位将电梯改造工程分包给戊公司。在取得施工许可证后，改建工程顺利开工。

【问题】

1. 施工企业项目经理往往是一个施工项目施工方的总组织者、总协调者和总指挥者，项目经理不仅要考虑项目的利益，还应服从（　　）的整体利益。

　　A. 业主　　　　　　　　　　　B. 总承包单位

　　C. 本企业　　　　　　　　　　D. 本项目各参与方

2. 施工方是承担施工任务的单位的总称谓，下列选项中不属于施工方的是(   )。
   A. 施工总承包方　　　　　　　　B. 施工总承包管理方
   C. 施工劳务分包方　　　　　　　D. 材料及设备供应方
3. 在教学楼改建过程中，丙监理单位的监理内容包括(   )。
   A. 进度控制　　　　　　　　　　B. 质量控制
   C. 成本控制　　　　　　　　　　D. 合同管理
   E. 施工管理

项目 2 建筑工程项目组织

组织管理是建筑工程项目管理的任务之一,在整个项目管理班子中,由哪个组织确定项目的目标任务,怎样确定各项任务的分工,如何确保组织的正常运行,这些都涉及项目的组织问题,只有在理顺组织的前提下,才可能有序地进行项目管理。通过对本项目的学习,形成一定的组织协调能力。

教学要求

学习目标	知识要点
了解组织的相关知识	(1)组织的含义 (2)建筑工程项目组织的定义及特点
掌握组织结构的形式	(1)常见的建筑工程项目组织结构的形式及优缺点 (2)组织结构的构成因素和设计原则 (3)组织结构设计的程序
熟悉项目经理责任制及项目团队建设	(1)项目经理的责、权、利 (2)项目经理责任制 (3)项目经理部的设立、解体 (4)项目团队建设
熟悉项目的组织协调	(1)项目组织内部关系的协调 (2)项目组织近外层关系的协调 (3)项目组织远外层关系的协调

案例导入

某建筑公司承接了某高校系馆楼工程,建筑面积为 75 000 m²,主体结构为框架结构,基础类型为筏形基础,工期为 300 天。地下 1 层,地上 6 层。该建筑东、西、北三面均为原建教学楼。

【问题】

1. 该建筑公司应让什么人来负责本项目的管理?

2. 项目经理应成立什么样的专业组织来实施项目管理?

3. 在施工过程中,应采取哪些措施避免施工噪声影响周围居民的正常生活休息?

4. 在施工过程中,应采取哪些措施确保污水排放符合相关规定?

任务 2.1　建筑工程项目组织形式

组织结构是建筑工程项目管理的焦点。一个项目经理建立了理想有效的组织系统，他的项目管理就成功了一半。项目组织一直是各国项目管理专家普遍重视的问题。据国际项目管理协会统计，各国项目管理专家的论文，有1/3是有关项目组织的。

2.1.1　组织的含义

组织是指人们为了实现某种既定目标，根据一定的规则，通过明确分工协作关系，建立不同层次的权力、责任、利益制度，而有意形成的职务结构或者职位结构。组织是一种能够一体化运行的人、资源、信息的复合系统。

"组织"一词有组织机构和组织行为两层含义。前者侧重于组织机构的建立；后者侧重于通过组织机构的活动和运行，为实现预定目标而合理配置资源，妥善处理人、事、物之间的各种关系。

2.1.2　建筑工程项目组织的含义

建筑工程项目组织是指为完成特定的建筑工程项目而建立起来的，从事建筑工程项目具体工作的组织。该组织是在项目寿命期内临时组建的，是暂时的，只是为完成特定的目标而存在的。

建筑工程项目组织作为组织机构，是根据项目管理目标通过科学设计而建立健全的组织实体，是由一定的领导机制、部门设置、层次划分、职责分工、规章制度、信息管理系统等构成的有机整体。

建筑工程项目组织作为组织工作，是通过项目管理组织机构所赋予的权力，具有一定的组织力、影响力，在工程项目管理中，负责合理配置生产要素，协调内外部及人员之间关系，发挥各项业务职能的能动作用，确保信息畅通，推进工程项目目标的实现等全部管理活动。

2.1.3　建筑工程项目的组织结构形式

建筑工程项目的组织结构形式是指在建筑工程项目管理组织中处理管理层次、管理跨度、部门设置和上下级关系的组织结构的类型。建筑施工单位在实施工程项目的管理过程中，常用的组织结构形式有以下几种。

1. 直线式组织结构

直线式组织结构是指项目管理组织中各种职能均按直线排列，项目经理直接进行单线垂直领导，任何一个下级只能接受唯一上级的指令，如图2-1所示。

图 2-1　直线式组织结构

优点：组织结构简单，隶属关系明确，权力集中，命令统一，职责分明，决策迅速。

缺点：项目经理的综合素质要求较高，因此比较适合于中、小型项目。

2. 职能式组织结构

职能式组织结构是指项目管理组织中设置若干职能部门，并且各个职能部门在其职能范围内有权直接指挥下级，如图 2-2 所示。

图 2-2　职能式组织结构

优点：充分发挥了职能机构的专业管理作用，项目的运转启动时间短。

缺点：容易产生矛盾的指令，沟通、协调缓慢，因此，一般适用于小型或单一的、专业性较强、不需要涉及许多部门的项目，在项目管理中应用较少。

3. 直线职能式组织结构

直线职能式组织结构是指项目管理组织呈直线状，并且设有职能部门或职能人员，如图 2-3 所示。图中的实线为领导关系，虚线为指导关系。

图 2-3　直线职能式组织结构

优点：既保持了直线式的统一指挥、职责明确等优点，又体现了职能式的目标管理专业化等优点。

缺点：职能部门可能与指挥部门产生矛盾，信息传递线路较长，因此，主要适用于中小型项目。

4. 矩阵式组织结构

矩阵式组织结构是一种较新的组织结构形式，项目管理组织由公司职能、项目两个维度组成，并呈矩阵状。其中的项目管理人员由企业相关职能部门派出并进行业务指导，接受项目经理直接领导，如图 2-4 所示。

图 2-4 矩阵式组织结构

优点：加强了各职能部门的横向联系，体现了职能原则与对象原则的有机结合；组织具有弹性，应变能力强，能有效地利用人力资源，有利于人才的全面培养。

缺点：员工要同时面对两个上级，纵向、横向的协调工作量大，可能产生矛盾指令，经常出现项目经理的责任与权力不统一的现象，对于管理人员的素质要求较高，协调较困难。因此，主要适用于大型复杂项目或多个同时进行的项目。

5. 事业部式组织结构

企业成立事业部，事业部对企业内来说是职能部门，对企业外来说享有相对独立的经营权。其可以是一个独立单位，具有相对独立的经营权，相对独立的利益和相对独立的市场。这三者构成事业部的基本要素，如图 2-5 所示。

图 2-5 事业部式组织结构

优点：适用于大型经营性企业的工程承包，特别是适用于远离公司本部的工程承包；有利于延伸企业的经营职能，扩大企业的经营业务，便于开拓企业的业务领域，有利于迅速适应环境变化以加强项目管理。

缺点：企业对项目经理部的约束力减弱，协调指导的机会减少，故有时会造成企业机构松散。因此，它主要适用于在一个地区有长期的市场或拥有多种专业施工能力的大型施工企业。

2.1.4　建筑工程项目的组织结构设计

1. 组织结构的构成因素

组织结构由管理层次、管理幅度、管理部门、管理职责四大相互关联的因素组成。在进行组织结构设计时，应综合考虑这些因素之间的关系。

(1)管理层次。管理层次是指从最高管理者到最低层操作者的等级层次的数量。合理的层次结构是形成合理的权力结构的基础，也是合理分工的重要方面。管理层次多，信息传递就慢，而且会失真，并且层次越多，所需要的人员和设备也越多，协调的难度就越大。

(2)管理幅度。管理幅度是指一个上级管理者能够直接管理的下属的人数。幅度大，管理人员的接触关系增多，处理人与人之间关系的数量随之增大，他所承担的工作量也增多。管理幅度与管理层次相互联系、相互制约，两者呈反比例关系。

(3)管理部门。部门的划分是将具体工作合并归类，建立起负责各类工作的相应管理部门，并赋予一定的职责和权限。部门的划分应满足专业分工与协作的要求。组织部门划分有多种方法，如按职能、产品、地区划分等。

(4)管理职责。在确定部门职责时应坚持专业化的原则，提高管理的效率和质量，同时应授予与职责相应的权力和利益，以保证和激励部门完成其职责。

2. 组织结构设计的原则

组织结构设计关系到建筑工程项目管理的成败，所以，项目组织结构的设计应遵循一定的组织原则。

(1)目的性原则。建筑施工项目组织结构设计的根本目的是实现项目管理的总目标。从这一根本目标出发，因目标而设事，因事设人、设机构、分层次，因事定岗定责，因责授权。

(2)精简高效原则。在保证必要职能得到履行的前提下，尽量简化机构，做到精干高效。人员配置要力求一专多能、一人多职。

(3)集权与分权统一原则。集权是指把权力集中在上级领导的手中，而分权是指经过领导的授权，将部分权力分派给下级。在一个健全的组织中不存在绝对的集权和分权。合理的分权既可以保证指挥的统一，又可以保证下级有相应的权力来完成自己的职责，能发挥下级的能动性。

(4)管理幅度与层次合理原则。适当的管理幅度加上适当的层次划分和适当的授权是建立高效组织的基本条件。在建立项目组织时，每一级领导都要保持适当的管理幅度，以便集中精力在职责的范围内实施有效的领导。

(5)系统化管理原则。建筑工程项目是一个开放的系统，是由众多的子系统组成的有机整体，这就要求项目组织也必须是一个完整的组织结构系统，否则就会导致组织和项目系统之间不匹配、不协调。

(6)弹性和流动性原则。建筑工程建设项目的单件性、阶段性、露天性和流动性是施工项目生产活动的主要特点，其必然带来生产对象数量、质量和地点的变化，带来资源配置的种类和数量变化。因此，要求管理工作和组织机构随之进行调整，以使组织机构适应施工任务的变化。这就是说，要按照弹性和流动性的原则建立组织结构，不能一成不变。

3. 组织结构设计的程序

在设计组织结构时，可按图 2-6 所示的程序进行。

图 2-6　组织结构设计程序示意图

(1)确定项目管理目标。建筑工程项目管理目标是建筑工程项目组织设立的前提，明确组织目标是组织设计和组织运行的重要环节之一。建筑工程项目管理目标取决于项目目标，主要是进度、质量、成本三大目标。这些目标应分阶段根据项目特点进行划分和分解。

(2)确定工作内容。根据管理目标确定实现目标所必须完成的工作，并对这些工作进行分类和组合，在进行分类和组合时，应以便于实现目标为目的，考虑项目标规模、性质、复杂程度以及组织成员的业务技术水平、组织管理水平等因素。

(3)选择组织结构形式，确定岗位职责、职权。根据项目的性质、规模、建设阶段的不同，可以选择不同的组织结构形式以适应管理的需要。根据组织结构形式和例行性工作确定部门和岗位以及它们的职责，并根据职权一致的原则确定它们的职权。

(4)设计组织运行的工作程序和信息沟通的方式。以规范化程序的要求确定各部门的工作程序，规定它们之间的协作关系和信息沟通方式。

(5)人员配备。按岗位职务的要求和组织原则配备合适的管理人员(关键是各级部门的主管人员)。人员配备是否合理直接关系到组织能否有效运行、组织目标能否实现。应根据授权原理将职权授予相应的人员。

任务练习

1. 建筑施工单位在实施工程项目的管理过程中，常用的组织结构形式有_____、_____、_____、_____、_____等形式。

2. 组织结构由_____、_____、_____、_____等因素组成。

3. 项目组织结构的人员配置要力求一专多能、一人多职。这体现了项目管理组织结构设计的原则中的(　　　)。

参考答案

A. 目的性原则   B. 精干高效原则

C. 集权与分权统一原则   D. 弹性原则

4. 某大型施工企业决定进军海外市场，应该采用（   ）式组织结构。

    A. 直线   B. 矩阵   C. 职能   D. 事业部

5. 在（   ）组织结构中，每一个工作部门可能有多个矛盾的指令源。

    A. 直线   B. 职能   C. 矩阵   D. 事业部

6. 每个部门只有唯一的上级部门，指令来源是唯一的，这种组织结构是（   ）式组织结构。

    A. 直线   B. 职能   C. 矩阵   D. 事业部

7. 矩阵式组织结构较适用于（   ）。

    A. 地区分散的组织系统   B. 地区集中的组织系统

    C. 小的组织系统   D. 大的组织系统

8. 项目管理目标能否实现的决定性因素是（   ）。

    A. 项目管理的组织   B. 项目经理的能力

    C. 项目目标的分解   D. 项目合同的关系

9. 直线式组织机构的特点包括（   ）。

    A. 指令源有两个   B. 适用于大的系统

    C. 有多个以上的指令源   D. 单一的指令源

    E. 在大的组织系统中，指令路径有时过长

10. 新泰公司准备实施一个大型建设项目和管理任务。为提高项目组织系统的运行效率，决定设置纵向和横向工作部门以减少项目组织结构的层次。为避免纵向和横向工作部门的指令相矛盾时对工作产生影响，同时减轻该项目经理的协调工作量，采取了相应的做法。其中，该项目所选用的组织结构形式是（   ）。

    A. 线性组织结构   B. 矩阵组织结构

    C. 职能组织结构   D. 项目组织结构

11. 用图表的形式列出常见的组织结构形式的优点、缺点及适用范围。

任务 2.2   项目经理和项目团队建设

任务导入

项目经理是一个项目团队的最高领导者，是项目管理工作的决策制定者，负责定义项目并规定项目的要求，其所肩负的责任就是领导团队准时、优质地完成全部工作，有效实现项目目标。毫不夸张地说，项目经理是整个项目组织的灵魂，是项目完成与否的核心人物。

2.2.1   项目经理

1. 项目经理的定义

项目经理是指由建筑施工企业法定代表人委托和授权，在建筑工程施工项目中担任项

目经理职务，直接负责施工项目的组织实施，对建设工程施工项目实施全过程全面负责的项目管理者。项目经理是建设工程施工项目的责任主体，是建筑企业法定代表人在建设工程施工项目的委托代表人。

2. 项目经理的地位

项目经理是对建筑工程施工项目管理实施阶段全面负责的管理者，在整个施工活动中具有举足轻重的地位。项目经理的重要作用如下：

(1)项目经理是建筑施工企业法定代表人在施工项目上负责管理和合同履行的委托代理人，是施工项目实施阶段的第一责任人。项目经理是项目目标的全面实现者，其既要对项目业主的成果性目标负责，又要对企业效益性目标负责。

(2)项目经理是协调各方面关系，使之相互协作、密切配合的桥梁和纽带。项目经理对项目管理目标的实现承担着全部责任，即履行合同义务、执行合同条款、处理合同纠纷等。

(3)项目经理对施工项目的实施进行控制，是各种信息的集散地和处理中心。各种信息通过各种渠道汇集到项目经理处，项目经理通过对各种信息汇总分析，及时做出应对决策，并通过报告、指令、计划和协议等形式，对上反馈信息，对下、对外发布信息。

(4)项目经理是施工项目责、权、利的主体。责任是项目经理责任制的核心，它构成了项目经理工作的压力，是确定项目经理利益的依据。权力是确保项目经理能够承担起责任的条件和前提，如果没有必要的权力，项目经理就无法对工作负责。利益是项目经理工作的动力，是项目经理因负有相应责任而得到的报酬。

3. 项目经理的工作性质

建造师是一种专业人士的名称，而建筑施工企业经理(以下简称项目经理)是一个工作岗位的名称，应注意这两种概念的区别和关系。在国际上，项目经理的地位、作用及其特征如下：

(1)项目经理是企业任命的一个项目管理班子的负责人(领导人)，但他并不一定是(多数不是)一个企业法定代表人在工程项目上的代表人，因为法律赋予一个企业法定代表人在工程项目上的代表人的权限范围太大。

(2)项目经理的任务仅限于支持项目管理工作，其主要任务是项目目标的控制和组织协调。

(3)在有些文献中明确界定，项目管理不是一个技术岗位，而是一个管理岗位。

(4)项目经理是一个组织系统中的管理者，至于他是否有人权、财权和物资采购权等管理权限，则由其上级确定。

2.2.2 项目经理的责、权、利

1. 项目经理的职责

施工企业项目经理的职责主要包括两个方面：一方面是保证施工项目按照规定的目标高速、优质、低耗地全面完成；另一方面是保证各生产要素在授权范围内最大限度地优化配置。项目经理的职责具体如下：

(1)代表企业实施施工项目管理。贯彻执行国家和施工项目所在地政府的有关法律、法规、方针、政策和强制性标准，执行企业的管理制度，维护企业的合法利益。

(2)与企业法人签订《施工项目管理目标责任书》，执行其规定的任务，并承担相应的责任，组织编制施工项目管理实施规划并组织实施。

(3)对施工项目所需的人力资源、资金、材料、技术和机械设备等生产要素进行优化配置和动态管理，沟通、协调和处理与分包单位、项目业主、监理工程师之间的关系，及时解决施工中出现的问题。

(4)进行业务联系和经济往来，严格财经制度，加强成本核算，积极组织工程款回收，正确处理国家、企业及个人之间的利益关系。

(5)做好施工项目竣工结算、资料整理归档，接受企业审计并做好项目经理部的解体和善后工作。

2. 项目经理的权限

项目经理的权限应由企业法人代表授权，并用制度和目标责任书的形式具体确定下来。项目经理在授权和企业规章制度范围内，具有以下权限：

(1)用人决策权。项目经理有权决定项目管理机构班子的设置，聘任有关管理人员，选择作业队伍。对班子内的任职情况进行考核监督，决定奖惩。当然，项目经理的用人权应以不违背企业的人事制度为前提。

(2)财务支付权。项目经理既有权根据施工项目的需要或施工计划的安排，做出投资使用、流动资金周转、固定资产机械设备租赁和使用的决策，也有权对项目管理班子的计酬方式、分配的方案等做出决策。

(3)进度计划控制权。项目经理根据施工项目进度总目标和阶段性目标的要求，有权对工程施工进行检查、调整，并对资源进行调配，从而对进度计划进行有效的控制。

(4)技术质量管理权。项目经理根据施工项目管理实施规划或施工组织设计，有权批准重大技术方案和重大技术措施，必要时可召开技术方案论证会，把好技术决策和质量关，防止技术的决策失误，主持处理重大质量事故。

(5)物资采购管理权。项目经理在有关规定和制度的约束下有权采购和管理施工项目所需的物资。

(6)现场管理协调权。项目经理代表公司协调与施工项目有关的外部关系，有权处理现场突发事件，但事后须及时通报企业主管部门。

3. 项目经理的利益

项目经理最终的利益是项目经理行使权力和承担责任的结果，也是市场经济条件下责、权、利、效(经济效益和社会效益)相互统一的具体体现。利益可分为两大类：一是物质兑现；二是精神奖励。项目经理应享有以下利益：

(1)获得基本工资、岗位工资和绩效工资。

(2)除按《项目经理目标责任书》可获得物质奖励外，还可获得表彰、记功、优秀项目经理等荣誉称号及其他精神奖励。

(3)经考核和审计，未完成《施工项目管理目标责任书》确定的责任目标或造成亏损的，按有关条款承担责任，并接受经济或行政处罚。

2.2.3 项目经理责任制

1. 项目经理责任制的一般规定

项目经理责任制是施工项目管理的基本制度，是评价项目经理工作绩效的基本依据。项目经理责任制的核心是项目经理承担实现《施工项目管理目标责任书》确定的责任。项目经理与项目经理部在工程建设中应严格遵守和实行施工项目管理责任制度，确保施工项目目标全面实现。

2. 项目经理责任书

项目经理责任书由施工企业法定代表人或其授权人与项目经理签订，具体明确项目经理及其管理成员在项目实施过程中的职责、权限、利益与奖惩，是规范和约束企业与项目经理部各自行为，考核项目管理目标完成情况的重要依据，属于内部合同。

3. 项目经理责任书的内容

(1)项目管理实施目标。

(2)企业和项目管理机构职责、权限和利益的划分。

(3)项目现场质量、安全、环保、文明、职业健康和社会责任目标。

(4)项目设计、采购、施工、试运行管理的内容和要求。

(5)项目所需资源的获取和核算方法。

(6)法定代表人向项目管理机构负责人委托的相关事项。

(7)项目管理机构负责人和项目管理机构应承担的风险。

(8)项目应急事项和突发事件处理的原则和方法。

(9)项目管理效果和目标实现的评价原则、内容和方法。

(10)项目实施过程中相关责任和问题的认定和处理原则。

(11)项目完成后对项目管理机构负责人的奖惩依据、标准和办法。

(12)项目管理机构负责人解职和项目管理机构解体的条件及办法。

(13)缺陷责任期、质量保修期及之后对项目管理机构负责人的相关要求。

知识拓展

建造师执业资格是指从事建设工程管理包括工程项目管理的专业技术人员的执业资格。按照规定，具备一定条件并参加考试合格的人员才能获得这个资格。获得建造师执业资格的人员，经注册后可以担任工程项目的项目经理及其他有关岗位职务。实行建造师执业资格制度后，大中型工程项目的项目经理必须由取得建造师执业资格的人员来担任；但另一方面，具备建造师执业资格的人员是否担任项目经理，由企业自主决定。小型工程项目的项目经理可以由不是建造师的人员担任。

2.2.4　项目经理部

1. 项目经理部的定义

项目经理部是由项目经理在施工企业的支持下组建并领导进行项目管理的组织机构。它是施工项目现场管理一次性的施工生产组织机构，负责施工项目从开工到竣工的全过程施工生产经营的管理工作。它既是企业某一施工项目的管理层，又对劳务作业层负有管理与服务的双重职能。

2. 项目经理部的设立原则

项目经理部的设立应根据工程项目的实际需要进行。建立项目经理部应遵循下列规定：

(1)组织结构应符合制度与项目实施要求，例如，大、中型施工项

项目经理应具备的素质和能力

目宜建立矩阵式项目组织结构，小型项目宜建立直线式组织结构。

（2）应有明确的管理目标、运行程序和责任制度。

（3）机构成员应满足项目管理要求及具备相应资格。

（4）组织分工应相对稳定并可根据项目实施变化进行调整。

（5）应确定机构成员的职责、权限、利益和需承担的风险。

3. 项目经理部的设立步骤

（1）根据项目管理规划大纲、项目管理目标责任书及合同要求明确管理任务。

（2）根据管理任务分解和归类，明确组织结构。

（3）根据组织结构，明确岗位职责、权限以及人员配置。

（4）制定工作程序和管理制度。

（5）由组织管理层审核认定。

4. 项目经理部的解体

项目经理部是一次性、具有弹性的施工现场生产组织机构，工程竣工后即解体并应做好善后处理工作。项目经理部解体应具备下列条件：

（1）工程已经竣工验收。

（2）与业主（总包方）和各分包商、租赁商已经结算完毕，债权债务清楚。

（3）已完成项目管理工作总结和工程资料移交工作。

（4）《项目管理目标责任书》已经履行完成。

（5）已签订《工程质量保修书》。

（6）施工现场清理完毕。

2.2.5 项目团队建设

1. 项目团队的定义

项目团队是指项目经理及其领导下的项目经理部和各职能管理部门。

2. 项目团队的建设目的

项目团队的建设目的就是要使项目团队所有成员"心往一处想，劲往一处使"，形成"合力"，使项目团队形成一个整体。项目团队建设是随着项目的进展而持续不断进行的过程，是项目经理和项目团队的共同职责。项目团队建设应创造一种开放和自信的氛围，使团队成员有归属感，并为实现项目目标而积极做出贡献。

3. 项目团队的基本条件

构成团队的基本条件为：成员之间必须有一个共同的目标，而不是各自有各自的目标；团队内有一定的分工和工作程序。上述两项条件缺一不可，否则只能称为"群体"，不能称为"团队"。

4. 项目团队的核心

项目经理作为项目团队的核心，应起到示范和表率作用，通过自身的言行、素质，调动广大成员的工作积极性和向心力，并善于用人和激励进取。

5. 项目团队的建设要点

项目团队的建设要点：配备一个合格的项目经理和一批合格的团队成员，并不断提高素质；设计合理的团队组织结构形式和运行规则；进行有效的人力资源管理；建立与项目管理相适应的团队文化；创造和谐、协调的工作氛围。

1. _____是建筑企业法定代表人在承包建设工程施工项目上的委托代理人。

2. 一个施工项目是一项一次性的整体任务，在完成这个任务的过程中，现场必须有一个最高的责任者和组织者，这就是_____。

3. 项目经理是建设施工项目_____、_____、利的主体。

4. 项目经理责任制是施工项目管理的基本制度，是评价项目经理_____的基本依据。

5. 项目经理的权限有_____、_____、_____、_____、_____、_____。

6. _____是施工项目团队的核心，应起到示范和表率作用。

7. 下列属于项目经理责任书的内容是(   )。

   A. 施工项目管理实施目标

   B. 项目经理应承担的风险

   C. 施工项目管理规划

   D. 施工项目可行性报告

   E. 对项目经理部进行奖惩的依据、标准和方法

8. 施工企业项目经理在承担项目施工管理任务过程中，在企业法定代表人授权范围内，行使的管理权限主要有(   )。

   A. 参与选择物资供应单位   B. 选择监理单位

   C. 制订内部计酬办法   D. 参与项目招标、投标和合同签订

   E. 参与组建项目经理部

9. 项目经理责任制的作用是确定了(   )。

   A. 项目经理在企业中的地位

   B. 企业的层次及其相互关系

   C. 项目经理在项目管理目标责任体系中的地位

   D. 项目经理在项目管理中的地位

   E. 项目经理的基本责任、权限和利益

10. 设立项目经理部应根据(   )。

    A. 项目管理规划大纲确定的组织形式

    B. 施工项目的规模、结构复杂程度、专业特点、人员素质和地域范围

    C. 施工项目的规模、复杂程度和专业特点

    D. 部门和人员设置应满足目标控制的需要，项目经理部不应固化

    E. 应建立有益于组织运转的规章制度

11. 某施工企业项目经理在组织项目施工中，为了赶工期，施工质量控制不严，造成分项工程返工，使其施工项目受到了一定的经济损失。施工企业对该项目经理的处理主要应是(   )。

    A. 追究法律责任   B. 追究经济责任

    C. 追究社会责任   D. 吊销建造师资格

任务 2.3 建筑工程项目组织协调

📝 任务导入

建筑工程项目除了涉及业主和施工承包商以外，还要涉及设计单位、监理单位、材料供应单位、政府监督管理部门等众多部门，通过组织协调，可以统一各方的管理目标问题，理清各方间的工作界面问题，协调它们之间的工作矛盾和资源配置，使项目实施和运行过程顺利。在工程项目管理的实际管理过程中，因协调不畅致使项目失败的例子比比皆是。

2.3.1 组织协调的含义

组织协调就是联结、联合、调和所有的活动和力量。协调工作应贯穿于项目管理的全过程，以排除障碍、解决矛盾、保证项目目标的顺利实现。

在管理的过程中，企业应识别项目的所有相关方，了解其需求和期望，确保项目管理要求与相关方的期望相一致，使顾客满意，兼顾其他相关方面的期望和要求，实施以下管理活动：

(1)遵守国家有关法律和法规。

(2)确保履行工程合同要求。

(3)保障健康和安全，减少或消除项目对环境管理造成的影响。

(4)与相关方建立互利共赢的合作关系。

(5)构建良好的组织内部环境。

(6)通过相关方满意度的评测，提供相关方管理水平。

2.3.2 组织协调的范围和层次

组织协调可以分为组织内部关系协调和组织外部关系协调。组织外部关系协调又可分为近外层关系协调和远外层关系协调，见表2-1。

表 2-1　项目组织协调的范围和层次

协调范围		协调关系	协调对象
内部关系		领导与被领导关系 业务工作关系 与专业公司有合同关系	项目经理部与企业之间 项目经理部内部部门之间、人员之间 项目经理部与作业层之间 作业层之间
外部关系	近外层	直接或间接合同关系，或服务关系	本公司、业主、监理单位、设计单位、供应商、分包单位等
	远外层	多数无合同关系，但要受法律、法规和社会公德等约束	企业、项目经理部与政府、环保、交通、环卫、绿化、文物、消防、公安等

2.3.3 项目组织内部关系的协调

项目组织内部关系的协调主要包括项目组织内部人际关系的协调、项目组织内部组织关系的协调、项目组织内部供求关系的协调、项目组织内部经济制约关系的协调，见表2-2。

表 2-2　项目组织内部关系的协调

协调关系		协调内容与方法
人际关系	项目经理与下层关系	坚持民主集中制，执行各项规章制度
	职能人员之间的关系	开展人际间交流、沟通，增强了解、信任与亲和力
	职能人员与作业人员之间	运用激励机制，调动人的积极性
	作业人员之间	加强政治思想工作，做好培训教育，提高人员素质，发生矛盾时，进行调节、疏导，缓和利益冲突
组织关系	纵向层次之间、横向部门之间的分工协作和信息沟通关系	按职能划分，合理设置组织结构(机构)；以制度形式明确各机构之间的关系和职责权限；编制工作流程图，建立信息沟通制度；以协调方法解决问题，缓冲、化解矛盾
供求关系	劳动力、材料、机械设备、资金等供求关系	通过计划协调生产要求与供应之间的平衡关系；通过调度体系，开展协调工作，排除干扰；抓住重点、关键环节，调节供需矛盾
经济制约关系	管理层与作业层之间	以合同为依据，严格履行合同；管理层为作业层创造条件，保护其利益；作业层接受管理层的指导、监督、控制；定期召开现场会，及时解决施工中存在的问题

2.3.4 项目组织近外层关系的协调

不同类型的项目管理，其项目组织近外层关系协调的工作内容不同，但协调的原理和方法是相似的。下面以承包商的项目经理部为例说明项目组织与近外层的关系协调。

1. 项目组织与企业本部关系的协调

(1)经济核算与本公司关系的协调。项目经理部作为公司一个相对独立的核算单位，应根据公司的核算制度、方法、资金有偿使用制度，负责整个建筑工程项目的财务收支和成本核算工作。核算的结果应真实反映项目经理部的经营成果。

(2)周转料具供应关系的协调。建筑工程项目所需机械设备及周转性材料主要由公司供应部门供应，部分机械设备及周转性材料由项目组织向物资租赁市场租赁使用。设备进入项目施工现场后由项目经理部统一管理使用。

(3)预算关系的协调。建筑工程项目的预算和结算是公司与项目经理部应该密切配合、认真做好的一项重要工作，项目经理部的预算人员要和公司预算管理部门分工合作，及时做好预算和结算。

(4)技术、质量、安全等工作关系的协调。公司对项目组织的管理方式不同，使得技术、质量、安全等工作的协调关系也不同，一般是由公司通过业务管理系统，对项目实施的全过程进行监控、检查、考核、评比和严格管理。

(5)计划统计关系的协调。项目经理部的计划统计工作应该纳入公司的计划统计工作体系，项目组织应该根据公司的规定，向公司报送项目的各种统计报表和计划，并接受公司计划统计部门的指导和检查。

2. 项目组织与业主关系的协调

项目经理部和业主对建筑工程项目承包负有共同履约的责任。项目经理部要充分熟悉和了解业主的建设意图和目标要求，通过加强与业主的沟通联系，增进业主对项目组织的理解和支持，严格按合同约定全面、按时向业主报告有关项目管理工作情况和问题，使业主充分了解项目的建设情况并共同融入相应的管理工作中，依据合同及有关法律解决争议，在经济问题、质量问题、进度问题上双方达成一致。

3. 项目组织与监理单位关系的协调

监理单位与承包商都属于企业性质，两者地位平等，只是分工不同而已。监理单位受业主的委托，对项目经理部在施工质量、工期、资金使用方面代表业主实施监督。项目经理部应按《建设工程项目管理规范》(GB/T 50326—2017)、《建设工程监理规范》(GB/T 50319—2013)的规定和施工合同的要求，接受项目监理机构的监督和管理，并按照相互信任、相互支持、相互尊重、共同负责的原则，搞好协作配合，确保项目目标实现。

4. 项目组织与设计单位关系的协调

承包单位与设计单位的工作联系原则上应通过建设单位进行，并需按图施工。项目经理部要领会设计文件的意图，取得设计单位的理解和支持。设计单位要对设计文件进行技术交底。项目组织应在设计交底、图纸会审、设计洽商变更、地基处理、隐蔽工程验收和交工验收等环节中与设计单位密切配合，同时接受发包人和项目监理机构对双方进行的协调。

5. 项目组织与材料供应单位关系的协调

项目经理部与材料供应单位应依据供应合同，充分运用市场的价格机制、竞争机制和供求机制搞好协作配合。

6. 项目组织与分包单位关系的协调

项目经理部与分包单位应严格执行分包合同，正确处理技术关系、经济关系，正确处理项目进度控制、质量控制、成本控制、安全控制、生产要素管理和现场管理中的协作关系。同时，项目组织还应对分包单位的工作进行监督和支持。

2.3.5　项目组织远外层关系的协调

项目组织远外层关系是指项目组织与项目间接参与者和相关单位的关系，一般是非合同关系。有些处于远外层的单位对项目的实施具有一定的甚至是决定性的控制、监督、支持、帮助作用。项目组织远外层关系协调的目的是得到批准、许可、支持或帮助。项目组织处理远外层关系时，必须严格守法、遵守公共道德，并充分利用中介组织和社会管理机构的力量。项目组织远外层关系协调的方法主要有请示、报告、汇报、送审、取证、宣传、沟通和说明等，见表2-3。

表2-3 项目组织远外层关系协调内容与方法

关系单位或部门	关系协调内容与方法
政府建设行政主管部门	接受政府建设行政主管部门领导、审查，按规定办理好项目施工的一切手续； 在施工过程中，应主动向政府建设行政主管部门请示汇报，取得支持与帮助； 在发生合同纠纷时，政府建设行政主管部门应给予调解或仲裁
质量监督部门	及时办理建设工程质量监督通知单等手续； 接受质量监督部门对施工全过程的质量监督、检查，对所提出的质量问题及时改正； 按规定向质量监督部门提供有关的工程质量文件和资料
金融机构	遵守金融法规，向银行借贷、委托、送审和申请，履行借贷合同； 以建筑工程为标的向保险公司投保
消防部门	施工现场有消防平面布置图，符合消防规范，在办理施工现场消防安全资格认可证后方可施工； 随时接受消防部门对施工现场的检查，对存在的问题及时改正； 竣工验收后还须将有关文件报消防部门，进行消防验收，若存在问题，立即返修
公安部门	进场后应向当地派出所如实汇报工地性质、人员状况，为外来劳务人员办理暂住手续； 主动与公安部门配合，消除不安定因素和治安隐患
安全监察部门	按规定办理安全资格认可证、安全施工许可证、项目经理安全生产资格证； 施工中接受安全监察部门的检查、指导，发现安全隐患及时整改、消除
公证、鉴证机构	委托合同公证、鉴证机构进行合同的真实性、可靠性的法律审查和鉴定
司法机构	在合同纠纷处理中，在调解无效或对仲裁不服时，可向法院起诉
现场环境单位	遵守公共关系准则，注意文明施工，减少环境污染、噪声污染，搞好环卫、环保、场容场貌、安全等工作； 尊重社区居民、环卫环保单位意见，改进工作，取得谅解、配合与支持
园林绿化部门	因建设需要砍伐树木时，须提出申请，报市园林主管部门批准； 因建设需要临时占用城市绿地和绿化带，须办理临建审批手续，经城市园林部门、城市规划部门、公安部门同意，并报当地政府批准
文物保护部门	在文物较密集地区进行施工，项目经理部应事先与省市文物保护部门联系，进行文物调查或勘探工作，若发现文物要共同商定处理办法； 施工中发现文物，项目经理部有责任和义务妥善保护文物和现场，并报政府文物管理机关，及时处理

1. 组织协调可以分为_____和_____。

2. 项目组织内部关系的协调主要包括_____、_____、_____、_____四个方面的协调。

3. 下列选项中不属于项目经理部外部关系协调的是( )。

    A. 与建设单位的协调

    B. 安全部与技术部之间的协调

    C. 与设计单位的协调

    D. 与监理工程师的协调

4. 某建筑公司准备实施一个大型建设项目和管理任务。为提高项目组织系统的运行效率,决定设置纵向和横向工作部门以减少项目组织结构的层次。为避免纵向和横向工作部门的指令相矛盾时对工作产生影响,同时也减轻最高管理者的工作量,宜选择的做法是( )。

    A. 让两类部门自己解决矛盾

    B. 由最高管理者亲自指挥

    C. 由员工判断接受谁的指令

    D. 明确以纵向或横向指令为主的管理模式

参考答案

项目小结

本项目介绍了建筑工程项目组织的含义及其结构形式。项目组织结构的形式有直线式组织结构、职能式组织结构、直线职能式组织结构、矩阵式组织结构和事业部式组织结构。在进行组织结构设计时,应综合考虑管理层次、管理幅度、管理部门、管理职责这些因素之间的关系。组织机构的设计原则有目的性原则、精简高效原则、集权与分权统一原则、管理幅度与层次合理原则、系统化管理原则、弹性和流动性原则。项目经理的定义、地位和工作性质,项目经理的责、权、利,项目经理责任制,项目经理部的作用、设立及解体,项目团队建设。项目组织内部关系的协调,项目组织近外层关系的协调及项目组织远外层关系的协调。

项目练习

1. 取得建造师执业资格证书的人员是否担任工程项目施工的项目经理,由( )决定。

    A. 政府主管部门

    B. 业主

    C. 施工企业

    D. 监理工程师

参考答案

2. 施工企业与项目经理签订项目管理目标责任书的主要依据是( )。

    A. 施工企业与建设单位签订的工程承包合同

    B. 建筑工程项目管理规范

    C. 施工企业投标文件

    D. 工程项目招标文件

3. 建造师是一种( )的名称。

    A. 工作岗位   B. 技术职称

    C. 管理人士   D. 专业人士

4.《施工项目管理目标责任书》应在项目实施之前，由( )或其授权人与项目经理协商制定。

    A. 企业董事长   B. 企业法定代表人

    C. 企业总经理   D. 主管生产经营的副经理

5. 施工企业项目经理是( )。

    A. 项目的全权负责人   B. 项目法定代表人

    C. 施工合同当事人   D. 项目管理班子的负责人

6. 项目组织结构形式反映了一个组织系统中( )。

    A. 各工作部门的管理职能分工   B. 各组成部门之间的指令关系

    C. 各项工作之间的逻辑关系   D. 各子系统的工作任务

7. 施工企业的项目经理应履行的职责不包括( )。

    A. 项目管理目标责任书规定的职责

    B. 协助组织进行项目的检查、鉴定和评奖申报工作

    C. 主持工程竣工验收

    D. 进行授权范围内的利益分配

8. 国内项目经理承担的责任有( )。

    A. 安全责任   B. 质量责任

    C. 法律责任   D. 道德责任

    E. 经济责任

9. 构成团队的基本条件包括( )。

    A. 成员之间要有共同的目标

    B. 团队成员有共同的工作经验背景

    C. 要有一定的工作程序

    D. 要有团队领导

    E. 团队内要有一定的分工

10. 对项目结构进行逐层分解所采用的组织工具应是( )。

    A. 项目组织结构图   B. 项目结构图

    C. 工作流程图   D. 合同结构图

11. 下列选项中，能够反映一个组织系统中各工作部门或管理人员之间的指令关系的是( )。

    A. 组织分工   B. 组织结构模式

    C. 工作流程组织   D. 项目结构模式

项目实训

---- **实训题 1** ----

【背景资料】

某大型建筑工程项目由 A、B、C、D 四个单项工程组成，采用施工总承包方式进行招标。经评标后，由市城乡建筑总公司中标。该公司确定了项目经理，在施工现场设立项目经理部。项目经理部下设综合办公室(兼管合同)、技术部(兼管工期和造价)、质量安全部三个业务职能部门；设立甲、乙、丙、丁四个施工管理组。

参考答案

【问题】

1. 对委派的项目经理的资格有什么要求？为什么？对其素质有什么要求？

2. 为了充分发挥职能部门和施工管理组的作用，使项目经理部具有机动性，应选择何种组织机构形式？试说明理由。

3. 项目经理部通过什么文件从企业获得任务？该文件的主要内容是什么？该文件对该工程的具体目标应如何确定？

---- **实训题 2** ----

【背景资料】

某住宅楼工程，建筑面积为 9 865 m²，主体结构为砖混结构，基础类型为条形基础，建筑檐高为 18.75 m，地下 1 层为设备层，地上 6 层，工期为 290 d。承建方企业资质等级为施工专业承包企业，在施工现场设立项目经理部。

【问题】

1. 施工项目管理组织的主要形式有哪些？

2. 施工项目管理组织机构的设计原则有哪些？

3. 对委派的项目经理的资格有什么要求？为什么？对其素质有什么要求？

4. 在施工过程中，项目经理部应协调哪些公共关系？

5. 项目经理部的解体应符合什么条件？

---- **实训题 3** ----

【背景资料】

某建设单位在工程项目组织结构设计中采用了直线式组织结构形式(图 2-7)。图中反映了业主、设计单位、施工单位及为业主提供设备的供货商之间的组织关系。

【问题】

1. 图 2-7 表明(　　)。

　A. 总经理可直接向设计单位下达指令

　B. 总经理可直接向项目经理下达指令

图 2-7　某建设单位工程项目组织结构的形式

  C. 总经理必须通过业主代表下达指令

  D. 业主代表可直接向施工单位下达指令

2. 建筑施工企业法定代表人在工程项目上的委托代理人是指（ ）。

  A. 建造师   B. 建筑施工企业项目经理

  C. 项目法人代表   D. 高级工程师

项目 3　建筑工程项目进度控制

项目目标

　　建筑工程项目进度控制，是建筑工程项目管理的任务之一，也是建筑工程项目管理的核心内容。对工程项目进度进行有效的控制，使其顺利达到预定的目标，是业主、监理方和承包商进行工程项目管理的中心任务。通过对本项目的学习，了解工程进度控制的基本知识，掌握进度控制方法，具备一定的建筑工程项目进度控制的能力。

教学要求

学习目标	知识要点
了解建筑工程项目进度控制的相关知识	(1)建筑工程项目进度控制的定义 (2)建筑工程项目进度控制的任务、主要措施 (3)建筑工程项目进度计划的程序
熟悉建筑工程项目进度计划的编制与审核、实施	(1)建筑工程项目进度计划的分类 (2)建筑工程项目进度计划的编制与审核 (3)建筑工程项目进度计划的实施
掌握施工进度的检查与调整	(1)横道图比较法 (2)S 形曲线比较法 (3)香蕉形曲线比较法 (4)前锋线比较法 (5)列表比较法 (6)进度计划在实施中的调整方法

案例导入

　　甲建筑公司作为工程总承包商，承接了某市房地产职业学院的施工任务，该项目由5 栋教学楼组成，经建设单位同意，土建、主体部分由甲公司施工，将教学楼装修分包给乙建筑公司，为了确保按合同工期完成施工任务，甲公司和乙公司均编制了施工进度计划。

【问题】

1. 甲、乙公司应分别编制哪些施工进度计划?

2. 乙公司编制施工进度计划时，主要依据是什么?

3. 编制施工进度计划常用的表达方式有哪两种?

任务 3.1　建筑工程项目进度控制概述

工程项目管理有多种类型，代表不同利益方的项目管理都有进度控制的任务。进度控制必须是一个动态的管理过程，它包括进度目标的分析和论证，在收集资料和调查研究的基础上编制进度计划的跟踪检查与调整。进度控制是保证施工项目按期完成、合理安排资源供应、节约工程成本的重要措施。

3.1.1　建筑工程项目进度控制的定义

建筑工程项目进度控制是指对工程项目建设各阶段的工作内容、工作程序、持续时间和衔接关系根据进度总目标及资源优化配置的原则编制计划并实施，然后在计划的实施过程中经常检查实际进度是否按原计划要求进行，对出现的偏差情况进行分析，采取补救措施或调整、修改原计划后再实施，如此循环，直到工程项目竣工验收交付使用。进度控制的目的是通过控制实现工程的进度目标。

3.1.2　建筑工程项目进度控制的任务

建筑工程项目管理有多种类型，代表不同利益方的项目管理（业主方和项目参与各方）都有进度控制的任务。

1. 业主方进度控制的任务

业主方进度控制的任务是根据建筑工程项目的总工期目标控制整个项目实施阶段的进度。其包括控制设计准备阶段的工作进度、设计工作进度、施工进度、物资采购工作进度以及项目动用前准备阶段的工作进度。

2. 设计方进度控制的任务

设计方进度控制的任务是依据设计任务委托合同对设计工作进度的要求控制设计工作进度，这是设计方履行合同的义务。另外，设计方应尽可能使设计工作的进度与招标、施工和物资采购等工作进度相协调。

3. 施工方进度控制的任务

施工方进度控制的任务是依据施工任务委托合同对施工进度的要求控制施工进度，这是施工方履行合同的义务；在进度计划编制方面，施工方应视项目的特点和施工进度控制的需要，编制深度不同的控制性、指导性和实施性施工的进度计划，以及按不同计划周期（年度、季度、月度和旬）的施工计划等；将编制的各项计划付诸实施并控制其执行。

4. 供货方进度控制的任务

供货方进度控制的任务是依据供货合同对供货的要求控制供货进度，这是供货方履行合同的义务。供货进度计划应包括供货的所有环节，如采购、加工制造、运输等。

3.1.3 建筑工程项目进度控制的措施

建筑工程项目进度控制的措施主要有组织措施、管理措施、经济措施和技术措施等。

1. 组织措施

(1)重视健全项目管理的组织体系。

(2)在项目组织结构中应有专门的工作部门和符合进度控制岗位资格的专人负责进度控制工作。

(3)在任务分工表和管理职能分工表中表示并落实进度控制的工作任务和职能。

(4)编制项目进度控制的工作流程。

(5)进行有关进度控制会议的组织设计,明确会议的类型。

(6)确定各类会议的主持人及参加单位和人员。

(7)确定各类会议的召开时间。

(8)整理、分发和确认各类会议文件等。

2. 管理措施

建筑工程项目进度控制的管理措施涉及管理的思想、管理的方法、管理的手段、承发包模式、合同管理和风险管理等。

(1)树立正确的管理观念,包括进度计划系统的观念、动态管理的观念、进度计划多方案比较和选优的观念。

(2)运用科学的管理方法和工程网络计划的方法编制进度计划,实现进度控制的科学化。

(3)选择合适的承发包模式,以避免因过多的合同交界面而影响工程的进展。

(4)采取风险管理措施,以减少进度失控的风险量。

(5)重视信息技术在进度控制中的应用。

3. 经济措施

(1)及时办理工程预付款及工程进度款支付手续。

(2)对应急赶工给予优厚的赶工费用。

(3)对工期提前给予奖励。

(4)对工程延误收取误期损失赔偿金。

4. 技术措施

建筑工程项目进度控制的技术措施涉及对实现进度目标有利的设计技术和施工技术的选用。

(1)不同的设计理念、设计技术路线、设计方案会对工程进度产生不同的影响,在设计工作的前期,特别是在设计方案评审和选用时,应对设计技术与工程进度的关系作分析比较。在工程进度受阻时,应分析是否存在设计技术的因素,为实现进度目标有无设计变更的可能性。

(2)施工方案对工程进度有直接的影响,在选用前不仅应分析技术的先进性和经济的合理性,还应考虑其对进度的影响。在工程进度受阻时,应分析是否存在施工技术的因素,为实现进度目标有无改变施工技术、施工方法和施工机械的可能性。

3.1.4 建筑工程项目进度控制的程序

(1)确定进度目标。明确进度计划开工日期、计划总工期和计划竣工日期,并确定项目分期分批的开工、竣工日期。

(2)编制施工进度计划。具体安排实现计划目标的工艺关系、组织关系、搭接关系、起止时间、劳动力计划、材料计划、机械计划及其他保证性计划，并使其得到各个方面如施工企业、业主、监理工程师的批准。

(3)实施进度计划。由项目经理部的工程部调配各项施工项目资源，组织和安排各工程队按进度计划的要求实施工程项目。

(4)检查与调整施工项目进度。在施工项目部计划、质量、安全、材料、合同等各个职能部门的协调下，定期检查各项活动的完成情况，记录项目实施过程中的各项信息，用进度控制比较方法判断项目进度完成情况，如进度出现偏差，则应调整进度计划，以实现项目进度的动态管理。

(5)阶段性任务或全部完成后，应进行进度控制总结，并编写进度控制报告。

任务练习

1. 施工项目进度控制的措施主要有_____、_____、_____和_____等。

2. 建筑工程项目进度控制的程序是_____、_____、_____、_____、_____。

3. 施工方进度控制的任务是依据（ ）对施工进度的要求控制施工进度。
   A. 监理规划
   B. 施工任务委托合同
   C. 设计任务委托合同
   D. 设计总进度纲要

4. 施工方进度控制的措施主要包括（ ）。
   A. 组织措施
   B. 技术措施
   C. 经济措施
   D. 法律措施
   E. 行政措施

5. 工程建设进度控制的经济措施包括（ ）。
   A. 业主在招标时提出进度优惠条件鼓励承包单位加快进度
   B. 政府有关部门批准年度基本建设计划和制订工期定额
   C. 政府招投标管理机构批准标底文件中的工程总工期
   D. 监理工程师根据统计资料分析影响进度的风险因素

6. 在建设工程实施过程中监理工程师控制进度的组织措施包括（ ）。
   A. 建立进度计划审核制度和工程进度报告制度
   B. 审查承包商提交的进度计划，使其能在合理的状态下施工
   C. 建立进度控制目标体系，明确进度控制人员及其职责分工
   D. 建立进度信息沟通网络及计划实施中的检查分析制度
   E. 采用网络计划技术并结合电子计算机的应用对工程进度实施动态控制

7. 下列为加快进度而采取的各项措施中，属于技术措施的是（ ）。
   A. 重视计算机软件的应用
   B. 编制进度控制工作流程
   C. 实行班组内部承包制
   D. 用大模板代替小钢模

任务 3.2　建筑工程项目进度计划编制与实施

工程建设是一个系统工程，要完成一项建设工程必须协调布置好人、财、物、时、空，才能保证工程实现预定的目标。在人、财、物一定的条件下，合理制订施工方案，科学制订施工进度计划，并统揽其他各要素的安排，是工程建设的核心。进度计划的作用是指导项目施工活动，而进度计划的实施就是要落实并完成进度计划。进度计划的实施对进度目标的实现起着至关重要的作用。

3.2.1　建筑工程项目进度计划的分类

建筑工程项目进度计划系统是由多个相互关联的进度计划组成的系统，它是项目进度控制的依据。根据项目进度控制不同的需要和不同的用途，业主方和项目各参与方可以构建多个不同的建筑工程项目进度计划系统。

1. 按对象分类

按对象不同，建筑工程项目进度计划可分为建设项目进度计划、单项工程进度计划、单位工程进度计划、分部分项工程进度计划等。

2. 按深度分类

按深度不同，建筑工程项目进度计划可分为总进度计划、项目子系统进度规划(计划)、项目子系统中的计划构成进度计划等。

3. 按功能分类

按功能不同，建筑工程项目进度计划可分为控制性进度规划(计划)、指导性进度规划(计划)、实施性(操作性)进度计划等。

4. 按项目参与方分类

按项目参与方不同，建筑工程项目进度计划可分为整个项目实施的进度计划、设计进度计划、施工和设备安装进度计划、采购和供货进度计划等。

5. 按周期分类

按周期不同，建筑工程项目进度计划可分为5年建设进度计划、年度计划、季度计划、(月旬)计划、周计划。

3.2.2　建筑工程项目进度计划的编制要求

(1)保证拟建施工项目在合同规定的期限内完成，努力缩短施工工期。

(2)保证施工的均衡性和连续性，尽量组织流水搭接，连续、均衡施工，减少现场工作面的停歇现象和窝工现象。

(3)尽可能节约施工费用，在合理范围内，尽量缩小施工现场各种临时设施的规模。

(4)合理安排机械化施工，充分发挥施工机械的生产效率。

(5)合理组织施工，努力减少因组织安排不当等人为因素造成的时间损失和资源浪费。

(6)保证施工质量和安全。

3.2.3 建筑工程项目进度计划的编制方法

合理制订建筑工程项目施工方案，科学制订施工进度计划，并统揽其他各要素的安排，是工程建设的核心。常见的建筑工程项目进度计划编制方法有横道图法和网络计划法两种。

1. 横道图法

最常见而普遍应用的计划方法就是横道图法。横道图是按时间坐标绘出的，横向线条表示工程各工序的施工起止时间先后顺序，整个计划由一系列横道线组成。它的优点是易于编制、简单明了、直观易懂、便于检查和计算资源，特别适用于现场施工管理。但是，作为一种计划管理的工具，横道图也有它的不足之处：

(1)不容易看出工作之间相互依赖、相互制约的关系。

(2)反映不出哪些工作决定了总工期，更看不出各工作分别有无伸缩余地(机动时间)，有多大的伸缩余地。

(3)由于它不是一个数学模型，不能实现定量分析，故无法分析工作之间相互制约的数量关系。

(4)横道图不能在执行情况偏离原计划时迅速而简单地进行调整和控制，更无法实行多方案的优选。

横道图的编制程序如下：

(1)将构成整个工程的全部分项工程纵向排列填入表中。

(2)横轴表示可能利用的工期。

(3)分别计算所有分项工程施工所需要的时间。

(4)如果在工期内能完成整个工程，则将第(3)项所计算出来的各分项工程所需工期安排在图表上，编排出日程表。这个日程的分配是为了要在预定的工期内完成整个工程，对各分项工程的所需时间和施工日期进行试算分配。

2. 网络计划法

与横道图法相反，网络计划法能明确地反映出工程各组成工序之间的相互制约和依赖关系，可以用它进行时间分析，确定出哪些工序是影响工期的关键工序，以便施工管理人员集中精力抓施工中的主要矛盾，减少盲目性。而且它是一个定义明确的数学模型，可以建立各种调整优化方法，并可利用电子计算机进行分析计算。其编制程序如下：

(1)调查研究。了解和分析工程任务的构成和施工的客观条件，掌握编制进度计划所需的各种资料，特别要对施工图进行透彻研究，并尽可能对施工中可能发生的问题做出预测，考虑解决问题的对策等。

(2)确定方案。其主要是指确定项目施工总体部署，划分施工阶段，制定施工方法，明确工艺流程，确定施工顺序等。这些一般都是施工方案说明中的内容，且施工方案说明一般应在施工进度计划之前完成，故可直接从有关文件中获得。

(3)划分工序。根据工程内容和施工方案，将工程任务划分为若干道工序。一个项目划分为多少道工序，由项目的规模、复杂程度及计划管理的需要来决定，只要满足工作需要就可以了，不必细分。大体上要求每一道工序都有明确的任务内容，有一定的实物工程量和形象进度目标，能够满足指导施工作业的需要，完成与否有明确的判别标志。

(4)估算时间。即估算完成每道工序所需要的工作时间，也就是每项工作延续时间，这是对计划进行定量分析的基础。

(5)编工序表。将项目的所有工序依次列成表格，编排序号，以便于查对是否遗漏或重复，并分析相互之间的逻辑制约关系。

(6)画网络图。根据工序表画出网络图。工序表中所列出的工序逻辑关系既包括工艺逻辑，也包括由施工组织方法决定的组织逻辑。

(7)画时标网络图。给画出的网络图加上时间横坐标，这时的网络图就称为时标网络图。在时标网络图中，表示工序的箭线长度受时间坐标的限制，一道工序的箭线长度在时间坐标轴上的水平投影长度就是该工序延续时间的长短。工序的时差用波形线表示，虚工序延续时间为零，因而虚箭线在时间坐标轴上的投影长度也为零，虚工序的时差也用波形线表示。这种时标网络可以按工序的最早开工时间来画，也可以按工序的最迟开工时间来画，在实际应用中多是前者。

(8)画资源曲线。根据时标网络图可画出施工主要资源的计划用量曲线。

(9)可行性判断。可行性判断主要是判别资源的计划用量是否超过实际可能的投入量。如果资源超过了实际可能的投入量，这个计划是不可行的，要进行调整，无非是要将施工高峰错开，削减资源用量高峰；或者改变施工方法，减少资源用量。这时就要增加或改变某些组织逻辑关系，重新绘制时间坐标网络图；如果资源计划用量不超过实际拥有量，那么这个计划是可行的。

(10)优化程度判别。可行的计划不一定是最优的计划。计划的优化是提高经济效益的关键步骤。所以，首先要判别计划是否最优，如果不是，就要进一步优化。如果计划的优化程度已经可以令人满意(往往不一定是最优)，就得到了可以用来指导施工、控制进度的施工网络图。

在实际施工过程中，应注意横道图法和网络计划法的结合使用，即在应用电子计算机编制施工进度计划时，先用网络计划法进行时间分析，确定关键工序，进行调整优化，然后输出相应的横道图用于指导现场施工。

3.2.4　建筑工程项目进度计划的审核

项目经理应对建筑工程项目进度计划进行审核，以确保建筑工程项目进度计划的规范、准确、合理。其主要审核内容有以下几项：

(1)进度安排是否符合施工合同确定的项目总目标和分目标的要求，是否符合其开工及竣工日期的规定。

(2)施工进度计划的内容是否有遗漏，工期是否满足分批次交工的需要和配套交工的要求，考虑是否全面。

(3)施工程序和作业顺序是否正确合理。

(4)资源供应计划是否能保证施工进度计划的实施，供应是否平衡，包括分包人供应资源和施工图设计进度等是否满足进度要求。

(5)总、分包之间和各个专业之间在施工时间和位置的安排上是否协调，专业分工与计划的衔接是否明确、合理。

(6)总、分包之间的进度计划风险是否分析透彻并完备了相应对策，包括对应的应急预案。

(7)各项保证进度计划的措施是否周到、可行、有效。

3.2.5　建筑工程项目进度计划的实施

进度计划在实施时，要保证其协调一致性。为保证各项施工活动按进度计划所确定的顺序和时间进行，保证各阶段目标和最终的总目标实现，项目经理在推行进度计划时要做到以下几点。

1. 编制月(旬)作业计划

施工项目的施工总进度计划、单位工程施工进度计划、分部分项工程施工进度计划，都是为了实现项目总目标而编制的，其中高层次计划是低层次计划编制和控制的依据，低层次计划是高层次计划的深入和具体化。在贯彻执行时，要检查各层次计划间是否紧密配合、协调一致，计划目标是否层层分解、互相衔接，在施工顺序、空间及时间安排、资源供应等方面有无矛盾，以组成一个可靠的计划体系。

为实施施工进度计划，项目经理部将规定的任务结合现场实际施工条件和施工的实际进度，在施工开始前和实施中不断编制本月(旬)的作业计划，从而使施工进度计划更具体、更切合实际、更适应不断变化的现场情况和更具有可行性。在月(旬)计划中要明确本月(旬)应完成的施工任务、完成计划所需的各种资源量、提高劳动生产率和节约成本、保证质量和安全的措施。

2. 优化配置主要资源

施工项目必须由人、财、物(材料、机具、设备等)等资源的有机结合才能完成。同时，项目对资源的需求又是错落起伏的，因此施工企业应在各项目进度计划的基础上进行综合平衡，编制企业的年度、季度、月(旬)计划，将各项资源在项目间动态组合、优化配置，以保证满足项目在不同时间对诸资源的需求，从而保证施工项目进度计划的顺利实施。

3. 签订承包合同与签发施工任务书

按前面已检查过的各层次计划，以承包合同和施工任务书的形式，分别向分包单位、承包队和施工班组下达施工进度任务。其中，总承包单位与分包单位、施工企业与项目经理部、项目经理部与各承包队和职能部门、承包队与各作业班组间应分别签订承包合同，按计划目标明确规定合同工期、相互承担的经济责任、权限和利益。

另外，要将月(旬)作业计划中的每项具体任务通过签发施工任务书的方式向班组下达。施工任务书是一份计划文件，也是一份核算文件，又是原始记录。它将作业计划下达到班组，并将计划执行与技术管理、质量管理、成本核算、原始记录、资源管理等融为一体。施工任务书一般由工长以计划要求、工程数量、定额标准、工艺标准、技术要求、质量标准、节约措施、安全措施等为依据进行编制。任务书下达给班组时，由工长进行交底。交底内容包括交任务、交操作规程、交施工方法、交质量、交安全、交定额、交节约措施、交材料使用、交施工计划、交奖惩要求等，做到任务明确、报酬预知、责任到人。施工班组接到任务书后，应做好分工，安排完成，执行中要保质量、保进度、保安全、保节约、保工效提高。任务完成后，班组自检，在确认已经完成任务后，向工长报请验收。工长验收时查数据、查质量、查安全、查用工、查节约，然后回收任务书，交施工队登记结算。

4. 计划交底

在施工进度计划实施前，必须根据任务进度文件的要求进行层层交底落实，使有关人员都明确各项计划的目标、任务、实施方案、预控措施、开始日期、结束日期、有关保证条件、协作配合要求等，使项目管理层和作业层能协调一致工作，从而保证施工生产按计划、有步骤、连续均衡地进行。

5. 做好施工进度记录

在进度计划实施过程中，各级进度计划的执行者都要跟踪做好施工记录，实事求是地记录计划执行中每项工作的开始日期、工作进度和完成日期，以及现场发生的各种情况、干扰因素及排除情况等。这里要求记录真实、准确、原始。在施工中，如实记录每项工作的开始日期、工作进度和完成日期，记录每月完成数量、施工现场发生的情况和干扰因素的排除情况，可为施工项目进度计划实施的检查、分析、调整、总结提供真实、准确的原始资料。

6. 做好施工中的调度工作

施工中的调度是在掌握进度计划实施的前提下，组织施工中各阶段、环节、专业和工种相互配合，协调各方面关系，采取措施，排除各种干扰、矛盾，加强薄弱环节，发挥生产指挥作用，实现动态平衡来保证完成作业计划和实现进度目标。调度工作内容主要有：

(1)执行合同中对进度、开工及延期开工、暂停施工、工期延误、工程竣工的管理办法及措施，包括相关承诺。

(2)将控制进度具体措施落实到具体执行人，并明确目标、任务、检查方法和考核办法。

(3)监督作业计划的实施，调整、协调各方面的进度关系。

(4)监督检查施工准备工作，如督促资源供应单位按计划供应劳动力、施工机具、运输车辆、材料构配件等，并对临时出现的问题采取调配措施。

(5)跟踪调控工程变更引起的资源需求变化，及时调整资源供应计划。

(6)按施工平面图管理施工现场，结合实际情况进行必要调整，保证文明施工。

(7)第一时间了解气候、水电供应情况，采取相应的防范和保证措施。

(8)及时发现和处理施工中各种事故。

(9)定期召开现场调度会议，贯彻施工项目主管人员的决策，发布调度令。

(10)及时与发包人协调，保证发包人配合工作和资源供应在计划可控范围内进行。当不能满足时，应立即协商解决。如有损失，应及时索赔。

7. 预测干扰因素，采取预控措施

在项目实施前和实施过程中，应经常根据所掌握的各种数据资料，对可能致使项目实施结果偏离进度计划的各种干扰因素进行预测，并分析这些干扰因素所带来的风险程度的大小，预先采取一些有效的控制措施，将可能出现的偏离消灭于萌芽状态。

任务练习

1. _____是项目进度控制的依据。

2. 项目进度计划按对象分类，包括_____、_____、_____和_____等。

3. 常见的进度计划编制方法有_____和_____两种。

4. 为保证各项施工活动按进度计划所确定的顺序和时间进行，保证各阶段目标和最终的总目标实现，项目经理在推行进度计划时要做到：_____、_____、_____、_____、_____、_____。

参考答案

5. 为实施施工进度计划，项目经理部在施工开始前和施工中不断编制（　　），从而使施工进度计划更具体，更切合实际，更适应不断变化的现场情况，更可行。

    A. 施工总进度计划　　　　　　　　　B. 单位工程施工进度计划

    C. 分部分项工程施工进度计划　　　　D. 月（旬）作业计划

6. 项目经理编制在各层次进度计划以后，以（　　）的形式，分别向分包单位、承包队和施工班组下达施工进度任务。

    A. 承包合同　　　　　　　　　　　　B. 施工任务书

    C. 施工组织设计　　　　　　　　　　D. 施工进度目标

7. 在建设工程进度计划控制体系中，具体安排单位工程的开工日期和竣工日期的计划是（　　）。

    A. 工程项目进度平衡表　　　　　　　B. 单位工程施工进度计划

    C. 工程项目前期工作计划　　　　　　D. 工程项目总进度计划

8. 建设工程进度网络计划法与横道图法相比，其主要优点是（　　）。

    A. 明确表达各项工作之间的逻辑关系　B. 直观表达工程进度计划的计算工期

    C. 明确表达各项工作之间的搭接时间　D. 直观表示各项工作的持续时间

任务 3.3　建筑工程项目施工进度检查与调整

任务导入

在施工项目的实施进程中，为了进行进度控制，进度控制人员应经常地、定期地跟踪检查施工实际进度情况，并根据实际情况对进度计划进行调整。进度的检查与计划的调整贯穿项目施工的全过程。

3.3.1　建筑工程项目进度的检查

进度检查主要是收集施工项目计划实施的信息和有关数据，为进度计划控制提供必要的信息资料和依据。进度计划的检查主要从以下几个方面着手。

1. 跟踪检查施工实际进度

跟踪检查施工实际进度是项目施工进度控制的关键措施。其目的是收集实际施工进度的有关数据。跟踪检查的时间和收集数据的质量，直接影响控制工作的质量和效果。

一般检查的时间间隔与施工项目的类型、规模、施工条件和对进度执行要求程度有关。通常可以确定每月、半月、旬或周进行一次。若在施工中遇到天气恶劣、资源供应紧张等不利因素的严重影响，检查的时间间隔可临时缩短，次数应频繁，甚至可以每日进行检查，或派人员驻现场督阵。检查和收集资料的方式一般采用进度报表方式或定期召开进度工作汇报会。为了保证汇报资料的准确性，进度控制的工作人员要经常到现场察看施工项目的实际进度情况，从而保证经常地、定期地准确掌握施工项目的实际进度。

2. 整理、统计检查数据

收集到的施工项目实际进度数据，要按计划控制的工作项目进行必要的整理、统计，以相同的量纲和形象进度形成与计划进度具有可比性的数据。一般可以按实物工程量、工作量和劳动消耗量以及累计百分比整理和统计实际检查的数据，以便与相应的计划完成量相对比。

3. 对比实际进度与计划进度

将收集的资料整理和统计成与计划进度具有可比性的数据后，用施工项目实际进度与计划进度相比较的方法进行比较。常用的比较方法有横道图比较法、S形曲线比较法、香蕉形曲线比较法、前锋线比较法和列表比较法等。通过比较得出实际进度与计划进度相一致、超前、滞后三种情况。

(1)横道图比较法。横道图比较法是指将在项目实施中检查实际进度收集的信息，经整理后直接用横道线并列标于原计划的横道线处，进行直观比较的方法。

用横道图编制施工进度计划指导施工的实施是常用的、为人们所熟知的方法。它形象直观、编制方法简单、使用方便，如图3-1所示。

图3-1 某工程横道图比较法示意图

(2)S形曲线比较法。S形曲线比较法是以横坐标表示时间，纵坐标表示累计完成任务量，绘制一条按计划时间累计完成任务量的S形曲线；然后将工程项目实施过程中各检查时间实际累计完成任务量的S形曲线也绘制在同一坐标系中，进行实际进度与计划进度比较的一种方法。比较两条S形曲线可以得到如下信息：

①项目实际进度与计划进度比较，若实际工程进展点落在计划S形曲线左侧，则表示此时实际进度比计划进度超前；若实际工程进展点落在计划S形曲线右侧，则表示此时实际进度比计划进度滞后；若实际工程进展点刚好落在计划S形曲线上，则表示此时实际进度与计划进度一致。

②项目实际进度比计划进度超前或滞后的时间。

③任务量完成情况，即工程项目实际进度比计划进度超额或滞后的任务量。

④后期工程进度预测。

对于大多数工程项目而言，从整个施工全过程来看，资源的投入开始阶段较少，随着时间的增加而逐渐增多，在施工中的某一时期达到高峰后又逐渐减少直至项目完成。而随着时间进展，累计完成的任务量便形成一条中间陡而两头平缓的S形变化曲线，故称S形曲线，如图3-2所示。

(3)香蕉形曲线比较法。香蕉形曲线是由两条以同一开始时间、同一结束时间的S形曲线组合而成。其中，一条 S 形曲线是工作按最早开始时间安排进度所绘制的 S 形曲线，简称 ES 曲线；而另一条 S 形曲线是工作按最迟开始时间安排进度所绘制的 S 形曲线，简称 LS 曲线。除项目的开始点和结束点外，ES 曲线在 LS 曲线的上方，同一时刻两条曲线所对应完成的工作量是不同的。在项目实施过程中，理想的状况是任一时刻的实际进度在这两条曲线所包区域内，如图 3-3 所示。

图 3-2　S 形曲线比较图　　　　　图 3-3　香蕉形曲线比较图

(4)前锋线比较法。前锋线比较法就是通过实际进度前锋线与原进度计划中各工作箭线交点的位置来判断工作实际进度与计划进度的偏差，进而判定该偏差对后续工作及总工期影响程度的一种方法。

采用前锋线比较法进行实际进度与计划进度的比较，其步骤如下：

①绘制时标网络计划图。工程项目实际进度前锋线是在时标网络计划图上标示，为清楚起见，可在时标网络计划图的上方和下方各设一时间坐标。

②绘制实际进度前锋线。一般从时标网络计划图上方时间坐标的检查日期开始绘制，依次连接相邻工作的实际进展位置点，最后与时标网络计划图下方坐标的检查日期相连接。

③比较实际进度与计划进度。前锋线可以直观地反映出检查日期有关工作实际进度与计划进度之间的关系。对某项工作来说，其实际进度与计划进度之间的关系可能存在以下三种情况：

a. 工作实际进展位置点落在检查日期的左侧，表明该工作实际进度滞后，滞后的时间为二者之差；

b. 工作实际进展位置点与检查日期重合，表明该工作实际进度与计划进度一致；

c. 工作实际进展位置点落在检查日期的右侧，表明该工作实际进度超前，超前的时间为二者之差。

如图 3-4 所示，检查时间为第 6 周，工作 D 实际进度滞后 2 周，工作 E 实际进度滞后 1 周，工作 C 实际进度滞后 2 周。

(5)列表比较法。列表比较法是指记录检查时正在进行的工作名称和已进行的天数，然后列表计算有关参数，根据原有总时差和尚有总时差判断实际进度与计划进度的比较方法。列表比较法步骤如下：

①计算检查时正在进行的工作；

②计算工作最迟完成时间；

③计算工作时差；

图 3-4　某网络计划的前锋线比较图

④填表分析工作实际进度与计划进度的偏差。其可能有以下几种情况：若工作尚有总时差与原有总时差相等，则说明该工作的实际进度与计划进度一致；若工作尚有总时差小于原有总时差，但仍为正值，则说明该工作的实际进度比计划进度滞后，产生偏差值为二者之差，但不影响总工期；若工作尚有总时差为负值，则说明对总工期有影响，应及时调整。

4. 施工项目进度检查结果的处理

施工项目进度检查的结果，按照检查报告制度的规定，形成进度控制报告向有关主管人员和部门汇报。

进度控制报告由计划负责人或进度管理人员与其他项目管理人员协作编写。报告时间一般与进度检查时间相协调，也可按月、旬、周等间隔时间进行编写上报。

进度控制报告的内容主要包括：项目实施概况、管理概况、进度概要；项目施工进度、形象进度及简要说明；施工图纸提供进度；材料、物资、构配件供应进度；劳务记录及预测；日历计划；对建设单位、业主和施工者的变更指令等。

3.3.2　建筑工程项目进度计划的调整

1. 分析进度偏差对后续工作及总工期的影响

(1)分析出现进度偏差的工作是否为关键工作。如果出现进度偏差的工作位于关键线路上，即该工作为关键工作，则无论其偏差有多大，都将对后续工作和总工期产生影响，必须采取相应的调整措施；如果出现偏差的工作为非关键工作，则需要根据进度偏差与总时差和自由时差的关系作进一步分析。

(2)分析进度偏差是否超过总时差。总时差(TF)是指在不影响总工期的前提下，本工作可以利用的机动时间。如果工作的进度偏差大于该工作的总时差，则此进度偏差必将影响其后续工作和总工期，必须采取相应的调整措施；如果工作的进度偏差未超过该工作的总时差，则此进度偏差不影响总工期，至于对后续工作的影响程度，还需要根据偏差与其自由时差的关系作进一步分析。

(3)分析进度偏差是否超过自由时差。自由时差(FF)是指在不影响其紧后工作最早开始时间的前提下，本工作可以利用的机动时间。如果工作的进度偏差大于该工作的自由时差，则此进度偏差将对其后续工作产生影响，此时应根据后续工作的限制条件确定调整方法；如果工作的进度偏差未超过该工作的自由时差，则此进度偏差不影响后续工作，因此，原进度计划可以不作调整。

2. 进度计划的调整方法

为实现进度目标，当进度控制出现问题时，必须对后续工作的进度计划进行调整。一般来讲，进度计划调整的方法有以下几种：

(1)改变工作之间的逻辑关系。这种方法是通过改变关键线路和超过工期的非关键线路上的有关工作之间的逻辑关系来达到缩短工期的目的，只有在工作之间的逻辑关系允许改变的情况下，才能采取这种方法。

这种方法的特点是不改变工作的持续时间，而只改变工作的开始时间和完成时间。对于大型建筑工程，由于其单位工程较多且相互间的制约比较小，可调整的幅度比较大，容易采用平行作业的方法来调整进度计划；而对于单位工程项目，由于受工作之间工艺关系的限制，可调整幅度比较小，所以，通常采用搭接作业的方法来调整施工进度计划。

(2)改变关键工作的持续时间。此种方式与前述方式不同，它主要着眼于关键线路上各工作本身的调整，工作之间的逻辑关系并不发生变化。其调整方法视限制条件及其对后续工作影响程度的不同而有所区别，一般考虑以下三种情况：

①网络图中某项工作进度拖延，但拖延的时间在该项工作的总时差范围内、自由时差以外，即 $FF<\Delta\leqslant TF$。根据前述内容可知，这一拖延并不会对工期产生影响，而只会对后续工作产生影响。因此，在进行调整前，需确定后续工作允许拖延的时间限制，并以此作为进度调整的限制条件。

②网络图中某项工作进度拖延，但拖延的时间超过了该项工作的总时差，即 $\Delta>TF$。这种情况下，无论该工作是否为关键工作，其实际进度都将对后续工作和总工期产生影响。此时，进度计划的调整方法又可分为以下三种情况：

a. 项目总工期不允许拖延。如果工程项目必须按照原计划工期完成，则只能采取缩短关键线路上后续工作持续时间的方法来达到调整计划的目的，通常要考虑工期与费用的优化问题。

b. 项目总工期允许拖延。这种情况只需要用实际数据取代原始数据，重新计算网络计划时间参数，确定最后完成的总工期。

c. 项目总工期允许拖延时间有限。此时可以把总工期的限制时间作为规定工期，用实际数据对网络计划还未实施的部分进行工期与费用优化，压缩计划中某些工作的持续时间，以满足工期要求。

上面的三种进度调整方法均是以工期为限制条件来进行的。值得注意的是，当出现某工作拖延的时间超过其总时差($\Delta>TF$)而对进度计划进行调整时，除需考虑设备工程总工期的限制条件外，还应考虑网络图中该工作的一些后续工作在时间上是否也有限制条件。在这类网络图中，一些后续工作也许就是一些独立的合同，时间上的任何拖延，都会带来协调上的麻烦或者引起索赔。因此，当遇到网络图中某些后续工作对时间的拖延有限制时，可以以此作为条件，并按前述方法进行调整。

③网络计划中某项工作进度超前。在建设工程计划阶段所确定的工期目标，往往是综合考虑了各种因素而确定的合理工期。时间上的任何变化，无论是进度拖延还是超前，都可能造成其他目标的失控。所以，如果建设工程实施过程中出现进度超前的情况，进度控制人员必须综合分析进度超前对后续工作产生的影响，并同承包单位协商，提出合理的进度调整方案，以确保工期总目标的顺利实现。

1. 跟踪检查_____是项目施工进度控制的关键措施。其目的是收集实际施工进度的有关数据。跟踪检查的时间和收集数据的质量，直接影响控制工作的质量和效果。

参考答案

2. 项目实际进度与计划进度比较常用的方法有：_____、_____、_____、_____和_____等。

3. （ ）形象直观，编制方法简单，使用方便。
   A. S形曲线比较法　　　　　　　　B. 横道图比较法
   C. 香蕉形曲线比较法　　　　　　　D. 前锋线比较法

4. （ ）就是通过实际进度前锋线与原进度计划中各工作箭线交点的位置来判断工作实际进度与计划进度的偏差，进而判定该偏差对后续工作及总工期影响程度的一种方法。
   A. S形曲线比较法　 B. 横道图比较法　 C. 香蕉形曲线比较法　 D. 前锋线比较法

5. 进度计划的调整必须在对具体的实施进度进行明确分析后才能确定调整方法，一般来讲，进度调整的方法有（ ）。
   A. 改变关键工作的持续时间　　　　B. 横道图比较法
   C. 列表比较法　　　　　　　　　　D. 改变工作间的逻辑关系

6. 利用香蕉形曲线比较法不能实现的是（ ）。
   A. 分析进度产生偏差的原因　　　　B. 合理安排进度计划
   C. 比较实际进度与计划进度　　　　D. 预测后续工程进度

7. 为了判定工作实际进度偏差并能预测后期工程项目进度，可利用的实际进度与计划进度比较的方法是（ ）。
   A. 匀速进展横道图比较法　　　　　B. 非匀速进展横道图比较法
   C. S形曲线比较法　　　　　　　　D. 前锋线比较法

8. 关于香蕉形曲线比较法的说法，下列正确的是（ ）。
   A. 实际进度S形曲线落在香蕉形曲线内时，其施工速度满足工期要求
   B. 实际进度S形曲线落在香蕉形曲线上方时，进度滞后
   C. 实际进度S形曲线落在香蕉形曲线下方时，进度超前
   D. 以上说法都不对

9. 当检查工程进度时，如某项工作出现进度偏差且拖延时间超过其总时差，在（ ）情况下原计划不需要调整。
   A. 工程项目总工期不允许拖延
   B. 工程项目总工期允许拖延
   C. 工作进度超前
   D. 工程项目总工期允许拖延的时间小于产生的进度偏差

10. 在网络计划的执行过程中，若发现某工作进度拖延Δ，而Δ已超过该工作的自由时差，但并未超过其总时差，则（ ）。
    A. 不影响总工期，影响后续工作　　B. 不影响后续工作，影响总工期
    C. 对总工期及后续工作均不影响　　D. 对总工期及后续工作均有影响

任务 3.4　建筑工程项目进度控制总结

在建筑工程项目竣工后，项目经理部应及时对项目进度控制进行总结。现代管理十分重视管理总结，其原因是它对实现管理和进行信息反馈起着重要作用。分析总结是对进度管理进行资料积累的重要途径，是对管理进行评价的前提，是提高管理水平的重要方式。

3.4.1　进度控制总结的依据

进度控制总结的依据主要有：进度计划、进度计划执行的记录、进度计划检查记录及分析与调整资料。

3.4.2　进度控制总结的内容

1. 合同时间目标、计划目标的完成情况

合同时间目标、计划目标的完成情况可以通过计算以下指标进行分析：

合同工期节约值＝合同工期－实际工期

指令工期节约值＝指令工期－实际工期

定额工期节约值＝定额工期－实际工期

竞争工期节约值＝社会先进水平工期－实际工期

缩短工期的经济效益＝缩短一天产生的经济效益×缩短工期天数

缩短工期的原因大致包括：计划编制得积极可靠；执行认真，控制得力；协调及时有效；劳动效率高等。

2. 资源供配及消耗情况

分析资源供配及消耗情况所使用的指标有：

单方用工＝总用工数/建筑面积

劳动力不均衡系数＝最高日用工数/平均日用工数

节约工日数＝计划用工工日－实际用工工日

主要材料节约量＝计划材料用量－实际材料用量

主要机械台班节约量＝计划主要机械台班数－实际主要机械台班数

资源节约的大致原因包括：计划编制得积极可靠；资源优化效果好；按计划保证供应；认真制定并实施了节约措施；协调及时得力。

3. 成本情况

分析成本情况所使用的主要指标有：

降低成本额＝计划成本－实际成本

成本节约的主要原因包括：计划编制得积极可靠；成本优化效果好；认真制定并执行了节约成本措施；工期缩短；成本核算及成本分析工作效果好。

4. 经验

经验是指对成绩及其取得的原因进行分析以后归纳出来，可以为以后进度控制借鉴的、本质的、规律性的东西。总结进度控制的经验可以从以下几个方面进行：

(1)怎样编制计划，编制什么样的计划才能取得更大效益，包括准备、绘图、计算等。

(2)怎样优化计划才更有实际意义，包括优化目标的确定、优化方法的选择、优化计算、优化结果的评审、电子计算机应用等。

(3)怎样实施、调整与控制计划，包括组织保证、宣传、培训、建立责任制、信息反馈、调度、统计、记录、检查、调整、修改、成本控制方法、资源节约措施等。

(4)进度控制工作的新创造。总结出来的经验应有应用价值，通过企业有关领导部门审查批准，形成规程、标准或制度，作为以后工作必须遵守或参照执行的制度。

5. 施工进度控制中的问题及分析

某些进度控制目标没有实现，或在计划执行中存在缺陷。在总结时，可以定量地计算，指标与前项相同；也可以定性地分析。对产生问题的原因也要从编制和执行的计划中去找。问题要找够，原因要摆透，不能文过饰非。遗留的问题应反馈到下一控制循环解决。

进度控制中出现问题的种类大致有工期拖后、资源浪费、成本浪费、计划变化太大等。控制中出现上述问题的原因大致是计划本身的原因、资源供应和使用中的原因、协调方面的原因、环境方面的原因等。

6. 进度控制工作水平的改进措施

进度控制工作水平的改进措施是在总结进度控制中出现的问题及其产生的原因基础上，有针对性地提出解决遗留问题的办法，其中，应包括对已总结的经验的推行。进度控制工作水平应包括以下改进措施：

(1)编制更好的计划的措施。

(2)更好地执行计划的措施。

(3)有效的控制措施。

3.4.3 进度控制总结的编制要求

(1)在计划编制执行中，应积累资料，作为总结的基础。

(2)在总结之前应进行实际调查。

(3)召开总结分析会议。

(4)提倡采用定量的对比分析法。

(5)尽量采用计算机进行存储、计算、分析与绘图，以提高总结分析的速度和准确性。

(6)总结分析资料要分类归档。

3.4.4 进度控制总结的程序

(1)在计划编制和执行中，认真积累资料，为总结提供信息储备。

(2)召开总结分析会议。

(3)定量对比分析。

(4)总结资料整理、归档。

任务练习

1. _____是对进度管理进行资料积累的重要途径，是对管理进行评价的前提，是提高管理水平的重要方式。

2. 进度控制总结的程序为_____、_____、_____和_____。

3. 进度控制总结的依据有（　　）。

A. 进度计划

B. 进度计划执行的记录

C. 进度控制工作水平的改进措施

D. 进度计划检查记录及分析与调整资料

参考答案

项目小结

本项目较为详细地介绍了项目进度控制的定义、任务和主要措施，进度计划的编制方法、实施与检查调整的方式和程序，项目进度管理总结等知识。要有效地进行进度控制，应详细编制进度计划，合理进行进度控制并事后进行项目进度管理总结。主要掌握横道图比较法、前锋线比较法、S形曲线比较法、香蕉形曲线比较法、列表分析法等方法进行进度计划检查；熟悉进度计划在实施中的调整方法。

项目练习

1. 影响建设工程进度的不利因素中，（　　）是最大的干扰因素。

A. 人为因素 　　　　　　　　 B. 设计因素

C. 资金因素 　　　　　　　　 D. 组织管理因素

2. 施工企业进度控制的任务是依据（　　）对施工进度的要求控制施工进度。

A. 建设项目总进度目标 　　　 B. 施工总进度计划

C. 建筑安装工程工期定额 　　 D. 施工承包合同

参考答案

3. 工程项目年度计划中不应包括的内容是（　　）。

A. 投资计划年度分配表 　　　 B. 年度计划项目表

C. 年度建设资金平衡表 　　　 D. 年度竣工投产交付使用计划表

4. 利用横道图表示建设工程进度计划的优点是（　　）。

A. 有利于动态控制 　　　　　 B. 明确反映关键工作

C. 明确反映工作机动时间 　　 D. 明确反映计算工期

5. 业主方项目进度控制的任务是控制（　　）的进度。

A. 项目设计阶段 　　　　　　 B. 整个项目实施阶段

C. 项目施工阶段 　　　　　　 D. 整个项目决策阶段

6. 设计方项目进度控制的任务是控制(　　　)的进度。

  A. 项目设计阶段   B. 整个项目实施阶段

  C. 项目施工阶段   D. 整个项目决策阶段

7. 施工方编制施工进度计划的依据之一是(　　　)。

  A. 施工劳动力需求计划   B. 施工物资需要计划

  C. 施工任务委托合同   D. 项目监理规划

8. 对建筑工程项目总进度目标进行论证时，应分析和论证各项工作的进度，以及各项工作(　　　)。

  A. 逐项工作的进度   B. 分别进行的关系

  C. 交叉进行的关系   D. 各自完成的情况

9. 下列进度控制措施中，属于管理措施的有(　　　)。

  A. 分析影响项目工程进度的风险

  B. 制订项目进度控制的工作流程

  C. 选用有利的设计和施工技术

  D. 建立进度控制的会议制度

10. 建筑工程项目进度计划系统是由多个相互关联的进度计划组成的系统，它在(　　　)。

  A. 项目立项时建立   B. 项目设计前准备阶段建立

  C. 项目施工前准备阶段建立   D. 项目进展过程中逐步完善

11. 建筑工程项目进度控制的主要工作环节包括(　　　)。

  A. 分析和论证进度目标   B. 跟踪检查进度计划执行情况

  C. 确定进度目标   D. 编制进度计划

  E. 采取纠偏措施

12. 关于建筑工程项目进度控制的说法，下列正确的有(　　　)。

  A. 进度控制的过程，就是随着项目的进展，进度计划不断调整的过程

  B. 施工方进度控制的目的就是尽量缩短工期

  C. 项目各参与方进度控制的目标和时间范畴是相同的

  D. 施工进度控制直接关系到工程的质量和成本

  E. 进度控制的目的是通过控制以实现过程的进度目标

 项目实训

---------------------------------- 实训题 1 ----------------------------------

【背景资料】

  某工程项目分两段施工，各施工过程的施工顺序及流水节拍分别为：A 3 d→B 4 d→C 5 d→D 4 d→E 3 d→F 2 d。D 与 E 之间有一天的技术间歇时间。

【要求】

  试绘制施工进度计划横道图。

【背景资料】

某工程进度计划的网络图如图 3-5 所示。

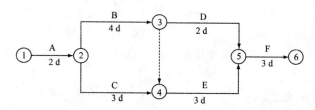

图 3-5　某工程进度计划网络图

【要求】

若在第五天末检查进度，实际进度为：工作①—②已完成，工作②—③已完成二分之一，工作②—④完成三分之二。请画出前锋线。

项目 4　建筑工程项目成本控制

项目目标

建筑工程项目成本控制过程贯穿于建筑工程项目的规划决策、建筑工程设计、建筑工程招标文件与合同的编制、建筑工程施工、建筑工程结算审计等阶段。成本控制对项目成本管理目标的实现起着非常重要的作用。本项目主要讲解成本预测、成本计划、成本控制、成本核算、成本分析和成本考核等。通过对本项目的学习，熟悉成本计划的编制程序、成本核算，掌握成本控制的方法。

教学要求

学习目标	知识要点
了解成本控制的基础知识	(1)项目成本的构成 (2)成本计划的作用、编制原则 (3)成本计划的编制方法 (4)成本控制的依据、原则、内容、步骤
熟悉成本核算	(1)成本核算的概念、原则与程序 (2)成本核算的内容及方法
掌握成本分析的方法	比较法、因素分析法、差额计算法、比率法

案例导入

某钢筋混凝土框架结构房屋建筑施工，其建筑面积为 13 536 m²。在其承包成本中，人工费为 113.63 万元，材料费为 1 005.72 万元，机械使用费为 87.86 万元，措施费为 56.27 万元，间接成本为直接成本的 7.5%。

【问题】

1. 什么是直接成本？什么是间接成本？

2. 直接成本的主要构成和间接成本的主要构成分别是什么？

3. 在施工的过程中如何控制成本？

任务 4.1　建筑工程项目成本计划

任务导入

成本控制是项目管理的主要内容之一，而成本计划是实现成本控制的前提。通过对成本的计划与控制，分析实际成本与计划成本之间的差异，指出有待加强控制和改进的领域，达到评价有关部门的业绩、增产节约，从而促进企业发展的目的。做好成本计划对企业的经营管理具有重要的意义。

4.1.1　建筑工程项目成本的构成

建筑工程项目成本是指建筑工程项目在施工中所发生的全部生产费用的总和。其包括所消耗的主、辅材料，构配件、周转材料的摊销费或租赁费，施工机械台班费或租赁费，支付给生产工人的工资、奖金以及项目经理部为组织、管理工程施工所发生的全部费用支出。施工项目成本与建筑产品价格不同，其不包括工程造价组成中的利润和税金，也不包括非施工项目价值的一切非生产性支出。

施工项目成本由直接成本和间接成本两部分构成。

1. 直接成本

直接成本是指施工过程中耗费的构成工程实体或有助于工程形成的各项费用。其具体内容包括以下几项：

（1）直接工程费包括人工费、材料费和施工机械使用费。

①人工费：指直接从事建筑安装工程施工的生产工人开支的基本工资、工资性补贴、辅助工资、职工福利费、劳动保护费等各项费用。

②材料费：指施工过程中耗费的构成工程实体的原材料、辅助材料、构配件、零件、半成品的费用。

材料费由材料原价（或供应价格）、材料运杂费、运输损耗费、采购及保管费、检验试验费构成。

③施工机械使用费：建筑安装工程费中的施工机械使用费是指施工机械作业所发生的机械使用费以及机械安拆费和场外运费。

（2）措施费：指为完成工程项目施工，发生于该工程施工前和施工过程中非工程实体项目的费用。其主要有以下几项：

①环境保护费：指施工现场为达到环保部门要求所需的各项费用。

②文明施工费：指施工现场文明施工所需的各项费用。

③安全施工费：指施工现场安全施工所需的各项费用。

④临时设施费：指施工企业为进行建筑工程施工所必须搭设的生活和生产用的临时建筑物、构筑物和其他临时设施费用等。

⑤夜间施工费：指因夜间施工所发生的夜班补助费、夜间施工降效、夜间施工照明设备摊销及照明用电等费用。

⑥二次搬运费：指因施工场地狭小等特殊情况而发生的二次搬运费用。

⑦大型机械设备进出场及安拆费：指机械整体或分体自停放场地运至施工现场或由一个施工地点运至另一个施工地点，所发生的机械进出场运输和转移费用及机械在施工现场进行安装、拆卸所需的人工费、材料费、机械费、试运转费和安装所需的辅助设施的费用。

⑧混凝土、钢筋混凝土模板及支架费：指混凝土施工过程中需要的各种钢模板、木模板、支架等的支、拆、运输费用及模板、支架的摊销(或租赁)费用。

⑨脚手架费：指施工需要的各种脚手架搭、拆、运输费用及脚手架的摊销(或租赁)费用。

⑩已完工程及设备保护费：指竣工验收前，对已完工程及设备进行保护所需的费用。

⑪施工排水、降水费：指为确保工程在正常条件下施工，采取各种排水、降水措施所发生的各种费用。

2. 间接成本

间接成本是指项目经理部为工程项目施工准备、组织施工生产和管理所需的各种费用，其计算是以相应的计费基础乘以相应的费率。间接成本的具体内容包括以下各项：

(1)规费：是指政府和有关权力部门规定必须缴纳的费用(简称规费)。具体内容包括以下几项：

①工程排污费：指施工现场按规定缴纳的工程排污费。

②工程定额测定费：指按规定支付工程造价(定额)管理部门的定额测定费。

③社会保障费包括：养老保险费，指企业按规定标准为职工缴纳的基本养老保险费；失业保险费，指企业按照国家规定标准为职工缴纳的失业保险费；医疗保险费，指企业按照规定标准为职工缴纳的基本医疗保险费。

④住房公积金：指企业按规定标准为职工缴纳的住房公积金。

⑤危险作业意外伤害保险指按照《中华人民共和国建筑法》规定，企业为从事危险作业的建筑安装施工人员支付的意外伤害保险费。

(2)现场施工组织管理费包括：管理人员工资、办公费、差旅交通费、固定资产使用费；工具用具使用费；劳动保险费；工会经费；职工教育经费；财产保险费用；财务费；税金等。

4.1.2 建筑工程项目成本计划的作用

成本计划通常包括从开工到竣工所必需的施工成本，它是以货币形式预先规定项目进行中的施工生产耗费的计划总水平，是实现降低成本费用的指导性文件。

成本计划是成本控制各项工作的龙头。成本计划的过程包括确定项目成本目标、优化实施方案，以及计划文件的编制等。由于这些环节是互动的过程，工程项目成本计划具有以下作用：

(1)工程项目成本计划是对生产耗费进行控制、分析和考核的重要依据。

(2)工程项目成本计划是编制核算单位其他有关生产经营计划的基础。

(3)工程项目成本计划是国家编制国民经济计划的一项重要依据。

(4)工程项目成本计划可以动员全体职工深入开展增产节约、降低产品成本的活动。

4.1.3 施工项目成本计划的编制原则

为了使成本计划能够发挥它的积极作用，在编制成本计划时应掌握以下原则：

（1）从实际情况出发的原则。

（2）与其他计划结合的原则。

（3）采用先进的技术经济定额的原则。

（4）统一领导、分级管理的原则。

（5）弹性原则。

4.1.4　建筑工程项目成本计划的编制程序

1. 收集、整理资料

需要收集、整理的资料包括以下几项：

（1）上年度成本计划完成情况及历史最好水平资料（产量、成本、利润）。

（2）企业的经营计划、生产计划、劳动工资计划、材料供应计划及技术组织措施计划等。

（3）上级主管部门下达的降低成本指标和要求的资料。

（4）施工定额及其他有关的各项技术经济定额。

（5）施工图纸、施工图预算和施工组织设计。

（6）其他资料。

另外，还应深入分析当前情况和未来的发展趋势，了解影响成本升降的各种有利和不利因素，研究如何克服不利因素和降低成本的具体措施，为编制成本计划提供丰富、具体和可靠的成本资料。

2. 估算计划成本

估算计划成本即确定目标成本。目标成本是指在分析、预测，以及对项目可用资源进行优化的基础上，经过努力可以实现的成本。

工作分解法又称工程分解结构，在国外被简称为 WBS（Work Breakdown Structure），它的特点是以施工图设计为基础，以本企业做出的项目施工组织设计及技术方案为依据，以实际价格和计划的物资、材料、人工、机械等消耗量为基准，估算工程项目的实际成本费用，据此确定成本目标。其具体步骤是：首先把整个工程项目逐级分解为内容单一、便于进行单位工料成本估算的小项或工序，然后按小项自下而上估算、汇总，从而得到整个工程项目的估算。估算汇总后还要考虑风险系数与物价指数，对估算结果加以修正。

利用 WBS 系统进行成本估算时，工作划分得越细、越具体，价格的确定和工程量估计就越容易，工作分解自上而下逐级展开，成本估算自下而上，将各级成本估算逐级累加，便得到整个工程项目的成本估算。在此基础上分级分类计算的工程项目的成本，既是投标报价的基础，又是成本控制的依据，也是和甲方工程项目预算作比较和进行营利水平估计的基础。估算成本的计算公式如下：

估算成本＝可确认单位的数量×历史基础成本×现在市场因素系数×将来物价上涨系数

式中，"可确认单位的数量"是指钢材吨数、木材的立方米数、人工的工时数等；"历史基础成本"是指基准年的单位成本；"现在市场因素系数"是指从基准年到现在的物价上涨指数。

3. 编制成本计划草案

对大、中型项目，经项目经理部批准下达成本计划指标后，各职能部门应充分发动群众进行认真的讨论，在总结上期成本计划完成情况的基础上，结合本期计划指标，找出完成本期计划的有利因素和不利因素，提出挖掘潜力、克服不利因素的具体措施，以保证计划任务的完成。为了使指标真正落实，各部门应尽可能将指标分解落实下达到各班组及个人，使目标成本的降低额和降低率得到充分讨论、反馈、再修订，使成本计划既能切合实际，又成为群众共同奋斗的目标。

各职能部门也应认真讨论项目经理部下达的费用控制指标，拟定具体实施的技术经济措施方案，编制各部门的费用预算。

4. 综合平衡，编制正式的成本计划

各职能部门上报了部门成本计划和费用预算后，项目经理部首先应结合各项技术经济措施，检查各计划和费用预算是否合理可行，并进行综合平衡，使各部门计划和费用预算之间相互协调、衔接；其次，要从全局出发，在保证企业下达的成本降低任务或本项目目标成本实现的情况下，以生产计划为中心，分析研究成本计划与生产计划、劳动工时计划、材料成本与物资供应计划，工资成本与工资基金计划、资金计划等的相互协调平衡。经反复讨论，多次综合平衡，最后确定的成本计划指标，即可作为编制成本计划的依据。项目经理部正式编制的成本计划，上报企业有关部门后即可正式下达至各职能部门执行。

4.1.5 建筑工程项目成本计划的编制方法

施工项目成本计划工作主要是在项目经理负责下，在成本预、决算基础上进行的。编制中的关键前提是确定目标成本，这是成本计划的核心，是成本管理所要达到的目的。成本目标通常以项目成本总降低额和降低率来定量地表示。项目成本目标的方向性、综合性和预测性，决定了必须选择科学的确定目标的方法。

1. 定额估算法

在概、预算编制力量较强、定额比较完备的情况下，特别是施工图预算与施工预算编制经验比较丰富的施工企业，工程项目的成本目标可由定额估算法产生。所谓施工图预算，是以施工图为依据，按照预算定额和规定的取费标准以及图纸工程量计算出项目成本，反映为完成施工项目建筑安装任务所需的直接成本和间接成本。它是招标投标中计算标底的依据、评标的尺度，是控制项目成本支出、衡量成本节约或超支的标准，也是施工项目考核经营成果的基础。施工预算是施工单位(各项目经理部)根据施工定额编制的，作为施工单位内部经济核算的依据。

过去，通常以两算对比差额与技术组织措施带来的节约来估算计划成本的降低额。其计算公式为

$$计划成本降低额＝两算对比定额差＋技术组织措施计划节约额$$

这种定额估算法的步骤及公式如下：

(1)根据已有的投标、预算资料，确定中标合同价与施工图预算的总价格，以及施工图预算与施工预算的总价格差。

(2)根据技术组织措施计划确定技术组织措施带来的项目节约数。

(3)对施工预算未能包容的项目，包括施工有关项目和管理费用项目，参照估算。

(4)对实际成本可能明显超出或低于定额的主要子项，按实际支出水平估算出其实际与定额水平之差。

(5)充分考虑不可预见因素、工期制约因素以及风险因素、市场价格波动因素，进行试算调整，得出施工项目降低成本计划综合影响性系数。

(6)综合计算整个项目的目标成本降低额和目标成本降低率。

$$目标成本降低额=[(1)+(2)-(3)\pm(4)]\times[1+(5)]$$

$$目标成本降低率=目标成本降低额/项目的预算成本$$

2. 计划成本法

施工项目成本计划中的计划成本通常有以下几种编制方法：

(1)施工预算法。施工预算法是指主要以施工图中的工程实物量，套以施工工料消耗定额，计算工料消耗量，并进行工料汇总，然后统一以货币形式反映其施工生产耗费水平的方法。以施工工料消耗定额所计算施工生产耗费水平，基本是一个不变的常数。一个施工项目要实现较高的经济效益(提高降低成本的水平)，就必须在这个常数基础上采取技术节约措施，以降低消耗定额的单位消耗量和降低价格等措施来达到成本计划的目标成本水平。因此，采用施工预算法编制成本计划时，必须考虑结合技术节约措施计划，以进一步降低施工生产耗费水平。用公式表示为

施工预算法的计划成本(目标成本)=施工预算施工生产耗费水平(工料消耗费用)-技术节约措施计划节约额

(2)技术节约措施法。技术节约措施法是指以该施工项目计划采取的技术组织措施和节约措施所能取得的经济效果为施工项目成本降低额，然后求施工项目的计划成本的方法。用公式表示为

施工项目计划成本=施工项目预算成本-技术节约措施计划节约额(降低成本额)

(3)成本习性法。成本习性法是固定成本和变动成本在编制成本计划中的应用，主要按照成本习性，将成本分成固定成本和变动成本两类，以此作为计划成本。具体划分可采用费用分解法。

①材料费。与产量有直接联系，属于变动成本。

②人工费。在计时工资形式下，生产工人工资属于固定成本。因为不管生产任务完成与否，工资照发，与产量增减无直接联系。如果采用计件超额工资形式，其计件工资部分属于变动成本，奖金、效益工资和浮动工资部分也应计入变动成本。

③机械使用费。其中有些费用随产量增减而变动，如燃料、动力费，属变动成本。有些费用不随产量变动，如机械折旧费、大修理费、机修工、操作工的工资等，属于固定成本。此外，还有机械的场外运输费和机械组装拆卸、替换配件、润滑擦拭等经常修理费，由于不直接用于生产，也不随产量增减成正比例变动，而是在生产能力得到充分利用、产量增长时，所分摊的费用就少些，在产量下降时，所分摊的费用就要大一些，所以这部分费用为介于固定成本和变动成本之间的半变动成本，可按一定比例划归固定成本与变动成本。

④其他直接费。水、电、风、气等费用以及现场发生的材料二次搬运费，多数与产量发生联系，属于变动成本。

⑤施工管理费。其中大部分在一定产量范围内与产量的增减没有直接联系，如工作人员工资、生产工人辅助工资、工资附加费、办公费、差旅交通费、固定资产使用费、职工教育经费、上级管理费等基本上属于固定成本。检验试验费、外单位管理费等与产量增减有直接联系，则属于变动成本。另外，对于劳动保护费中的劳保服装费、防暑降温费、防

寒用品费，劳动部门都有规定的领用标准和使用年限，基本上属于固定成本。工具用具使用费中，行政使用的家具费属固定成本；工人领用工具，随管理制度不同而不同，有些企业对机修工、电工、钢筋工、车工、钳工、刨工的工具按定额配备，规定使用年限，定期以旧换新，属于固定成本，而对民工、木工、抹灰工、油漆工的工具采取定额人工数、定价包干，则又属于变动成本。

在成本按习性划分为固定成本和变动成本后，可用下列公式计算：

施工项目计划成本＝施工项目变动成本总额(C_2)＋施工项目固定成本总额(C_1)

（4）按实计算法。按实计算法就是施工项目经理部有关职能部门（人员）以该项目施工图预算的工料分析资料作为控制计划成本的依据。根据施工项目经理部执行施工定额的实际水平和要求，由各职能部门归口计算各项计划成本。

①人工费的计划成本，由项目管理班子的劳资部门（人员）计算，公式为

人工费的计划成本＝计划用工量×实际水平的工资率

式中，计划用工量＝某项工程量×工日定额（工日定额可根据实际水平，考虑先进性，适当提高定额）。

②材料费的计划成本，由项目管理班子的材料部门（人员）计算，公式为

材料费的计划成本＝（主要材料的计划用量×实际价格）＋（装饰材料的计划用量×实际价格）＋构配件费用

任务练习

1. 直接成本是指施工过程中耗费的构成工程实体或有助于工程形成的各项费用，其具体内容包括＿＿＿＿＿＿＿＿和＿＿＿＿＿＿＿。

2. 间接成本是指项目经理部为工程项目施工准备、组织施工生产和管理所需的各种费用，其具体内容包括＿＿＿＿＿＿＿和＿＿＿＿＿＿。

3. 工作分解法的特点是以＿＿＿＿＿＿＿＿为基础，以本企业做出的项目施工组织设计及技术方案为依据，以＿＿＿＿＿＿＿＿和计划的物资、材料、人工、机械等消耗量为基准，估算工程项目的实际成本费用，据此确定＿＿＿＿＿＿＿＿。

4. 施工项目成本计划中的计划成本的编制方法，通常有
＿＿＿＿＿＿＿＿、＿＿＿＿＿＿＿＿、＿＿＿＿＿＿＿＿和＿＿＿＿＿＿＿＿。

5. 在施工项目成本计划中的计划成本的编制方法中，＿＿＿＿＿＿＿＿就是施工项目经理部有关职能部门（人员）以该项目施工图预算的工料分析资料作为控制计划成本的依据。

6. 为了使成本计划能够发挥它的积极作用，在编制成本计划时应掌握的原则有（　　）。

　　A. 从实际情况出发的原则　　　　　　B. 统一领导、分级管理的原则

　　C. 弹性原则　　　　　　　　　　　　D. 采用企业定额的原则

7. 成本习性法，主要按照成本习性，将成本分成（　　）两类。

　　A. 固定成本　　　B. 变动成本　　　C. 直接成本　　　D. 间接成本

8. 一般情况下，施工成本计划总额应控制在（　　）的范围内。

　　A. 历史成本　　　B. 目标成本　　　C. 计划成本　　　D. 实际成本

9. 施工图预算是（　　）的主要依据。

　　A. 编制施工计划　　B. 考核工效　　　C. 投标报价　　　D. 进行经济核算

10. 编制施工成本计划时，施工成本可按成本构成分解为人工费、材料费、施工机械使用费、（　　）。

    A. 措施费和间接费　　　　　　　B. 直接费和间接费

    C. 规费和企业管理费　　　　　　D. 间接费、利润和税金

11. 为施工准备、组织和管理施工生产的全部费用的支出，称为（　　）。

    A. 直接成本　　　　　　　　　　B. 间接成本

    C. 施工成本　　　　　　　　　　D. 可以直接计入工程对象的费用

任务 4.2　建筑工程项目成本控制

📖 任务导入

    工程项目成本控制就是要在保证工期和质量满足要求的情况下，采取相关管理措施，包括组织措施、经济措施、技术措施、合同措施，把成本控制在计划范围内，并进一步最大限度地节约成本。工程项目成本控制包括设计阶段成本控制和施工阶段成本控制。项目成本能否降低，有无经济效益，得失在此一举，有很大的风险性。为了确保项目必盈不亏，成本控制不仅必要，而且必须做好。

4.2.1　工程项目成本控制的概念

    工程项目的成本控制通常是指在项目成本的形成过程中，对生产经营所消耗的人力资源、物质资源和费用开支进行指导、监督、调节和限制，及时纠正将要发生和已经发生的偏差，将各项生产费用控制在计划成本的范围之内，以保证成本目标的实现。施工项目成本控制的目的是降低项目成本、提高经济效益。

4.2.2　工程项目成本控制的依据

    (1)工程承包合同。工程项目成本控制要以工程承包合同为依据，围绕降低工程成本这个目标，从预算收入和实际成本两方面，努力挖掘增收节支潜力，以获得最大的经济效益。

    (2)施工成本计划。施工成本计划是根据施工项目的具体情况制订的施工控制方案，既包括预定的具体成本控制目标，又包括实现控制目标的措施和规划，以获得最大的经济效益。

    (3)进度报告。进度报告提供了每一时刻工程实际完成量、工程施工成本实际支付情况等重要信息，施工成本控制工作正是通过将实际情况与施工成本计划相比较，找出两者之间的差距，分析产生偏差的原因，从而采取措施改进以后的工作。

    (4)工程变更。工程变更一般包括设计变更、进度计划变更、施工条件变更、技术规范与标准变更、施工次序变更、工程数量变更等，一旦出现变更，工程量、工期成本都必将发生变化，从而使施工成本控制工作变得更加复杂和困难。

    另外，各种资源的市场信息、相关法律法规及合同文本等也都是成本控制的依据。

4.2.3　工程项目成本控制的原则

(1)开源与节流相结合的原则。该原则要求做到：每发生一笔金额较大的成本费用，都要查一查有无与其相对应的预算收入，是否支大于收；在经常性的分部分项工程成本核算和月度成本核算中，也要进行实际成本与预算收入的对比分析，以便从中探索成本节超的原因，纠正项目成本的不利偏差，提高项目成本的利用水平。

(2)全面控制原则。

①项目成本的全员控制。项目成本是一项综合性很强的指标，其涉及项目组织中各个部门、单位和班组的工作业绩，也与每个职工的切身利益有关。因此，项目成本的高低需要大家关心，施工项目成本控制(管理)也需要项目建设者群策群力，仅靠项目经理和专业成本管理人员及少数人的努力是无法收到预期效果的。项目成本的全员控制，并不是抽象的概念，而应该有一个系统的实质性内容，其中包括各部门、各单位的责任网络和班组经济核算等，防止成本控制人人有责又都人人不管。

②项目成本的全过程控制。项目成本的全过程控制是指在工程项目确定以后，自施工准备开始，经过工程施工，到竣工交付使用后的保修期结束，其中每一项经济业务，都要纳入成本控制的轨道。也就是：成本控制工作要随着项目施工进展的各个阶段连续进行，既不能疏漏，又不能时紧时松，使施工项目成本自始至终置于有效的控制之下。

(3)中间控制原则。中间控制原则又称动态控制原则，对于具有一次性特点的施工项目成本来说，应该特别强调项目成本的中间控制。因为施工准备阶段的成本控制，只是根据上级要求和施工组织设计的具体内容确定成本目标、编制成本计划、制订成本控制的方案，为今后的成本控制做好准备；而竣工阶段的成本控制，由于成本盈亏已经基本定局，即使发生了偏差，也已来不及纠正。因此，把成本控制的重心放在基础、结构、装饰等主要施工阶段上，则是十分必要的。

(4)目标管理原则。目标管理是贯彻执行计划的一种方法，它把计划的方针、任务、目的和措施等逐一加以分解，提出进一步的具体要求，并分别落实到执行计划的部门、单位甚至个人。目标管理的内容包括目标的设定和分解，目标的责任到位和执行，检查目标的执行结果，评价目标和修正目标，形成目标管理的P(计划)、D(实施)、C(检查)、A(处理)循环。

(5)节约原则。节约人力、物力、财力的消耗，不仅是提高经济效益的核心，也是成本控制的一项最主要的基本原则。节约要从三个方面入手：一是严格执行成本开支范围、费用开支标准和有关财务制度，对各项成本费用的支出进行限制和监督；二是提高施工项目的科学管理水平，优化施工方案，提高生产效率，节约人、财、物的消耗；三是采取预防成本失控的技术组织措施，制止可能发生的浪费。做到了以上三点，成本目标就能实现。

(6)例外管理原则。在工程项目建设过程的诸多活动中，有许多活动是例外的，如施工任务单和限额领料单的流转程序等，通常是通过制度来保证其顺利进行的。但也有一些不经常出现的问题，称之为"例外"问题。这些"例外"问题，往往是关键性问题，对成本目标的顺利完成影响很大，必须予以高度重视。例如，在成本管理中常见的成本盈亏异常现象，即盈余或亏损超过了正常的比例；本来是可以控制的成本，突然发生了失控现象；某些暂时的节约，但有可能给今后的成本带来隐患(如由于平时机械维修费的节约，可能会造成未来的停工修理和更大的经济损失)等，都应该视为"例外"问题，需进行重点检查、深入分析，并采取相应的积极的措施加以纠正。

（7）责、权、利相结合的原则。要使成本控制真正发挥及时有效的作用，必须严格按照经济责任制的要求，贯彻责、权、利相结合的原则。

首先，在项目施工过程中，项目经理、工程技术人员、业务管理人员以及各单位和生产班组都负有一定的成本控制责任，从而形成整个项目的成本控制责任网络。其次，各部门、各单位、各班组在肩负成本控制责任的同时，还应享有成本控制的权力，即在规定的权力范围内可以决定某项费用能否开支、如何开支和开支多少，以进行对项目成本的实质性控制。最后，项目经理还要对各部门、各单位、各班组在成本控制中的业绩进行定期的检查和考评，并与工资分配紧密挂钩，实行有奖有罚。实践证明，只有责、权、利相结合的成本控制，才是名副其实的项目成本控制，才能收到预期的效果。

4.2.4　工程项目成本控制的内容

工程项目成本控制在不同阶段的工作内容见表 4-1。

表 4-1　工程项目成本控制工作内容

项目施工阶段	成本控制工作内容
投标承包阶段	（1）根据工程概况和招标文件，联系建筑市场和竞争对手的情况，进行成本预测，提出投标决策意见。 （2）中标以后，应根据项目的建设规模，组建与之相适应的项目经理部，同时以"标书"为依据确定项目的成本目标，并下达给项目经理部
施工准备阶段	（1）根据设计图纸和有关技术资料，对施工方法、施工顺序、作业组织形式、机械设备选型、技术组织措施等进行认真的研究分析，并运用价值工程原理，制订出科学先进、经济合理的施工方案。 （2）根据企业下达的成本目标，以分部分项工程实物工程量为基础，联系劳动定额、材料消耗定额和技术组织措施的节约计划，在优化的施工方案指导下，编制明细而具体的成本计划，并按照部门、施工队和班组的分工进行分解，作为部门、施工队和班组的责任成本落实下去，为今后的成本控制做好准备。 （3）根据项目建设时间的长短和参加建设人数的多少，编制间接费用预算，并对上述预算进行明细分解，以项目经理部有关部门（或业务人员）责任成本的形式落实下去，为今后的成本控制和绩效考评提供依据
施工阶段	（1）加强施工任务单和限额领料单的管理。特别要做好每一个分部分项工程完成后的验收（包括实际工程量的验收和工作内容、工程质量、文明施工的验收），以及实耗人工、实耗材料的数量核对，以保证施工任务单和限额领料单的结算资料绝对正确，为成本控制提供真实可靠的数据。 （2）将施工任务单和限额领料单的结算资料与施工预算进行核对，计算分部分项工程的成本差异，分析差异产生的原因，并采取有效的纠偏措施。 （3）做好月度成本原始资料的收集和整理，正确计算月度成本，分析月度预算成本与实际成本的差异。对于一般的成本差异，要在充分注意不利差异的基础上，认真分析有利差异产生的原因，以防对后续作业成本产生不利影响或因质量低劣而造成返工损失；对于盈亏比例异常的现象，则要特别重视，并在查明原因的基础上，采取果断措施，尽快加以纠正。 （4）在月度成本核算的基础上，实行责任成本核算，也就是利用原有会计核算的资料，重新按责任部门或责任者归集成本费用，每月结算一次，并与责任成本进行对比。 （5）经常检查对外经济合同的履约情况，为顺利施工提供物质保证。如遇拖期或质量不符合要求，应根据合同规定向对方索赔；对缺乏履约能力的单位，要采取断然措施，即中止合同，并另找可靠的合作单位，以免影响施工，造成经济损失。 （6）定期检查各责任部门和责任者的成本控制情况，检查成本控制责、权、利的落实情况（一般为每月一次）。发现成本差异偏高或偏低的情况，应会同责任部门或责任者分析产生差异的原因，并督促他们采取相应的对策来纠正差异；如有因责、权、利不到位而影响成本控制工作的情况，应针对责、权、利不到位的原因，调整有关各方的关系，落实责、权、利相结合的原则，使成本控制工作得以顺利进行

项目施工阶段	成本控制工作内容
竣工阶段保修期间	(1)精心安排、干净利落地完成工程竣工扫尾工作。从现实情况看,很多工程一到扫尾阶段,就把主要施工力量抽调到其他在建工程,以致扫尾工作拖拖拉拉,战线拉很长,机械、设备无法转移,成本费用照常发生,使在建阶段取得的经济效益逐步流失。因此,一定要精心安排(因为扫尾阶段工作面较小,人多了反而会造成浪费),采取"快刀斩乱麻"的方法,把竣工扫尾时间缩短到最低限度。 (2)重视竣工验收工作,顺利交付使用。在验收以前,要准备好验收所需要的各种资料(包括竣工图)送甲方备查;对验收中甲方提出的意见,应根据设计要求和合同内容认真处理,如果涉及费用,应请甲方签证,列入工程结算。 (3)及时办理工程结算。一般来说,工程结算造价=原施工图预算±增减账。但在施工过程中,有些按实结算的经济业务是由财务部门直接支付的,项目预算员不掌握资料,往往在工程结算时遗漏。因此,在办理工程结算以前,要求项目预算员和成本员进行一次认真全面的核对。 (4)在工程保修期间,应由项目经理指定保修工作的责任者,并责成保修责任者根据实际情况提出保修计划(包括费用计划),以此作为控制保修费用的依据

4.2.5　工程项目成本控制的步骤

在确定了施工成本计划之后,必须定期进行施工成本计划值与实际值的比较,当实际值偏离计划值时,分析产生偏差的原因,采取适当的纠偏措施,以保证施工成本控制目标的实现。其具体步骤如下。

1. 比较

将施工成本计划值与实际值逐项进行比较,以发现施工成本是否已超支。

2. 分析

在比较的基础上,对比较的结果进行分析,以确定偏差的严重性及偏差产生的原因,这步是施工成本控制工作的核心。其主要目的是找出偏差的原因,从而采取有针对性的措施减少或避免相同原因事件的再次发生或减少由此造成的损失。

3. 预测

根据项目实施情况估算整个项目完成时的施工成本,预测的目的是为决策提供支持。

4. 纠偏

当工程项目的实际施工成本出现了偏差时,应根据工程的具体情况,针对偏差分析和预测的结果采取适当的纠偏措施,以期达到使施工成本偏差尽可能小的目的。

5. 检查

检查是指对工程的进展进行跟踪和检查,及时了解工程进展情况及纠偏措施的执行情况和效果,为今后的工程积累经验。

上述五个步骤构成了一个周期性的循环过程。

4.2.6　工程项目成本控制的方法

1. 项目成本的过程控制方法

施工阶段是控制建筑工程项目成本发生的主要阶段,它通过确定成本目标并按计划成本进行施工资源配置，对施工现场发生的各种成本费用进行有效控制，其具体的控制方法包括人工费的控制、材料费的控制、施工机械使用费的控制、施工分包费的控制四种。

（1）人工费的控制。人工费的控制实行"量价分离"的方法，将作业用工及零星用工按定额工日的一定比例综合确定用工数量与单价，通过劳务合同进行控制。

（2）材料费的控制。材料费的控制同样按照"量价分离"的原则，控制材料用量和材料价格。

①材料用量的控制。在保证符合设计要求和质量标准的前提下，合理使用材料，通过定额管理、计量管理等手段有效控制材料物资的消耗，具体方法有定额控制、指标控制、计量控制、包干控制。

②材料价格的控制。材料价格主要由材料采购部门控制。由于材料价格是由买价、运杂费、运输中的合理损耗等组成，因此主要是通过掌握市场信息，应用招标和询价等方式控制材料、设备的采购价格。

（3）施工机械使用费的控制。合理选择施工机械设备、合理使用施工机械设备对成本控制具有十分重要的意义，尤其是高层建筑施工。施工机械使用费主要由台班数量和台班单价决定，为有效控制施工机械使用费支出，主要从以下几个方面进行控制：

①合理安排施工生产，加强设备租赁计划管理，减少因安排不当引起的设备闲置；

②加强机械设备的调度工作，尽量避免窝工，提高现场设备利用率；

③加强现场设备的维修保养，避免因不正当使用造成机械设备的停置；

④做好机上人员与辅助生产人员的协调与配合，提高施工机械台班产量。

（4）施工分包费的控制。分包工程价格的高低，必然对项目经理部的施工项目成本产生一定的影响。因此，施工项目成本控制的重要工作之一是对分包价格的控制。项目经理部应在确定施工方案的初期就确定需要分包的工程范围。决定分包范围的因素主要是施工项目的专业性和项目规模。对分包费用的控制，主要是做好分包工程的询价、订立平等互利的分包合同、建立稳定的分包关系网络、加强施工验收和分包结算等工作。

2. 赢得值（挣值）法

赢得值法（Earned Value Management，EVM）作为一项先进的项目管理技术，最初是由美国国防部于1967年首次确立的。赢得值法被普遍应用于工程项目的费用、进度综合分析控制。

（1）赢得值法的三个基本参数。赢得值法的基本参数有三项，即已完工作预算费用、计划工作预算费用和已完工作实际费用。

①已完工作预算费用。已完工作预算费用（Budgeted Cost for Work Performed，BCWP）是指在某一时间已经完成的工作（或部分工作），以批准认可的预算为标准所需要的资金总额，由于业主正是根据这个值为承包人完成的工作量支付相应的费用，也就是承包人获得（挣得）的金额，故称赢得值或挣值。其计算公式为

$$已完工作预算费用（BCWP）＝已完成工作量 × 预算单价$$

②计划工作预算费用。计划工作预算费用（Budgeted Cost for Work Scheduled，BCWS）即根据进度计划，在某一时刻应完成的工作（或部分工作），以预算为标准所需要的资金总额。一般来说，除非合同有变更，BCWS在工程实施过程中应保持不变。其计算公式为

$$计划工作预算费用（BCWS）＝计划工作量 × 预算单价$$

③已完工作实际费用。已完工作实际费用(Actual Cost for Work Performed，ACWP)，即到某一时刻为止，已完成的工作(或部分工作)实际所花费的总金额。其计算公式为

已完工作实际费用(ACWP)＝已完成工作量×实际单价

(2)赢得值法的四个评价指标。在赢得值法的三个基本参数的基础上，可以确定四个评价指标，它们也都是时间的函数。

①费用偏差 CV(Cost Variance)。

费用偏差(CV)＝已完工作预算费用(BCWP)－已完工作实际费用(ACWP)

当费用偏差(CV)为负值时，即表示项目运行的费用超出预算费用；当费用偏差(CV)为正值时，表示项目运行节支，实际费用没有超出预算费用。

②进度偏差 SV(Schedule Variance)。

进度偏差(SV)＝已完工作预算费用(BCWP)－计划工作预算费用(BCWS)

当进度偏差(SV)为负值时，表示进度延误，即实际进度落后于计划进度；当进度偏差(SV)为正值时，表示进度提前，即实际进度快于计划进度。

③费用绩效指数 CPI(Cost Performance Index)。

费用绩效指数(CPI)＝已完工作预算费用(BCWP)/已完工作实际费用(ACWP)

当费用绩效指数 CPI<1 时，表示超支，即实际费用高于预算费用；

当费用绩效指数 CPI>1 时，表示节支，即实际费用低于预算费用。

④进度绩效指数 SPI(Schedule Performance Index)。

进度绩效指数 SPI＝已完工作预算费用(BCWP)/计划工作预算费用(BCWS)

当进度绩效指数 SPI<1 时，表示进度延误，即实际进度比计划进度滞后；

当进度绩效指数 SPI>1 时，表示进度提前，即实际进度比计划进度快。

因费用(进度)偏差反映的是绝对偏差，结果很直观，故其有助于费用管理人员了解项目费用出现偏差的绝对数额，并依此采取一定措施，制订或调整费用支出计划和资金筹措计划。但是绝对偏差也有其不容忽视的局限性。

(3)偏差分析的方法。偏差分析可采用不同的方法，常用的有横道图法、表格法和曲线法。

①横道图法。用横道图法进行费用偏差分析，是用不同的横道标志已完工作预算费用(BCWP)、计划工作预算费用(BCWS)和已完工作实际费用(ACWP)，横道的长度与其金额成正比。

横道图法具有形象、直观、一目了然等优点，它能够准确表达出费用的绝对偏差，而且能一眼感受到偏差的严重性。但这种方法反映的信息量少，一般在项目的较高管理层应用。

②表格法。表格法是进行偏差分析最常用的一种方法。它将项目编号、名称、各费用参数以及费用偏差数综合归纳入一张表格中，并且直接在表格中进行比较。由于各偏差参数都在表中列出，因此，费用管理者能够综合地了解并处理这些数据。

用表格法进行偏差分析具有如下优点：灵活、适用性强，可根据实际需要设计表格，进行增减项；信息量大，可以反映偏差分析所需的资料，从而有利于费用控制人员及时采取针对性措施，加强控制；表格处理可借助于计算机，从而节约大量数据处理所需的人力，并大大提高速度。

③曲线法。在项目实施过程中，上述三个参数可以形成三条曲线，即计划工作预算费

用(BCWS)曲线、已完工作预算费用(BCWP)曲线、已完工作实际费用(ACWP)曲线，如图 4-1 所示。

图 4-1 赢得值曲线图

(4)偏差原因分析与纠偏措施。

①偏差原因分析。偏差原因分析的一个重要目的就是要找出引起偏差的原因，从而采取有针对性的措施，减少或避免同一原因相同事件的再次发生。

②纠偏措施。纠偏措施包括：寻找新的、更好更省的、效率更高的设计方案；购买部分产品，而不是采用完全由自己生产的产品；重新选择供应商，但会产生供应风险，选择需要时间；改变实施过程；变更工程范围；索赔，如向业主、承(分)包商、供应商索赔以弥补费用超支。

赢得值法是对项目费用和进度的综合控制，其可以克服过去费用与进度分开控制的缺陷；当发现费用超支时，很难立即知道是由于费用超出预算还是由于进度提前；当发现费用低于预算时，也很难立即知道是由于费用节省还是由于进度拖延。而采用赢得值法，就可以定性、定量地判断进度和费用的执行效果。

【例 4-1】 某土方工程总挖方量为 4 000 m³，计划 10 天完成，每天 400 m³，预算单价为 45 元/m³，该挖方工程预算总费用为 180 000 元。开工后第 7 天早晨刚上班时业主项目管理人员前去测量，取得了两个数据：已完成挖方 2 000 m³，支付给承包单位的工程进度款累计已达 120 000 元。

(1)计算 BCWP(已完工作预算费用)。

$$BCWP=45\times2\,000=90\,000(元)$$

从这里可以看出，已完工作预算费用(BCWP)与项目进度没有直接关系，只与实际完成的工作量有关。

(2)计算 BCWS(计划工作预算费用)。开工后第 6 天结束时，承包单位应得到的工程进度款累计额 BCWS=108 000 元。

(3)计算 ACWP(已完工作的实际费用)。本案例的 ACWP 很明显，直接给出了 ACWP=120 000 元。

(4)计算费用偏差，也称成本偏差：

$$CV=BCWP-ACWP=90\,000-120\,000=-30\,000(元)$$，表明承包单位已经超支。

(5)计算进度偏差：

$$SV=BCWP-BCWS=90\,000-108\,000=-18\,000(元)$$，表明承包单位进度已经滞后。表示项目进度滞后，较预算还有相当于 18 000 元的工作量没有做。18 000/(400×45)=1(天)的工作量，所以承包单位的进度已经滞后 1(天)。

另外，还可以使用费用绩效指数 CPI 和进度绩效指数 SPI 测量工作是否按照计划进行。

$$CPI=BCWP/ACWP=90\,000/120\,000=0.75$$

$$SPI=BCWP/BCWS=90\,000/108\,000=0.83$$

CPI 和 SPI 都小于 1，给该项目亮了黄牌。

从上面可以看出，CV 和 CPI 是一组指标，SV 和 SPI 是一组指标。

4.2.7 降低工程项目成本的措施和途径

降低工程项目成本的途径，应该是既开源又节流，或者说既增收又节支。只开源不节流，或者只节流不开源，都不可能达到降低成本的目的，至少是不会有理想的降低成本效果。

1. 开源增收途径

(1)认真会审图纸，积极提出修改意见。在项目建设过程中，施工单位必须按图施工。但是，由于图纸是由设计单位按照用户要求和项目所在地的自然地理条件（如水文地质情况等)设计的，其中起决定作用的是设计人员的主观意图，很少考虑施工单位，有时还可能给施工单位出些难题。因此，施工单位应该在满足用户要求和保证工程质量的前提下，联系项目施工的主、客观条件，对设计图纸进行认真的会审，并提出积极的修改意见，在取得用户和设计单位的同意后，修改设计图纸，同时办理增减账。

在会审图纸的时候，对于结构复杂、施工难度高的项目，更要加倍认真，并且要从方便施工、有利于加快工程进度和保证工程质量、降低资源消耗、增加工程收入等方面综合考虑，提出有科学根据的合理化建议，争取得到业主和设计单位的认同。

(2)加强合同预算管理，增创工程预算收入。

①深入研究招标文件、合同内容，正确编制施工图预算。在编制施工图预算的时候，要充分考虑可能发生的成本费用，包括合同规定的属于包干(闭口)性质的各项定额外补贴，并将其全部列入施工图预算，然后通过工程款结算向甲方取得补偿。凡是政策允许的，要做到该收的点滴不漏，以保证项目的预算收入。但有一个政策界限，不能将项目管理不善造成的损失也列入施工图预算，更不允许违反政策向甲方高估冒算或乱收费。

②把合同规定的"开口"项目作为增加预算收入的重要方面。一般来说，按照设计图纸和预算定额编制的施工图预算，必须受预算定额的制约，很少有灵活伸缩的余地；而"开口"项目的取费则有比较大的潜力，是项目创收的关键。例如，合同规定，预算定额缺项的项目，可由乙方参照相近定额，经监理师复核后报甲方认可。这种情况，在编制施工图预算时是常见的，需要项目预算员参照相近定额进行换算。在定额换算的过程中，预算员就可根据设计要求，充分发挥自己的业务技能，提出合理的换算依据，以此来摆脱原有的定额偏低的约束。

③根据工程变更资料，及时办理增减账。由于设计、施工和甲方使用要求等种种原因，工程变更是项目施工过程中经常发生的事情，是不以人的意志为转移的。工程的变更必然会带来工程内容的增减和施工工序的改变，从而也必然会影响成本费用的支出。因此，项目承包方应就工程变更对既定施工方法、机械设备使用、材料供应、劳动力调配和工期目标等的影响程度，以及为实施变更内容所需要的各种资源进行合理估价，及时办理增减账手续，并通过工程款结算从甲方取得补偿。

(3)制订先进的、经济合理的施工方案。施工方案主要包括施工方法的确定、施工机具的选择、施工顺序的安排和流水施工的组织。施工方案不同，工期就会不同，所需机具也不同，因而发生的费用也会不同。因此，正确选择施工方案是降低成本的关键所在。必须强调，施工项目的施工方案，应该同时具有先进性和可行性。如果只先进而不可行，不能在施工中发挥有效的指导作用，那就不是最佳施工方案。

制订施工方案要以合同工期和上级要求为依据，联系项目的规模、性质、复杂程度、现场条件、装备情况、人员素质等因素综合考虑。可以同时制订几个施工方案，倾听现场施工人员的意见，以便从中选择最合理、最经济的一个。

（4）落实技术组织措施。落实技术组织措施，走技术与经济相结合的道路，以技术优势来取得经济效益，是降低项目成本的又一个关键措施。一般情况下，项目应在开工以前根据工程情况制订技术组织措施计划，作为降低成本计划的内容之一列入施工组织设计。在编制月度施工作业计划的同时，也可按照作业计划的内容编制月度技术组织措施计划。

为了保证技术组织措施计划的落实，并取得预期的效果，应在项目经理的领导下明确分工。由工程技术人员制定措施，材料人员提供材料，现场管理人员和生产班组负责执行，财务成本员结算节约效果，最后由项目经理根据措施执行情况和节约效果对有关人员进行奖励，形成落实技术组织措施的一条龙。

必须强调，在结算技术组织措施执行效果时，除要按照定额数据等进行理论计算外，还要做好节约实物的验收，防止"理论上节约、实际上超用"的情况发生。

（5）组织均衡施工，加快施工进度。凡是按时间计算的成本费用，如项目管理人员的工资和办公费，现场临时设施费和水电费，以及施工机械和周转设备的租赁费等，在加快施工进度、缩短施工周期的情况下，都会有明显的节约。除此之外，还可从用户那里得到一笔相当可观的提前竣工奖。因此，加快施工进度也是降低项目成本的有效途径之一。

为了加快施工进度，施工单位将会增加一定的成本支出。例如，在组织两班制施工的时候，需要增加夜间施工的照明费、夜点费和工效损失费；同时，还将增加模板的使用量和租赁费。

因此，在签订合同时，应根据用户和赶工要求，将赶工费列入施工图预算。如果事先并未明确，而是由用户在施工中临时提出的赶工要求，则应请用户签证，费用按实结算。

2. 节流降低成本措施

（1）采取组织措施控制成本。

①建立健全项目成本责任控制体系，明确项目部机构。项目部经理为第一责任人，下设职能科室，各部门各司其职、精心组织，为降低成本尽责尽职。

②制定管理制度和办法，包括工作制度、责任制度、工程技术标准和规程以及奖惩制度等。

（2）采取技术措施控制成本。

①制订合理先进的施工方案，包括施工工艺和方法、机具的选择、施工顺序的安排、施工现场的合理布置。

②采用新机具、新工艺、新技术、新材料等以提高工效。

③严把质量关。加强施工过程中的质量检查，杜绝质量事故，防止返工，节约开支，降低质量成本。

④注重工期成本，在保证项目质量的情况下，尽量缩短工期。

（3）采取管理措施控制成本。

①人工费控制。改善劳动组织，减少窝工浪费；实行奖惩制度，加大技术教育和培训工作；加强劳动纪律，压缩非生产用工和辅助用工。

②材料费控制。改进材料的采购、运输、收支和保管工作，减少各个环节的损耗；结合施工进度和料场能力，合理安排材料进场时间；推行三级收料和限额领料制度。

③机械费控制。正确选配和合理利用机械设备，搞好机械设备的保养和维修，提高机械的完好率和使用率；尽量减少施工中所消耗的机械台班量，降低机械台班价格。

④间接费和其他直接费的控制管理。精简机构，减少非生产人员，合理确定管理幅度与管理层次，节约施工管理费等。

⑤积极采用降低成本的新管理技术和方法，如系统工程、价值工程等。

4.2.8 成本与工期优化

1. 工期与成本的关系

工程成本由直接成本(直接费)和间接成本(间接费)构成,工程成本与工期的关系为直接成本随工期缩短而增加,间接成本随工期缩短而减少,这样就必然存在一个总成本最少的最佳工期,如图4-2所示。

2. 工期—成本优化法的步骤

(1)计算各活动时间参数,确定关键线路及正常工期;求正常工期下总直接成本、间接成本及总成本。

图 4-2　成本与工期关系曲线

(2)计算各项活动的直接成本变化率 α。

(3)找出费用率(费用率组合)最小的活动进行压缩;并分析压缩工期时的约束条件,确定压缩对象可能压缩时间,计算新工期下的总成本。

(4)计算压缩工期能否满足要求,成本是否最低,否则按(1)~(4)再次压缩。

【例 4-2】 某工程项目网络计划如图4-3所示,其间接成本变化率为10千元/周。求满足工期要求的最低成本。箭线上为直接成本,下为作业时间;括弧内为极限作业时间和直接成本,括弧外为正常作业时间和直接成本;直接成本单位:千元,工作时间单位:周。

解: (1)确定关键线路,计算成本,如图4-4所示。

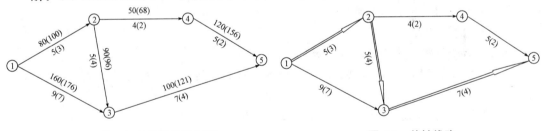

图 4-3　某工程项目网络计划图　　　　图 4-4　关键线路

正常工期 $T_n = 17$ 周,此时:直接成本 $= 80 + 50 + 120 + 160 + 100 + 90 = 600$(千元);间接成本 $= 17 \times 10 = 170$(千元);总成本 $= 600 + 170 = 770$(千元)。

(2)计算各项工作的直接成本变化率

$$直接成本变化率\ \alpha = (C_c - C_n)/(D_n - D_c)$$

C_c:在最短持续时间下作业所需的直接费用

C_n:在正常持续时间下作业所需的直接费用

D_n:作业的正常持续时间

D_c:作业的最短时间

$\alpha_{1-2} = 10$ 千元/周;$\alpha_{1-3} = 8$ 千元/周;$\alpha_{2-3} = 6$ 千元/周;$\alpha_{2-4} = 9$ 千元/周;$\alpha_{3-5} = 7$ 千元/周;$\alpha_{4-5} = 12$ 千元/周

关键线路1—2—3—5,工期为17周;第二条线路1—3—5,工期为16周;第三条线路1—2—4—5,工期为14周。

第一次压缩：压缩关键线路 1—2—3—5 ，可压缩的时间仅为 1 周。

压缩工作的选择：1—2 α_{1-2}＝10 千元/周；2—3 α_{2-3}＝6 千元/周；3—5 α_{3-5}＝7 千元/周；2—3 费用率最低，故选 2—3 压缩。

第一次压缩工作 2—3 工期 1 周，则总工期 T＝16 周

直接成本：600＋1×6＝606(千元)

间接成本：16× 10＝160(千元)

总成本：766 千元

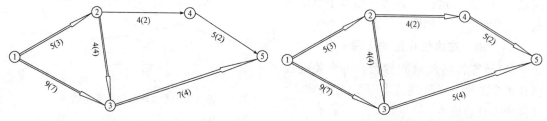

图 4-5　第一次压缩后的网络图　　　　图 4-6　第二次压缩后的网络图

此时，关键线路有两条，如图 4-5 所示。

可压缩：1—2 18 千元/周 ，2 周；

1—3 18 千元/周 ，2 周；

3—5 7 千元/周 ，3 周。

第二次压缩：3—5，压缩 2 周，总工期 T＝14 周

直接成本：606＋7×2＝620(千元)

间接成本：14×10＝140(千元)

总成本：760 千元

此时，三条线路均为关键线路，如图 4-6 所示。

此时，如果再优化的话，直接成本率的增加值将高于间接成本率的降低值，方案已达到最优。

(4)结论：最优工期 T^*＝14 周，最低成本＝760 千元。

3. 压缩关键活动工期所受限制

(1)活动本身最短工期的限制。

(2)总时差的限制。关键线路上各活动压缩时间之和不能大于非关键线路上的总时差。

(3)平行关键线路的限制。必须在两条(或多条)关键线路上压缩相同的天数。

(4)紧缩关键线路的限制。工期不能再缩短，压缩任何活动时间都不会缩短工期而只会增加工程成本。

任务练习

1. 项目的成本控制，通常是指在项目成本的形成过程中，对生产经营所消耗的_____、_____和_____进行指导、监督、调节和限制，及时纠正将要发生和已经发生的偏差，把各项生产费用控制在_____之内，以保证成本目标的实现。

参考答案

2. 施工成本控制要以（　　）为依据，围绕降低工程成本这个目标，从预算收入和实际成本两方面，努力挖掘增收节支潜力，以获得最大的经济效益。

A. 工程承包合同　　　　B. 进度报告　　　　C. 施工成本计划　　　　D. 工程变更

3. （　　）既是施工成本控制的依据，又作为施工成本控制的指导文件。

A. 工程承包合同　　　　B. 施工成本计划　　C. 进度报告　　　　D. 工程变更

4. 在施工成本控制中，首先应进行的工作是（　　）。

A. 分析　　　　　　　　B. 预测　　　　　　C. 比较　　　　　　D. 纠偏

5. 施工成本控制工作的核心工作是（　　）。

A. 纠偏　　　　　　　　B. 检查　　　　　　C. 比较　　　　　　D. 分析

6. 施工成本控制的实施步骤为（　　）。

A. 预测、分析、比较、纠偏、检查

B. 分析、检查、预测、比较、纠偏

C. 比较、分析、预测、纠偏、检查

D. 比较、预测、分析、检查、纠偏

7. 施工成本的过程控制主要包括（　　）。

A. 材料费的控制　　　　　　　　　　B. 设备费的控制

C. 施工分包费用的控制　　　　　　　D. 人工费的控制

E. 施工机械使用费的控制

8. 进行施工成本控制，工程实际完成量、成本实际支付等信息主要是通过（　　）获得。

A. 进度报告　　　　　　　　　　　　B. 施工成本计划

C. 工程承包合同　　　　　　　　　　D. 施工组织设计

9. 对于施工分包费用的控制，应做好的工作包括（　　）。

A. 订立平等互利的分包合同　　　　　B. 加强施工验收和分包结算

C. 分包工程的询价　　　　　　　　　D. 建立稳定的分包关系网络

E. 降低施工费用

10. 如果某分项工程的费用偏差小于0，进度偏差大于0。那么已完工作实际费用（ACWP）、计划工作预算费用（BCWS）和已完工作预算费用（BCWP）的关系可表示为（　　）。

A. BCWP＞ACWP＞BCWS　　　　　B. BCWS＞BCWP＞ACWP

C. ACWP＞BCWP＞BCWS　　　　　D. BCWS＞ACWP＞BCWP

11. 某土方工程，某月计划开挖 160 000 m^3，合同单价为 85 元/m^3，到月底实际完成土方量为 180 000 m^3，实际单价为 72 元/m^3，则该工程的以工作量表示的进度偏差（SV）为（　　）万元。

A. 214　　　　　　　B. −214　　　　　　C. 170　　　　　　D. −170

12. 某混凝土工程，合同约定的某月计划完成工程量 3 503 m^3，单价为 650 元/m^3。至月底，经确认的承包商实际完成工程量为 3 003 m^3，实际单价为 750 元/m^3，则该工程的进度绩效指数（SPI）为（　　）。

A. 0.887　　　　　　B. 0.857　　　　　C. 1.127　　　　　D. 1.167

任务 4.3　建筑工程项目成本核算

任务导入

成本核算是成本管理工作的重要组成部分，它是将企业在生产经营过程中发生的各种耗费按照一定的对象进行分配和归集，以计算总成本和单位成本。成本核算的正确与否，直接影响企业的成本预测、计划、分析、考核和改进等控制工作，同时，也对企业的成本决策和经营决策的正确与否产生重大影响。

4.3.1　项目成本核算的概念

工程项目成本核算主要发生在施工阶段。成本核算就是将施工过程中的各项费用进行归集分配，确定项目的实际成本。成本核算过程，是对企业生产经营过程中各种耗费如实反映的过程，也是为更好地实施成本管理进行成本信息反馈的过程，因此，成本核算对企业成本计划的实施、成本水平的控制和目标成本的实现起着至关重要的作用。

做好成本核算工作，首先要建立健全原始记录；建立并严格执行材料的计量、检验、领发料、盘点、退库等制度；严格落实原材料、燃料、动力、工时等消耗定额；严格遵守各项制度规定，并根据具体情况确定成本核算的组织方式。

4.3.2　项目成本核算的原则

(1)确认原则。各项经济业务中发生的成本，都必须按一定的标准和范围加以认定和记录。

(2)实际成本计价原则。成本核算要采用实际成本计价。

(3)分期核算原则。将生产经营活动划分为若干时期，并分期计算各期项目成本。

(4)一致性原则。企业成本核算所采用的方法应前后一致。

(5)重要性原则。对于一些主要费用或对成本有重大影响的工程内容，要作为核算的重点，详细计算。

(6)权责发生制原则。依据权责发生制原则，凡是应计入当期的收入或支出的项目，无论款项是否收付，都应作为当期的收入或支出处理；凡是不属于当期的收入和支出的项目，即使款项已经在当期收付，也不应作为当期的收入和支出。

(7)合法性原则。合法性原则是指计入成本的费用都必须符合法律、法令、制度等的规定。不符合规定的费用不能计入成本。

(8)及时性原则。及时性原则是指企业成本的核算、成本信息的提供应在要求时期内完成。

4.3.3　项目成本核算的对象

项目成本核算的对象是指在计算工程成本中，确定归集和分配生产费用的具体对象，即生产费用承担的客体。一般可按下列方法确定：

(1)施工项目一般应以每一个独立编制施工图预算的单位工程为成本核算对象。

（2）属同一建设项目的由同一单位施工，在同一地点，属同一结构类型，开、竣工时间相近的若干单位工程，可以合并为一个成本核算对象。

（3）规模大、工期长或推行新工艺、使用新材料的单位工程，可以将工程分段，将其工作部位作为成本核算对象。

（4）改建、扩建的零星工程，可以使开、竣工时间相接近，属于同一建设项目的各个单位工程合并为一个成本核算对象。

（5）土方工程、打桩工程，可以根据实际情况和管理需要，以一个单项工程为成本核算对象，或将同一施工地点的若干个工程量较少的单项工程合并为一个成本核算对象。

4.3.4　项目成本核算的基本要求

（1）项目经理部应根据财务制度和会计制度的有关规定，建立项目成本核算制，明确项目成本核算的原则、范围、程序、方法、内容、责任及要求，并设置核算台账，记录原始数据。

（2）项目经理部应按照规定的时间间隔进行项目成本核算。

（3）项目成本核算应坚持形象进度、产值统计和成本归集"三同步"的原则。

（4）项目经理部应编制定期成本报告。

4.3.5　项目成本核算的基本环节

项目成本核算包括两个基本环节：一是按照规定的成本开支范围对施工费用进行归集和分配，计算出施工费用的实际发生额；二是根据成本核算对象，采用适当的方法，计算出该施工项目的总成本和单位成本。施工成本管理需要正确及时地核算施工过程中发生的各项费用，计算施工项目的实际成本。施工项目成本核算所提供的各种成本信息，是成本预测、成本计划、成本控制、成本分析和成本考核等各个环节的依据。

4.3.6　项目成本核算的内容

项目成本一般以单位工程为成本核算对象，但也可以按照承包工程项目的规模、工期、结构类型、施工组织和施工现场等情况，结合成本管理要求，灵活划分成本核算对象。项目成本核算的基本内容包括以下几个方面。

1. 人工费核算

（1）内包人工费：是指内、外包两层分开后企业所属的劳务分公司（内部劳务市场自有劳务）与项目经理部签订的劳务合同结算的全部工程价款，其适用于类似外包工式的合同定额结算支付办法，按月结算计入项目单位工程成本。

（2）外包人工费：按企业或项目经理部与劳务分包公司或直接与劳务分包公司签订的包清工合同，以当月验收完成的工程实物量，计算出定额工日数乘以合同人工单价确定人工费，并按月凭项目经济员提供的"包清工工程款月度成本汇总表"（分外包单位和单位工程）预提计入项目单位工程成本。

上述内包、外包合同履行完毕，根据分部分项的工期、质量、安全、场容等验收考核情况进行合同结算，以结账单按实据以调整项目实际成本。对估点工任务单必须当月签发、当月结算，严格管理，按实计入成本；隔月不予结算，一律作废。

2. 材料费核算

工程耗用的材料，根据限额领料单、退料单、报损报耗单、大堆材料耗用计算单等，由项目料具员按单位工程编制《材料耗用汇总表》，据以计入项目成本。

各类材料按实际价格核算，计入项目成本。

3. 周转材料费核算

(1)周转材料实行内部租赁制，以租费的形式反映其消耗情况，按"谁租用谁负担"的原则核算其项目成本。

(2)按周转材料租赁办法和租赁合同，由出租方与项目经理部按月结算租赁费。租赁费按租用的数量、时间和内部租赁单价计算，计入项目成本。

(3)周转材料在调入移出时，项目经理部都必须加强计量验收制度，如有短缺、损坏，一律按原价赔偿，计入项目成本(缺损数＝进场数－退场数)。

(4)租用周转材料的进退场运费，按其实际发生数，由调入项目负担。

(5)对U形卡、脚手扣件等零件，除执行项目租赁制外，考虑到其比较容易散失，按规定实行定额预提摊耗，摊耗数计入项目成本，相应减少次月租赁基数及租赁费。单位工程竣工，必须进行盘点，盘点后的实物数与前期逐月按控制定额摊耗后的数量差，据实调整清算，计入成本。

(6)实行租赁制的周转材料，一般不再分配负担周转材料差价。退场后发生的修复整理费用，应由出租单位做出租成本核算，不再向项目另行收费。

4. 结构件费核算

(1)项目结构件的使用必须有领发手续，并根据这些手续，按照单位工程使用对象编制《结构件耗用月报表》。

(2)项目结构件的单价，以项目经理部与外加工单位签订的合同为准计算耗用金额，计入成本。

(3)根据实际施工形象进度、已完施工产值的统计、各类实际成本报耗三者在月度时点上的"三同步"原则(配比原则的引申与应用)，结构件耗用的品种和数量应与施工产值相对应。结构件数量金额账的结存数，应与项目成本员的账面余额相符。

(4)结构件的高进高出价差核算同材料费的高进高出价差核算应一致。结构件内三材数量、单价、金额均按报价书核定，或按竣工结算单的数量按实结算。报价内的节约或超支由项目自负盈亏。

(5)如发生结构件的一般价差，可计入当月项目成本。

(6)部位分项分包，如铝合金门窗、卷帘门、轻钢龙骨、石膏板、平顶、屋面防水等，按照企业通常采用的类似结构件管理和核算方法，项目经济员必须做好月度已完工程部分验收记录，正确计报部位分项分包产值，并书面通知项目成本员及时、正确、足额计入成本。预算成本的折算、归类可与实际成本的出账保持同口径。分包合同价可包括制作费和安装费等有关费用，工程竣工按部位分包合同结算书，据以按实调整成本。

(7)在结构件外加工和部位分包施工过程中，项目经理部通过自身努力获取的经营利益或转嫁压价让利风险所产生的利益，均受益于施工项目。

5. 机械使用费核算

(1)机械设备实行内部租赁制,以租赁费形式反映其消耗情况,按"谁租用谁负担"的原则核算其项目成本。

(2)按机械设备租赁办法和租赁合同,由机械设备租赁单位与项目经理部按月结算租赁费。租赁费根据机械使用台班、停置台班和内部租赁单价计算,计入项目成本。

(3)机械进出场费,按规定由承租项目负担。

(4)项目经理部租赁的各类大、中、小型机械,其租赁费全额计入项目机械费成本。

(5)根据内部机械设备租赁市场运行规则要求,结算原始凭证由项目指定专人签证开班和停班数,据以结算费用。现场机工、电工、维修工等人的奖金由项目考核支付,计入项目机械费成本并分配到有关单位工程。

上述机械租赁费结算,尤其是大型机械费及进出场费应与产值对应,防止只有收入无成本的不正常现象;反之,则形成收入与支出不配比状况。

6. 措施费核算

措施费的核算内容包括:环境保护费,文明施工费,安全施工费,临时设施费,夜间施工费,材料二次搬运费,大型机械设备进出场费及安拆费,混凝土、钢筋混凝土、模板及支架费,脚手架费,已完工程保护费,施工排水、降水费。

(1)发生费用时能够分清受益对象的,在发生时直接计入受益对象的成本。

(2)发生费用时不能分清受益对象的,由公司财务部门按照一定的分配标准计入受益对象的成本。

(3)场地清理、材料二次倒运等发生的人工费、机械使用费、材料费难以和成本中的其他项目区分的,可以将这些费用与"人工费""材料费""机械使用费"等项目合并核算。

7. 施工间接费核算

为了明确项目经理部的经济责任,分清成本费用的可控区域,正确合理地反映项目管理的经济效益,对施工间接费实行项目与项目之间分灶吃饭,"谁受益谁负担,多受益多负担,少受益少负担,不受益不负担"。项目经理部对全部项目成本负责,不但应该掌握并控制直接成本,而且应该掌握并控制间接成本。

企业的管理费用、财务费用作为期间费用,不再构成项目成本,企业与项目在费用上分开核算。项目发生的施工间接费必须是自己可控的,即有办法知道将发生什么耗费;有办法计量它的耗费;有办法控制并调节它的耗费。凡项目发生的可控费用,均下沉到项目去核算,企业不再硬性将公司本部发生费用向下分摊。

(1)要求以项目经理部为单位编制工资单和奖金单列支工作人员薪金。项目经理部工资总额每月必须正确核算,以此计提职工福利费、工会经费、教育经费、劳保统筹费等。

(2)劳务分公司所提供的炊事人员代办食堂承包,服务、警卫人员提供区域岗点承包服务以及其他代办服务费用计入施工间接费。

(3)内部银行的存贷利息,计入"内部利息"(新增明细子目)。

(4)施工间接费先在项目"施工间接费"总账归集,再按一定的分配标准计入受益成本核算对象(单位工程)"工程施工——间接成本"。分配方法可参照费用计算基数,以实际成本中直接成本为分配依据。

8. 分包工程成本核算

项目经理部将所管辖的个别单位工程以分包形式发给外单位承包，其核算要求包括：

（1）包清工工程，纳入"人工费——外包人工费"内核算。

（2）部位分项分包工程，纳入"结构件费"内核算。

（3）双包工程是指将整幢建筑物以包工包料的形式分包给外单位施工的工程。对双包工程，可根据施工合同取费情况和分包合同支付情况（上下合同差）测定目标盈利率。月度结算时，以双包工程已完工价款做收入，应付双包单位工程款做支出，适当负担施工间接费，预结降低额。

（4）机械作业分包工程是指利用分包单位专业化施工优势，将打桩、吊装、大型土方、深基础等施工项目分包给专业单位施工的形式。对机械作业分包产值统计的范围是，只统计分包费用，不包括物耗价值，即打桩只计打桩费而不计桩材费，吊装只计吊装费而不包括构件费。机械作业分包实际成本与此对应，包括分包结账单内除工期奖之外的全部工程费用。总体反映其全貌成本。

同双包工程一样，总分包企业合同差包括总包单位管理费、分包单位让利收益等。在月度结算成本时，可先预结一部分，或在月度结算时做收支持平处理，到竣工结算时，再作为项目效益反映。

双包工程和机械作业分包工程由于收入和支出较易辨认（计算），所以项目经理部也可以对这两类分包工程采用竣工点交办法，即月度不结盈亏处理。

项目经理部应增设"分建成本"成本项目，核算反映双包工程、机械作业分包工程成本状况。

（5）各类分包形式（特别是双包），对分包单位领用、租用、借用本企业物资、工具、设备、人工等费用，必须根据项目经理部管理人员开具的，且经分包单位指定专人签字认可的专用结算单据（如《分包单位领用物资结算单》及《分包单位租用工器具设备结算单》等）结算依据入账，抵作已付分包工程款。同时要注意对分包资金的控制，对分包付款、供料控制，应依据合同及要料计划实施制约，单据应及时流转结算，账上支付额（包括抵作额）不得突破合同价款。应注意阶段控制，防止资金失控，引起成本亏损。

4.3.7 项目成本核算的方法

1. 表格核算法

表格核算法是指建立在内部各项成本核算基础之上，各要素部门和核算单位定期采集信息，填制相应的表格，并通过一系列的表格，形成项目成本核算体系，作为支撑项目成本核算平台的方法。

2. 会计核算法

会计核算法是指建立在会计核算基础上，利用会计核算所独有的借贷记账法和收支全面核算的综合特点，按项目成本内容和收支范围，组织项目成本核算的方法。

3. 表格核算法、会计核算法并行运用

由于表格核算法具有便于操作和表格格式自由的特点，可以根据不同的管理方式和要求设置各种表格。使用表格法核算项目岗位成本责任，能较好地解决核算主体和载体的统一、和谐问题，便于项目成本核算工作的开展，并且随着项目成本核算工作的深入发展，表格的种类、数量、格式、内容、流程都在不断发展和改进，以适应各个岗位的成本控制和考核。

1. 项目成本核算的原则有确认原则、_____、_____、_____、_____、_____、_____和_____。

2. 项目成本核算应坚持_____、_____、_____"三同步"的原则。

3. 项目成本核算的方法有_____、_____和_____。

4. 成本核算是成本管理工作的重要组成部分，它是将企业在生产经营过程中发生的（　　　）按照一定的对象进行分配和归集，以计算总成本和单位成本。

　　A. 各种耗费　　　　　B. 各种消耗　　　　　C. 费用耗费　　　　　D. 材料消耗

5. （　　　）、（　　　）的零星工程，可以将开、竣工时间接近，属于同一建设项目的各个单位工程合并作为一个成本核算对象。

　　A. 改建　　　　　　　B. 扩建　　　　　　　C. 迁建　　　　　　　D. 重建

6. 做好计算成本工作，首先要建立健全（　　　）；建立并严格执行材料的计量、检验、领发料、盘点、退库等制度；严格落实原材料、燃料、动力、工时等消耗定额；严格遵守各项制度规定，并根据具体情况确定成本核算的（　　　）。

　　A. 原始记录　　　　　B. 最后记录　　　　　C. 组织方式　　　　　D. 组织结构

7. 施工机械使用费按照项目当月使用台班和单价计入（　　　）。

　　A. 工程成本　　　　　　　　　　　B. 实际成本

　　C. 费用成本　　　　　　　　　　　D. 运输成本

8. 合理确定（　　　），是正确组织施工企业建筑产品成本核算的重要条件之一。

　　A. 建造合同　　　　　　　　　　　B. 期间费用

　　C. 间接费用　　　　　　　　　　　D. 成本核算对象

9. 施工企业一般应以每一独立签订建造合同的单位工程为依据，并结合企业施工组织的特点和加强工程成本管理的要求，来确定（　　　）。

　　A. 成本项目　　　　　　　　　　　B. 生产成本

　　C. 工程成本核算对象　　　　　　　D. 建造合同成本

任务 4.4　建筑工程项目成本分析和考核

任务导入

　　建筑工程项目成本分析贯穿于施工成本控制的全过程，它是在成本的形成过程中，主要利用施工项目的成本核算资料，与目标成本、预算成本以及类似的施工项目的实际成本等进行比较，了解成本的变动情况，寻找降低施工项目成本的途径，以便有效地进行成本控制。成本考核是指在施工项目完成后，对施工项目成本形成中的各责任者，按施工项目成本目标责任制的有关规定，将成本的实际指标与计划、定额、预算进行对比和考核，评定施工项目成本计划的完成情况和各责任者的业绩，并以此给予相应的奖励和处罚。通过成本考核，做到有奖有惩、赏罚分明，才能有效地调动每一位员工在各自施工岗位上努力完成目标成本的积极性，为降低施工项目成本和增加企业的积累做出自己的贡献。

4.4.1　项目成本分析的内容

施工项目的成本分析，就是：一方面，根据统计核算、业务核算和会计核算提供的资料，对项目成本的形成过程和影响成本升降的因素进行分析，以寻求进一步降低成本的途径(包括项目成本中的有利偏差的挖潜和不利偏差的纠正)；另一方面，通过成本分析，可从账簿、报表反映的成本现象看清成本的实质，从而增强项目成本的透明度和可控性，为加强成本控制、实现项目成本目标创造条件。总体上，施工项目成本分析的内容包括以下三个方面。

1. 随着项目施工的进展而进行的成本分析

(1)分部分项工程成本分析。

(2)月(季)度成本分析。

(3)年度成本分析。

(4)竣工成本分析。

2. 按成本项目进行的成本分析

(1)人工费分析。

(2)材料费分析。

(3)机械使用费分析。

(4)其他直接费分析。

(5)间接成本分析。

3. 针对特定问题和与成本有关事项的分析

(1)成本盈亏异常分析。

(2)工期成本分析。

(3)资金成本分析。

(4)技术组织措施节约效果分析。

(5)其他有利因素和不利因素对成本影响的分析。

4.4.2　项目成本分析的方法

由于施工项目成本涉及的范围很广，需要分析的内容也很多，应该在不同的情况下采取不同的分析方法。

1. 成本分析基本方法

(1)比较法。比较法又称"指标对比分析法"。比较法就是通过技术经济指标的对比，检查计划的完成情况，分析产生差异的原因，进而挖掘内部潜力的方法。这种方法通俗易懂、简单易行、便于掌握，因而得到了广泛的应用，但在应用时必须注意各技术经济指标的可比性。比较法的应用，通常有下列几种形式：

①将实际指标与计划指标对比，以检查计划的完成情况，分析完成计划的积极因素和

影响计划完成的消极因素，以便及时采取措施，保证成本目标的实现。在进行实际指标与计划指标对比时，还应注意计划本身的质量。如果计划本身出现质量问题，则应调整计划，重新正确评价实际工作的成绩，以免挫伤人的积极性。

②本期实际指标与上期实际指标对比。通过这种对比，可以看出各项技术经济指标的动态情况，反映施工项目管理水平的提高程度。在一般情况下，一个技术经济指标只能代表施工项目管理的一个侧面，只有成本指标才是施工项目管理水平的综合反映。因此，成本指标的对比分析尤为重要，一定要真实可靠，而且要有深度。

③与本行业平均水平、先进水平对比。通过这种对比，可以反映本项目的技术管理和经济管理与其他项目的平均水平和先进水平的差距，进而采取措施赶超先进水平。

【例 4-3】 某项目本年计划节约"三材"100 000 元，实际节约 110 000 元，上年节约95 000元，本行业先进水平节约 125 000 元。根据上述资料编制分析表，见表 4-2。

表 4-2 实际指标与目标指标、上年指标、先进水平对比表 元

指标	本年目标数	上年实际数	行业先进水平	本年实际数	差异数		
					与目标比	与上年比	与先进比
"三材"节约额	100 000	95 000	125 000	110 000	+10 000	+15 000	-15 000

(2)因素分析法。因素分析法又称连锁置换法或连环替代法。这种方法可用来分析各种因素对成本形成的影响程度。在进行分析时，首先要假定众多因素中的一个因素发生了变化，而其他因素则不变，然后逐个替换，并分别比较其计算结果，以确定各个因素的变化对成本的影响程度。

因素分析法的计算步骤如下：

①确定分析对象，即所分析的技术经济指标，并计算出实际数与计划数的差异。

②确定该指标是由哪几个因素组成的，并按其相互关系进行排序。替代顺序原则：一般是先替代数量指标，后替代质量指标；先替代实物量指标，后替代货币量指标；先替代主要指标，后替代次要指标。

③以计划预算数为基础，将各因素的计划预算数相乘，作为分析替代的基数。

④将各个因素的实际数按照上面的排列顺序进行替换计算，并将替换后的实际数保留下来。

⑤将每次替换计算所得的结果，与前一次的计算结果相比较，两者的差异即为该因素对成本的影响程度。

⑥各个因素的影响程度之和，应与分析对象的总差异相等。

【例 4-4】 某工程浇筑一层结构商品混凝土，目标成本为 364 000 元，实际成本为383 760元，比目标成本增加 19 760 元，资料见表 4-3。用"因素分析法"分析产量、单价、损耗率等因素的变动对实际成本的影响程度。

表 4-3 商品混凝土目标成本与实际成本对比表

项 目	单 位	目 标	实 际	差 额
产量	m³	500	520	+20
单价	元	700	720	+20
损耗率	%	4	2.5	-1.5
成本	元	364 000	383 760	+19 760

解：分析成本增加的原因：

分析对象是浇筑一层结构商品混凝土的成本，实际成本与目标成本的差额为 19 760 元，该指标是由产量、单价、损耗率三个因素组成的，其排序见表 4-3。

以目标数 364 000(500×700×1.04)元为分析替代的基础。

第一次替代产量因素：以 520 替代 500，520×700×1.04＝378 560(元)；

第二次替代单价因素：以 720 替代 700，并保留上次替代后的值，520×720×1.04＝389 376(元)；

第三次替代损耗率因素：以 1.025 替代 1.04，并保留上两次替代后的值，520×720×1.025＝383 760(元)。

计算差额：

第一次替代与目标数的差额＝378 560－364 000＝14 560(元)

第二次替代与第一次替代的差额＝389 376－378 560＝10 816(元)

第三次替代与第二次替代的差额＝383 760－389 376＝－5 616(元)

产量增加使成本增加了 14 560 元，单价提高使成本增加了 10 816 元，而损耗率下降使成本减少了 5 616 元。

各因素的影响程度之和＝14 560＋10 816－5 616＝19 760(元)。与实际成本和目标成本的总差额相等。

为了使用方便，企业也可以运用因素分析表来求出某个因素变动对实际成本的影响程度，其具体形式见表 4-4。

表 4-4　商品混凝土成本变动因素分析表

顺序	连环替代计算	差额/元	因素分析
目标数	500×700×1.04		
第一次替代	520×700×1.04	14 560	由于产量增加 20 m³，成本增加 14 560 元
第二次替代	520×720×1.04	10 816	由于产量增加 20 m³，单价提高 20 元，成本增加 10 816 元
第三次替代	520×720×1.025	－5 616	由于产量增加 20 m³、单价提高 20 元、损耗下降 1.5%，成本减少 5 616 元
合计		19 760	

必须说明，在应用"因素分析法"时，各个因素的排列顺序应该固定不变。否则，就会得出不同的计算结果，也会产生不同的结论。

(3)差额计算法。差额计算法是因素分析法的一种简化形式，它利用各个因素的计划与实际的差额来计算其对成本的影响程度。

【例 4-5】　某施工项目某月的实际成本降低额比目标数提高了 2.40 万元，见表 4-5。用差额计算法进行分析，找出成本降低的主要原因。

表 4-5 目标成本与实际成本对比表

项 目	单 位	目 标	实 际	差 额
预算成本	万元	300	320	+20
成本降低率	%	4	4.5	+0.5
成本降低额	万元	12	14.40	+2.40

解：预算成本增加对成本降低额的影响程度：$(320-300)\times4\%=0.80$(万元)

成本降低率提高对成本降低额的影响程度：$(4.5\%-4\%)\times320=1.60$(万元)

以上两项合计：$0.80+1.60=2.40$(万元)。

其中成本降低率提高是主要原因，应进一步寻找成本降低率提高的原因。

(4)比率法。比率法是指用两个以上的指标的比例进行分析的方法。它的基本特点是：先把对比分析的数值变成相对数，再观察其相互之间的关系。常用的比率法有以下几种：

①相关比率法。由于项目经济活动的各个方面是互相联系、互相依存又互相影响的，因而将两个性质不同而又相关的指标加以对比，求出比率，并以此来考察经营成果的好坏。

例如，产值和工资是两个不同的概念，但它们的关系又是投入与产出的关系。一般情况下，都希望以最少的人工费支出完成最大的产值。因此，用产值工资率指标来考核人工费的支出水平，就能说明问题。

②构成比率法。构成比率法又称比重分析法或结构对比分析法。通过构成比率法，可以考察成本总量的构成情况以及各成本项目占成本总量的比重，同时也可看出量、本、利的比例关系，即预算成本、实际成本和降低成本的比例关系，从而为寻求降低成本的途径指明方向。

③动态比率法。动态比率法就是将同类指标不同时期的数值进行对比，求出比率，以分析该项指标的发展方向和发展速度。动态比率的计算，通常采用基期指数(或稳定比指数)和环比指数两种方法。

2. 综合成本分析法

综合成本是指涉及多种生产要素，并受多种因素影响的成本费用，如分部分项工程成本、月(季)度成本、年度成本等。

(1)分部分项工程成本分析。分部分项工程成本分析是施工项目成本分析的基础。分析对象是已完分部分项工程；分析方法是进行预算成本、目标成本和实际成本的"三算"对比，分别计算实际偏差和目标偏差，分析产生偏差原因，为今后寻求节约途径。

分部分项工程成本分析的资料来源是：预算成本来自施工图预算，计划成本来自施工预算，实际成本来自施工任务单的实际工程量、实耗人工和限额领料单的实耗材料。

由于施工项目包括很多分部分项工程，不可能也没有必要对每一个分部分项工程都进行成本分析。特别是一些工程量小、成本费用微不足道的零星工程。但是，对于那些主要分部分项工程，则必须进行成本分析，而且要做到从开工到竣工进行系统的成本分析。这是一项很有意义的工作，因为通过主要分部分项工程成本的系统分析，可以基本上了解项目成本形成的全过程，为竣工成本分析和今后的项目成本管理提供一份宝贵的参考资料。

(2)月(季)度成本分析。月(季)度成本分析是施工项目定期的、经常性的中间成本分析。对于有一次性特点的施工项目来说，有着特别重要的意义。因为，通过月(季)度成本分析，可以及时发现问题，以便按照成本目标指示的方向进行监督和控制，保证项目成本目标的实现。月（季）度成本分析的依据是当月（季）的成本报表。分析的方法通常有以下几种：

①通过实际成本与预算成本的对比，分析当月（季）度的成本降低水平；通过累计实际成本与累计预算成本的对比，分析累计的成本降低水平，预测实现项目成本目标的前景。

②通过实际成本与计划成本的对比，分析计划成本的落实情况，以及目标管理中的问题和不足，进而采取措施，加强成本管理，保证成本计划的落实。

③通过对各成本项目的成本分析，可以了解成本总量的构成比例和成本管理的薄弱环节。例如，在成本分析中，发现人工费、机械费和间接费等项目大幅度超支，就应该对这些费用的收支配比关系认真研究，并采取对应的增收节支措施，以防止今后再超支。如果是属于预算定额规定的"政策性"亏损，则应从控制支出着手，把超支额压缩到最低限度。

④通过主要技术经济指标的实际与计划的对比，分析产量、工期、质量、"三材"节约率、机械利用率等对成本的影响。

⑤通过对技术组织措施执行效果的分析，寻求更加有效的节约途径。

⑥分析其他有利条件和不利条件对成本的影响。

（3）年度成本分析。企业成本要求一年结算一次，不得将本年成本转入下一年度。企业成本要求一年一结算，而项目是以寿命周期为结算期，然后算出成本总量及其盈亏。由于项目周期一般较长，除月（季）度成本核算和分析外，还要进行年度成本核算和分析，这不仅是为了满足企业汇编年度成本报表的需要，同时，也是项目成本管理的需要。因为通过年度成本的综合分析，可以总结一年来成本管理的成绩和不足，为今后的成本管理提供经验和教训，从而可对项目成本进行更有效的管理。

年度成本分析的依据是年度成本报表。年度成本分析的内容，除了月（季）度成本分析的六个方面以外，重点是针对下一年度的施工进展情况规划切实可行的成本管理措施，以保证施工项目成本目标的实现。

（4）竣工成本的综合分析。凡是有几个单位工程而且是单独进行成本核算（成本核算对象）的施工项目，其竣工成本分析应以各单位工程竣工成本分析资料为基础，再加上项目经理部的经营效益（如资金调度、对外分包等所产生的效益）进行综合分析。如果施工项目只有一个成本核算对象（单位工程），就以该成本核算对象的竣工成本分析资料作为成本分析的依据。

单位工程竣工成本分析，应包括以下三方面内容：竣工成本分析；主要资源节超对比分析；主要技术节约措施及经济效果分析。

通过以上分析，可以全面了解单位工程的成本构成和降低成本的来源，对今后同类工程的成本管理很有参考价值。

3. 成本项目的分析方法

（1）人工费分析。在实行管理层和作业层两层分离的情况下，项目施工需要的人工和人工费，由项目经理部与施工队签订劳务承包合同，明确承包范围、承包金额和双方的权利、义务。对项目经理部来说，除了按合同规定支付劳务费以外，还可能发生一些其他人工费支出，主要有以下几项：

①因实物工程量增减而调整的人工和人工费。

②定额人工以外的估点工工资（已按定额人工的一定比例由施工队包干，并已列入承包

合同的，不再另行支付）。

③对在进度、质量、节约、文明施工等方面做出贡献的班组和个人进行奖励的费用。

项目经理部应根据上述人工费的增减，结合劳务合同的管理进行分析。

（2）材料费分析。材料费分析包括主要材料、结构件和周转材料使用费的分析以及材料保管费、材料储备资金的分析。

①主要材料和结构件费用的分析。主要材料和结构件费用的高低，主要受材料价格和消耗数量的影响。而材料价格的变动，又要受采购价格、运输费用、途中损耗、来料不足等因素的影响；材料消耗数量的变动，也要受操作损耗、管理损耗和返工损失等因素的影响，可在价格变动较大和数量超用异常的时候再进行深入分析。为了分析材料价格和消耗数量的变化对材料和结构件费用的影响程度，可按下列公式计算：

因材料价格变动对材料费的影响＝（预算单价－实际单价）×消耗数量

因消耗数量变动对材料费的影响＝（预算用量－实际用量）×预算价格

②周转材料使用费分析。在实行周转材料内部租赁制的情况下，项目周转材料费的节约或超支，取决于周转材料的周转利用率和损耗率。因为周转一慢，周转材料的使用时间就长，同时，也会增加租赁费支出；而超过规定的损耗，更要照原价赔偿。周转利用率和损耗率的计算公式如下：

周转利用率＝实际使用数×租用期内的周转次数/（进场数×租用期）×100%

损耗率＝退场数/进场数×100%

【例4-6】 某施工项目需要定型钢模，考虑周转利用率85%，租用钢模4 500 m，月租金为5元/m；由于加快施工进度，实际周转利用率达到90%。可用"差额计算法"计算周转利用率的提高对节约周转材料使用费的影响程度。具体计算如下：

（90%－85%）×4 500×5＝1 125（元）

③采购保管费分析。材料采购保管费属于材料的采购成本，其主要包括：材料采购保管人员的工资、工资附加费、劳动保护费、办公费、差旅费，以及材料采购保管过程中发生的固定资产使用费、工具用具使用费、检验试验费、材料整理、零星运费和材料物资的盘亏与毁损等。

材料采购保管费一般应与材料采购数量同步，即材料采购多，采购保管费也会相应增加。因此，应该根据每月实际采购的材料数量（金额）和实际发生的材料采购保管费，计算"材料采购保管费支用率"，作为前后期材料采购保管费的对比分析之用。

④材料储备资金分析。材料的储备资金，是根据日平均用量、材料单价和储备天数（从采购到进场所需要的时间）计算的。上述任何两个因素的变动，都会影响储备资金的占用量。材料储备资金的分析，可以应用"因素分析法"。从以上分析内容来看，储备天数的长短是影响储备资金的关键因素。因此，材料采购人员应该选择运距短的供应单位，尽可能减少材料采购的中转环节，缩短储备天数。

（3）机械使用费分析。由于项目施工具有一次性，项目经理部不可能拥有自己的机械设备，而是随着施工的需要，向企业动力部门或外单位租用。在机械设备的租用过程中，存在着两种情况：一种是按产量进行承包，并按完成产量计算费用，如土方工程，项目经理部只要按实际挖掘的土方工程量结算挖土费用，而不必考虑挖土机械的完好程度和利用程度；另一种是按使用时间（台班）计算机械费用，如塔式起重机、搅拌机、砂浆机等，如果机械完好率差或在使用中调度不当，必然会影响机械的利用率，从而延长使用时间，增加使用费用。因此，项目经理部应该给予一定的重视。

由于建筑施工的特点，在流水作业和工序搭接上往往会出现某些必然或偶然的施工间隙，影响机械的连续作业；有时又因为加快施工进度和工种配合，需要机械日夜不停地运转。这样，难免会有一些机械利用率很高，也会有一些机械利用不足，甚至租而不用的现象出现。若利用不足，则台班费需要照付；若租而不用，则要支付停班费。总之，它们都将增加机械使用费的支出。

因此，在机械设备的使用过程中，必须以满足施工需要为前提，加强机械设备的平衡调度，充分发挥机械的效用；同时，还要加强平时机械设备的维修保养工作，提高机械的完好率，保证机械的正常运转。

完好台班数是指机械处于完好状态下的台班数，它包括修理不满一天的机械，但不包括待修、在修、送修在途的机械。在计算完好台班数时，只考虑是否完好，不考虑是否在工作。

制度台班数是指本期内全部机械台班数与制度工作天的乘积，不考虑机械的技术状态和是否在工作。

(4)措施费分析。措施费分析主要应通过预算数与实际数的比较来进行。如果没有预算数，可以用计划数代替预算数。

(5)间接成本分析。间接成本是指为施工准备、组织施工生产和管理所需要的费用，主要包括现场管理人员的工资和进行现场管理所需要的费用。

间接成本的分析，也应通过预算（或计划）数与实际数的比较来进行。

4. 特定问题和与成本有关事项的分析

(1)成本盈亏异常分析。成本出现盈亏异常情况，对施工项目来说，必须引起高度重视，必须彻底查明原因，必须立即加以纠正。

检查成本盈亏异常的原因，应从经济核算的"三同步"入手。因为，项目经济核算的基本规律是：在完成多少产值、消耗多少资源、发生多少成本盈亏之间，有着必然的同步关系。如果违背这个规律，就会发生成本的盈亏异常。

"三同步"检查是提高项目经济核算水平的有效手段，不仅适用于成本盈亏异常的检查，也可用于月度成本的检查。"三同步"检查可以通过以下五个方面的对比分析来实现：

①产值与施工任务单的实际工程量和形象进度是否同步；

②资源消耗与施工任务单的实耗人工、限额领料单的实耗材料、当期租用的周转材料和施工机械是否同步；

③其他费用（如材料价差、超高费、井点抽水的打拔费和台班费等）的产值统计与实际支付是否同步；

④预算成本与产值统计是否同步；

⑤实际成本与资源消耗是否同步。

实践证明，把以上五个方面的同步情况查明后，成本盈亏的原因自然会一目了然。

(2)工期成本分析。工期的长短与成本的高低有着密切的关系。一般情况下，工期越长费用支出越多，工期越短费用支出越少。特别是固定成本的支出，基本上是与工期长短成正比增减的，是进行工期成本分析的重点。

工期成本分析就是计划工期成本与实际工期成本的比较分析。所谓计划工期成本，是指在假定完成预期利润的前提下计划工期内所耗用的计划成本；而实际工期成本，则是在实际工期中耗用的实际成本。

工期成本分析的方法一般采用比较法，即将计划工期成本与实际工期成本进行比较，然后应用"因素分析法"分析各种因素的变动对工期成本差异的影响程度。

进行工期成本分析的前提条件是，根据施工图预算和施工组织设计进行量本利分析，计算施工项目的产量、成本和利润的比例关系，然后用固定成本除以合同工期，求出每月支用的固定成本。

4.4.3　项目成本考核

1. 项目成本考核的含义

项目成本考核应该包括两方面的考核，即项目成本目标(降低成本目标)完成情况的考核和成本管理工作业绩的考核。这两方面的考核都属于企业对施工项目经理部成本监督的范畴。应该说成本降低水平与成本管理工作有着必然的联系，又同受偶然因素的影响，但都是对项目成本评价的一个方面，都是企业对项目成本进行考核和奖惩的依据。

施工项目成本考核的目的，在于贯彻落实责、权、利相结合的原则，促进工程项目成本管理工作的健康发展，更好地完成工程项目的成本目标。

2. 项目成本考核的内容

(1)企业对项目经理考核的内容。

①项目成本目标和阶段成本目标的完成情况。

②建立以项目经理为核心的成本管理责任制的落实情况。

③成本计划的编制和落实情况。

④对各部门、各施工队和班组责任成本的检查和考核情况。

⑤在成本管理中对贯彻责、权、利相结合原则的执行情况。

(2)项目经理对所属各部门、各施工队和生产班组考核的内容。

①对各部门的考核内容：本部门、本岗位责任成本的完成情况；本部门、本岗位成本管理责任的执行情况。

②对各施工队的考核内容：对劳务合同规定的承包范围和承包内容的执行情况；劳务合同以外的补充收费情况；对班组施工任务单的管理情况以及班组完成施工任务后的考核情况。

③对生产班组的考核内容(平时由施工队考核)：以分部分项工程成本作为班组的责任成本，以施工任务单和限额领料单的结算资料为依据，与施工预算进行对比，考核班组责任成本的完成情况。

3. 项目成本考核的实施

(1)项目成本的考核采取评分制。具体方法先按考核内容评分，然后可按 7：3 的比例加权平均，即责任成本完成情况的评分占七成，成本管理工作业绩的评分占三成，这是一个经验比例，施工项目可以根据自身情况进行调整。

(2)施工项目成本的考核要与相关指标的完成情况相结合。成本考核的评分是奖惩的依据，相关指标的完成情况是奖惩的条件，也就是在根据评分计奖的同时，还要参考相关指标的完成情况加奖或扣罚。与成本考核相结合的相关指标，一般有工期、质量、安全和现场标准化管理。

(3)强调项目成本的中间考核。

①月度成本考核。在进行月度成本考核的时候，将报表数据、成本分析资料和施工生产、成本管理的实际情况相结合做出正确的评价。

②阶段成本考核。一般可分为基础、结构、装饰、总体四个阶段进行成本考核。

（4）正确考核施工项目的竣工成本。施工项目的竣工成本是在工程竣工和工程款结算的基础上编制的，是竣工成本考核的依据。

（5）施工项目成本奖罚。施工项目成本奖罚的标准应通过经济合同的形式明确规定，这样不仅使奖罚标准具有法律效力，而且为职工群众创建了争取的目标。企业领导和项目经理还可对完成项目成本目标有突出贡献的部门、施工队、班组和个人进行随机奖励。这种奖励形式往往能够在短期内大大提高员工的积极性。

任务练习

1. _____，是指：一方面，根据会计核算、业务核算和统计核算提供的资料，对施工成本的形成过程和影响成本升降的_____进行分析，以寻求进一步降低成本的途径；另一方面，通过成本分析，可从账簿、报表反映的成本现象看清成本的实质，从而增强项目成本的透明度和可控性，为加强成本控制，实现项目成本目标创造条件。

参考答案

2. 因素分析法又称_____，其是利用统计指数体系分析现象总变动中各个因素影响程度的一种统计分析方法。

3. _____是因素分析法的一种简化形式，它利用各个因素的计划与实际的差额来计算其对成本的影响程度。

4. _____是指用两个以上的指标的比例进行分析的方法，常用的方法有：_____、_____和_____。

5. 在成本分析法中，（　　）可用来分析各种因素对成本形成的影响程度。

    A. 挣值法　　　　　　　　　　　　B. 对比法

    C. 差额分析法　　　　　　　　　　D. 因素分析法

6. 用因素分析法进行成本分析时，确定影响某指标的因素后，按其相互关系进行排序的规则是（　　）。

    A. 先绝对值，后相对值；先实物量，后价值量

    B. 先相对值，后绝对值；先实物量，后价值量

    C. 先实物量，后价值量；先绝对值，后相对值

    D. 先价值量，后实物量；先绝对值，后相对值

7. （　　）是施工项目定期的、经常性的中间成本分析。对于有一次性特点的施工项目来说，有着特别重要的意义。

    A. 月（季）度成本分析　　　　　　B. 分部分项工程成本分析

    C. 年度成本分析　　　　　　　　　D. 竣工成本的综合分析

8. 下列属于施工成本分析的基本方法的是（　　）。

    A. 比较法　　　　　　　　　　　　B. 因素分析法

    C. 比率法　　　　　　　　　　　　D. 差额计算法

    E. 年度成本分析法

9. 关于分部分项工程成本分析的说法，下列正确的是(　　)。

  A. 分部分项工程成本分析的对象为已完分部分项工程

  B. 分部分项工程成本分析方法是进行实际与目标成本比较

  C. 必须对施工项目中的所有分部分项工程进行成本分析

  D. 分部分项工程成本分析是施工项目成本分析的基础

  E. 需要做到从开工到竣工进行系统的成本分析

10. 单位工程竣工成本分析的内容包括(　　)。

  A. 竣工成本分析　　　　　　　　　B. 主要资源节超对比分析

  C. 差额计算分析　　　　　　　　　D. 主要技术节约措施及经济效果分析

  E. 年度成本分析

📺 项目小结

    工程项目成本是指工程项目在实施过程中所发生的全部生产费用的总和，包括所消耗的主、辅材料，构配件、周转材料的摊销费或租赁费，施工机械台班费或租赁费，支付给生产工人的工资、奖金以及项目经理部为组织、管理工程施工所发生的全部费用支出。要想降低成本，提高企业的经济效益，就必须对成本进行管理。施工项目成本管理包括成本计划、成本控制、成本核算、成本分析和成本考核五个相互联系的环节。制订项目成本计划的方法有定额估算法和计划成本法，计划成本法又包括施工预算法、技术节约措施法、成本习性法和按实计算法。成本控制方法中，赢得值法有三个基本参数和四个评价指标。成本分析的基本方法有比较法、因素分析法、差额计算法和比率法。

📺 项目练习

1. 在施工成本控制的步骤中，(　　)是施工成本控制工作的核心。

  A. 预测　　　　　　　　　　　　　B. 检查

  C. 分析　　　　　　　　　　　　　D. 纠偏

2. 将同类指标不同时期的数值进行对比，求出比率，以分析该项指标的发展方向和发展速度的成本分析方法是(　　)。

  A. 相关比率法　　　　　　　　　　B. 构成比率法

  C. 静态比率法　　　　　　　　　　D. 动态比率法

参考答案

3. 年度成本分析的依据是(　　)。

  A. 年度成本报表　　B. 进度报告　　　C. 预算成本　　　D. 实际成本

4. 管理是对资源进行有效整合以达到既定(　　)的动态创造性活动。

  A. 目标　　　　　B. 目的　　　　　C. 目标与责任　　D. 目标与计划

5. 施工成本分析是施工成本管理的主要任务之一，下列关于施工成本分析的表述中正确的是(　　)。

  A. 施工成本分析的实质是在施工之前对成本进行估算

B. 施工成本分析是指科学的预测成本水平及其发展趋势

C. 施工成本分析是指预测成本控制的薄弱环节

D. 施工成本分析应贯穿于施工成本管理的全过程

6. 施工成本预测的实质是在施工项目的施工之前( )。

A. 对成本因素进行分析

B. 分析可能的影响程度

C. 估算计划与实际成本之间的可能差异

D. 对成本进行估算

7. 对施工项目而言，编制施工成本计划的主要作用是( )。

    A. 确定成本定额水平   B. 对实际成本估算

    C. 设立目标成本   D. 明确资金使用安排

8. 施工成本控制的工作内容之一是计算和分析( )之间的差异。

    A. 预测成本与实际成本   B. 预算成本与计划成本

    C. 计划成本与实际成本   D. 预算成本与实际成本

9. 在对施工项目进行施工成本核算时，需要按照规定的开支范围，对施工项目的支出费用进行( )。

    A. 控制   B. 分析   C. 考核   D. 归集

10. 某施工项目，拟对施工成本进行预测，预测得到的成本估算可以用作该施工项目( )的依据。

    A. 成本决策   B. 成本计划   C. 控制成本   D. 核算成本

    E. 成本考核

11. 施工成本计划是确定和编制施工项目在计划期内的( )等的书面方案。

    A. 生产费用   B. 预算成本   C. 固定成本   D. 成本水平

    E. 可变成本

12. 施工成本控制可分为( )等控制内容和工作。

    A. 程序控制   B. 事先控制   C. 过程控制   D. 事后控制

    E. 全员控制

13. 施工成本分析的基本方法包括( )等。

    A. 比较法   B. 因素分析法   C. 判断法   D. 偏差分析法

    E. 比率法

14. 编制计划需要依据，属于施工成本计划编制依据的有( )。

    A. 招标文件   B. 投标报价文件   C. 企业定额   D. 行业定额

    E. 拟采取的降低施工成本的措施

15. 施工成本考核以( )作为主要指标。

    A. 总成本   B. 单位工程成本   C. 成本降低额   D. 成本降低率

    E. 投资降低额

16. 建筑安装工程费由( )等组成。

    A. 手续费   B. 人员工资   C. 直接费   D. 间接费

    E. 利润

17. 在施工成本控制的步骤中，分析是在比较的基础上，对比较结果进行的分析，其目的有( )。

   A. 发现成本是否超支
   B. 确定纠偏的主要对象
   C. 确定偏差的严重性
   D. 找出产生偏差的原因
   E. 检查纠偏措施的执行情况

18. 某土方开挖工程于某年 1 月开工，根据进度安排，同年 2 月份计划完成土方量 4 000 m³，计划单价 80 元/m³。时至同年 2 月底，实际完成工程量为 4 500 m³，实际单价为 78 元/m³，通过赢得值法分析可得到( )。

   A. 进度提前完成 40 000 元工作量
   B. 进度延误完成 40 000 元工作量
   C. 费用节支 9 000 元
   D. 费用超支 9 000 元
   E. 费用超支 31 000 元

 ➤ 项目实训

-- 实训题 1 --

【背景资料】

某项目经理部本年计划节约"三材"的目标为 120 000 元，实际节约 130 000 元，上年节约 115 000 元，本行业的先进水平节约 138 000 元。

【要求】

1. 用对比法进行对比，并列表计算。
2. 简述对比法的应用形式。

-- 实训题 2 --

【背景资料】

某施工项目经理部在某工程施工过程中，将标准层的商品混凝土的目标成本、实际成本情况进行比较，数据见表 4-6。

表 4-6　商品混凝土目标成本与实际成本对比表

项　目	单　位	目　标	实　际	差　额
产量	m³	300	310	+10
单价	元	800	820	+20
损耗率	%	4	3	−1
成本	元	249 600	261 826	12 226

【要求】

1. 试述因素分析法的基本理论。
2. 用因素分析法分析成本增加的原因。

【背景资料】

某土方工程总挖方量为 12 000 m³，计划 30 天完成，每天完成 400 m³，预算单价为 50 元/ m³，该挖方工程预算总费用为 600 000 元。开工后第 30 天早晨刚上班时，业主项目管理人员前去测量，取得了两个数据：已完成挖方 5 000 m³，支付给承包单位的工程进度款累计已达 360 000 元。

【要求】

1. 计算 BCWP。

2. 计算 BCWS。

3. 计算 ACWP。

4. 计算 CV。

5. 计算 SV。

【背景资料】

某施工项目经理部在某工程施工时，发现某月的实际成本降低额比目标成本增加了 3.6 万元，具体见表 4-7。

表 4-7　降低目标成本与实际成本对比表

项　目	单　位	目　标	实　际	差　额
预算成本	万元	280	300	+20
成本降低率	%	3	4	+1
成本降低额	万元	8.4	12	+3.6

【要求】

1. 说明"差额计算法"的基本原理。

2. 根据表中资料，用"差额计算法"分析预算成本和成本降低率对成本降低额的影响程度。

3. 说明成本分析的对象、成本分析的具体内容及资料来源。

项目5　建筑工程项目质量控制

项目目标

　　质量控制是项目管理中三大目标控制之一。质量问题影响工程寿命和使用功能，增加工程维护量，浪费国家财力、物力和人力，并且可能会影响建筑物结构的使用安全，严重的可能危及人们的财产和生命安全。工程质量控制对资源的优化配置、建设资金的合理投向、提高投资效益等方面都有着非常重要的作用。通过对本项目的学习，了解质量的基本概念，掌握建筑工程项目质量控制的内容和方法，掌握项目质量改进和质量事故处理的步骤及方法。

教学要求

学习目标	知识要点
了解质量控制的基本知识	(1)建筑工程项目质量控制的基本概念 (2)建筑工程项目质量控制的特点 (3)建筑工程项目质量控制的原则 (4)建筑工程项目质量控制的原理
掌握工程项目质量控制与质量事故处理	(1)建筑工程项目质量的影响因素及控制方法 (2)建筑工程项目各控制过程的质量控制 (3)建筑工程项目质量控制的方法 (4)质量事故的处理方法
熟悉建筑工程项目的质量改进	质量改进的步骤、方法、范围及内容

案例导入

　　某县一机关修建职工住宅楼，共六栋，设计均为七层砖混结构，建筑面积为 $10\,001\ \mathrm{m}^2$，主体完工后进行墙面抹灰，采用某水泥厂生产的42.5级水泥。抹灰后在两个月内相继发现该工程墙面抹灰出现开裂，并迅速发展。开始只是墙面一点产生膨胀变形，形成不规则的放射状裂缝，进而多点裂缝相继贯通，成为典型的龟状裂缝且空鼓，实际上此时抹灰与墙体已产生剥离。后经查证，该工程所用水泥中氧化镁含量严重超标，致使水泥安定性不合格，施工单位未对水泥进行进场检验就直接使用，因此产生大面积的空鼓开裂。最后该工程墙面抹灰全面返工，造成了严重的经济损失。

【问题】

　　1.影响建筑工程质量的因素主要有哪些？如何对这些因素进行控制？

　　2.建筑质量事故的处理方法有哪些？

　　3.建筑工程项目质量控制的重要性是什么？

任务 5.1　建筑工程项目质量控制概述

要提高建筑工程项目的质量，就必须狠抓施工阶段的质量控制。工程项目施工涉及面广，是一个极其复杂的过程，影响质量的因素很多，使用材料的微小差异就会造成质量事故。因此，施工过程中的工程质量控制就显得极其重要。

5.1.1　工程项目质量控制的基本概念

1. 质量

质量是反映产品、体系或过程的一组固有特性满足要求的程度。质量有广义与狭义之分。狭义的质量是指产品的质量，即工程实体质量；广义的质量包括工程实体质量和工作质量。工程实体质量不是靠检查来保证的，而是通过工作质量来保证的。

2. 建筑工程项目质量

建筑工程项目质量是指建筑工程作为一种特殊的产品，适合一定用途，满足业主需要，符合国家法律、法规、技术规范与标准、设计文件及合同规定的特性的总和。建筑工程项目的质量不仅包括活动或过程的结果，还包括活动或过程本身。因此，建筑工程项目质量应包括工程建设各阶段的质量及相应的工作质量。

从功能和使用价值来看，工程项目的质量特性通常体现为适用性、可靠性等，如图 5-1 所示。

图 5-1　工程项目的质量属性

3. 施工过程(工序)质量

工程项目建设全过程是由一道道工序组成的。每一道工序的质量必须具有满足下道工序相应要求的质量标准，工序质量决定工程质量。影响建筑工程质量的因素主要有五个方面，即人（Man）、材料（Material）、机械（Machine）、方法（Method）、环境（Environment），简称4M1E因素。

（1）人的质量意识和质量能力。人是质量活动的主体。人是整个建筑工程项目中的活动主体，主要指工程项目中的决策者、设计者、管理者和操作者，通过发挥主观能动性使建筑工程的各个阶段得以实现。人的素质，即人的思想意识、文化素质、技术水平、管理能力、工作经历和身体条件等，都直接和间接地影响工程项目的质量。

（2）建筑材料。建筑材料是建筑工程项目得以实现的物质基础，建筑材料种类、名目繁多，质量参差不齐。建筑材料质量的优劣直接影响建筑工程质量的好坏，尤其是用于结构施工的材料质量，将会直接影响整个工程结构的安全，因此，材料的质量是保证工程质量的前提条件。

（3）机械设备。在建筑施工过程中，机械设备是施工生产的手段。机械设备的完善可有效降低劳动成本和提高工作效率，能明显保证和提高施工质量，确保达到施工设计的技术要求和指标。如果不能及时更新和检修设备，定期校核计量用具、机械设备，也很可能引起工程质量问题。

（4）施工方法。施工方法包含工程项目整个建设周期内所采取的技术方案、工艺流程、组织措施、检测手段、施工组织设计等，它们合理、科学与否，都将对工程质量产生重大的影响。

（5）环境条件。环境条件往往对工程质量有着特定的影响，环境的因素主要包括：施工作业环境，如施工现场平面布置，施工作业面的大小、防护设施等；施工质量管理环境，如施工质量管理制度、组织体系等；自然环境，如工程地质、水文、气象等。由于许多环境因素是不可预见和不可抗拒的，尤其是自然环境因素，从而导致了环境因素对建筑工程质量的影响具有复杂性、多变性的特点。建设单位和施工企业应充分考虑建筑工程项目的环境因素，为工程建设创造有利的环境，认真分析不利的环境因素，加强预防和防治。

4. 工程项目质量控制

质量控制是质量管理的一部分，是致力于满足质量要求的一系列相关活动。质量控制贯穿于质量形成的全过程、各环节，纠正这些环节的技术、活动偏离有关规范的现象，使其恢复正常，达到控制的目的。

工程项目质量控制是为达到工程项目质量要求所采取的作业技术和活动。工程项目质量要求则主要表现为工程合同、设计文件、技术规范规定的质量标准。因此，工程项目质量控制就是为了保证达到工程合同规定的质量标准而采取的一系列措施、手段和方法。

建筑工程项目质量控制，包括项目决策、勘察设计、施工验收等阶段，均应围绕着致力于满足业主的质量总目标而展开。

5.1.2 建筑工程项目质量控制的特点

由于建筑工程项目施工涉及面广，是一个极其复杂的综合过程，再加上项目位置固定、生产流动、结构类型不一、质量要求不一、施工方法不一、体形大、整体性强、建设周期长、受自然条件影响大等，因此，施工项目的质量比一般工业产品的质量更难以控制，主要表现在以下几个方面：

（1）影响质量的因素多。

（2）容易产生第一、第二判断错误。

（3）容易产生质量变异。

（4）质量检查不能解体、拆卸。

（5）质量要受投资、进度的制约。

施工既是形成工程项目实体的过程，也是形成最终产品质量的重要阶段。所以，施工阶段的质量控制是工程项目质量控制的重点。

5.1.3 建筑工程项目质量控制的原则

在项目质量控制过程中，应遵循以下几点原则：

（1）坚持质量第一、用户至上。

（2）坚持以人为控制核心。

（3）坚持预防为主。

（4）坚持质量标准。

（5）贯彻科学、公正、守法的职业规范。

（6）建立崇高的使命感。

5.1.4 建筑工程项目质量控制的原理

1. PDCA 循环原理

PDCA 循环原理是项目目标控制的基本方法，也同样适用于建筑工程项目质量控制。实施 PDCA 循环原理时，将质量控制全过程划分为计划 P(Plan)、实施 D(Do)、检查 C(Check)、处理 A(Action)四个阶段。

（1）计划 P(Plan)：即质量计划阶段，明确目标并制订行动方案。

（2）实施 D(Do)：组织对质量计划或措施的执行，计划行动方案的交底和按计划规定的方法与要求展开工程作业技术活动。

（3）检查 C(Check)：检查采取措施的效果，包括作业者的自检、互检和专职管理者专检。各类检查都包含两个方面：一是检查是否严格执行了计划的行动方案，实际条件是否发生了变化，不执行计划的原因；二是检查计划执行的结果，即产出的质量是否达到标准的要求，对此进行确定和评价。

（4）处理 A(Action)：总结经验，巩固成绩，对于检查所发现的质量问题或质量不合格现象，及时进行原因分析，采取必要的措施予以纠正，保持质量形成的受控状态。

PDCA 循环的关键不仅在于通过 A(Action)去发现问题、分析原因、予以纠正及预防，更重要的是对于发现的问题在下一 PDCA 循环中某个阶段（如计划阶段）要予以解决。于是不断地发现问题，不断地进行 PDCA 循环，使质量不断改进、不断上升，如图 5-2 所示。

图 5-2　PDCA 循环过程

PDCA 循环的特点是：四个阶段的工作完整统一、缺一不可；大环套小环，小环促大环，阶梯式上升，循环前进，如图 5-3 所示。

图 5-3　PDCA 循环示意

PDCA 循环的八个步骤以及相应的方法见表 5-1。

表 5-1　PDCA 循环的步骤

阶　段	步　骤	方　法
P	1. 分析现状，找出问题	排列图、直方图、控制图
	2. 分析各种影响因素或原因	因果图
	3. 找出主要影响因素	排列图、相关图
	4. 针对主要原因，制定措施、计划	回答"5W1H"的问题： 为什么制定该措施(Why)？ 达到什么目标(What)？ 在何处执行(Where)？ 由谁负责完成(Who)？ 什么时间完成(When)？ 如何完成(How)
D	5. 执行、实施计划	
C	6. 检查计划执行结果	排列图、直方图、控制图
A	7. 总结成功经验，制订相应标准	制订或修改工作规程、检查规程及其他有关规章制度
	8. 把未解决或新出现的问题转入下一个 PDCA 循环	

2. 三阶段控制原理

三阶段控制包括事前质量控制、事中质量控制和事后质量控制。这三阶段控制构成了质量控制的系统控制过程。

上述三阶段控制之间构成有机的系统过程，实质上也就是 PDCA 循环的具体化，并在每一次滚动循环中不断提高，达到质量管理或质量控制的持续改进。

3. 全面质量管理原理

全面质量管理是指生产企业的质量管理应该是全面的、全过程的和全员参与的。此原理对建筑工程项目管理以及施工项目管理的质量控制同样有理论和实践的指导意义。

(1)全面质量控制。全面质量控制是指对工程(产品)质量和工作质量以及人的质量(素质)的全面控制,工作质量是产品质量的保证,工作质量直接影响产品质量的形成,而人的质量(素质)直接影响工作质量的形成。因此,提高人的质量(素质)是关键。

(2)全过程质量管理。全过程质量管理是指根据工程质量的形成规律,从源头抓起,全过程推进。

(3)全员参与管理。从全面质量管理的观点看,无论组织内部的管理者还是作业者,每个岗位都承担着相应的质量职能。一旦确定了质量方针目标,就应组织和动员全体员工参与到实施质量方针的系统活动中去,发挥自己的角色作用。

全面质量管理的特点是把以事后检验和把关为主转变为以预防及改进为主;把以就事论事、分散管理转变为以系统的观点进行全面的综合治理;从管结果转变为管因素,查出影响质量的诸多因素,抓住主要方面,发动全面、全过程和全员参与的质量管理,使生产(作业)的全过程都处于受控状态。

5.1.5 建筑工程项目质量控制的过程

要实现建筑工程项目质量的目标,建设一个高质量的工程,必须对整个项目过程实施严格的质量控制。质量控制是一个渐进的过程,在控制的过程中不能出现任何问题,否则将会影响后期的质量控制,进而影响工程的质量目标。控制过程如图 5-4 所示。

图 5-4　建筑工程项目质量控制过程

5.1.6 建筑工程项目质量计划

1. 建筑工程项目质量计划的概念

建筑工程项目质量计划是指确定工程项目的质量目标和如何达到这些质量目标的组织管理、资源投入、专门的质量措施和必要的工作过程。

2. 建筑工程项目质量计划的编制依据

(1)施工合同规定的产品质量特性、产品应达到的各项指标及其验收标准。

(2)施工项目管理规划。

(3)施工项目实施应执行的法律、法规、技术标准、规范。

(4)施工企业和施工项目部的质量管理体系文件及其要求。

3. 建筑工程项目质量计划的内容

(1)质量目标和质量要求。

(2)质量管理体系和管理职责。

(3)质量管理与协调的程序。

(4)法律法规和标准规范。

(5)质量控制点的设置与管理。

(6)项目生产要素的质量控制。

(7)实施质量目标和质量要求所采取的措施。

(8)项目质量文件管理。

4. 施工项目质量计划的实施

质量计划一旦批准生效，必须严格按照计划实施。在质量计划实施过程中要及时监控、了解计划执行的情况、偏离的程度、采取的纠偏措施，以确保计划的有效性。

施工项目质量计划实施的工作内容有以下几项：

(1)质量管理人员应按照分工控制质量计划实施，并应按规定保存控制记录。

(2)当发生质量缺陷或事故时，必须分析原因、分清责任、进行整改。

(3)技术负责人应定期组织具有资格的质量检查人员和内部质量审核员验证质量计划的实施效果。当项目质量控制中存在问题或隐患时，应及时提出解决措施。

(4)对重复出现的不合格问题和质量问题，责任人应按规定承担责任，并应依据验证评价的结果进行处理。

任务练习

1. 加强建筑工程质量控制的事前和事中控制体现了＿＿＿＿＿＿的原则。

2. 在工程建设中，应把＿＿＿＿＿＿＿作为质量控制的重点。

3. 在处理质量、进度、投资三者的关系时，应该始终把＿＿＿＿＿＿放在工程建设的首位。

4. 工程质量特性表现在(   )。

    A. 适用性、耐久性   B. 安全性、可靠性

    C. 经济性、协调性   D. 综合性、多样性

5. 建设工程项目质量控制的基本原理有(   )。

    A. PDCA 循环原理   B. 三阶段控制原理

    C. 三全控制管理   D. 三完善控制原理

6. 全面质量管理原理不包括(   )。

    A. 全面质量控制   B. 全阶段质量控制

    C. 全员参与管理   D. 全过程质量管理

7. 三阶段控制原理包括事前控制、事中控制和事后控制，其中事前控制的含义是(   )。

    A. 要求预先进行周密的质量计划

    B. 可理解为质量计划阶段，明确目标并制订实现目标的行动方案

    C. 作业者和管理者明确计划意图和标准，按规范制订行动方案

    D. 强调质量目标的计划预控，并按质量计划进行质量活动前的准备工作状态的控制

参考答案

任务 5.2　建筑工程项目质量影响因素和控制过程的质量控制

任务导入

工程质量是项目各方面、各部门、各环节工作质量的集中反映。其贯穿了整个建筑产品形成的全过程。建筑工程项目质量控制要把所有影响工程质量的因素和环节控制起来，做到全面、全过程控制。

5.2.1　建筑工程项目质量形成阶段

建筑产品的形成过程不仅是建筑工程项目质量的形成过程，也是项目的可行性研究、决策、勘察设计、施工、竣工验收这几个阶段质量的综合反映。建筑工程项目质量的形成主要包括以下三个阶段：

(1)策划阶段。形成工程对象的质量及其技术目标，主要由业主或业主聘请的项目管理公司完成。

(2)设计阶段。根据质量目标和技术规范要求形成工程对象固有的特性，主要由设计单位完成。

(3)施工阶段。实现设计意图，建成工程实体，主要由施工企业委派的施工项目部完成。

下面以施工阶段为重点，进行项目质量控制的介绍。

5.2.2　建筑工程项目质量影响因素的控制

在项目形成的每一个阶段和环节，都应对影响其工作质量的人、机械设备、材料、施工方法和环境(4M1E)因素进行控制，并对质量活动的成果进行分阶段验证，以便及时发现问题，查明原因，采取措施。

1. 人的控制

人的控制的方法及具体内容见表5-2。

表 5-2　人的控制的方法及具体内容

方　　法	具体内容
提高人的素质	加强思想政治教育、劳动纪律教育、职业道德教育，不断提高人的思想素质、领导者的素质和领导层的整体素质，是提高工作质量和工程质量的关键； 施工管理人员、班组长和操作人员的技能和知识应满足工程质量对人员素质的要求
加强人员专业技术培训	开展专业技术培训，提高劳动人员的技术水平(做好施工管理人员上岗前的岗位培训，保证掌握施工工艺，操作考核合格，持有上岗证后方可上岗；对工程技术人员集中培训，学习新规范、新法律法规，尤其是要加强对工程建设标准强制性条文的学习)； 对施工管理人员进行施工交底，使全部管理人员做到心中有数； 对劳务队全体人员进行进场前安全、文明施工及管理宣传员，对特殊工作作业人员集中培训，考核合格取证后方可上岗； 对各专业队伍进行施工前技术质量交底

方　法	具体内容
健全岗位责任制，提高人的质量意识	明确规定各种工作岗位的职能及其责任，明确各种岗位的工作内容、数量、质量和应承担的责任等并予以严格执行，以保证各项业务活动能有秩序进行
引入竞争机制和奖惩机制	从人的业务水平、思想素质、行为活动、违纪违章等几个方面综合考虑，引入竞争机制和奖惩机制，促进人员的不断进步，优胜劣汰，把好用人关，让人的流动始终处于全面受控状态，从而靠人去实现质量目标

2. 材料的控制

材料的控制的方法及具体内容见表 5-3。

表 5-3　材料的控制的方法及具体内容

方　法	具体内容
严格控制材料构配件采购订货	要从源头上把好建筑材料质量关，严格控制材料构配件采购订货，优选材料生产厂家，大宗器材或材料的采购应实行招标采购的方式； 承包单位负责采购的原材料、半成品或构配件，在采购订货前应向监理工程师申报，审查合格后，方可进行采购订货； 对于某些材料（如瓷砖等装饰材料），订货时应尽量一次性备足，避免出现分批采购导致色泽不一的质量问题
材料搬运、存放质量控制	材料在搬运、储存或保管过程中，如果方法不当会影响材料的质量，甚至造成材料的报废； 不同的材料应该根据材料特性选择适宜的搬运工具、防护措施，安排适宜的存放条件，以保证存放质量； 保持材料标志，以确保对原物质质量状况的可追溯性
严格检验进场的材料和设备	进入现场的工程材料必须有产品合格证或质量保证书，并应符合设计规定要求，不合格材料不得进入现场，需复检的材料必须经复检合格后才能使用； 使用进口的工程材料必须符合我国相应的质量标准，并持有商检部门签发的商检合格证书
严格执行限额领料制度，收发料具手续齐全	超出限额时须办理手续，说明超用原因，经批准后方可领用
材料在使用过程中材料人员要进行跟踪监督	材料使用要求工完场清，严禁乱丢乱放； 材料使用后，余料必须回收，钢筋、模板、土方、混凝土、包装等回收到指定地点

3. 机械设备的控制

机械设备的控制的方法及具体内容见表 5-4。

表 5-4 机械设备的控制的方法及具体内容

方　法	具体内容
从源头控制，严把采购关	施工单位应高度重视机械设备及配件采购工作，建立机械设备采购制度，优选供货厂家，购置的建筑机械设备应具备生产(制造)许可证、产品合格证、产品作用说明书； 严禁购置和租赁国家明令淘汰、规定不准再使用的机械设备； 严禁购置和租赁经检验达不到安全技术标准规定的机械设备
严格机械设备进场制度	设备进场时，监理机构要对机械设备的名称、型号、数量、技术性能、设备状况进行现场核对，保证投入生产作业的机械设备的性能、数量及设备状态能够满足正常施工的要求； 有特殊安全要求的设备进场后，须经当地劳动部门鉴定，符合要求并办好相关手续后方可投入使用； 设备安装检验合格后，必须进行试压和试运转，从而确保配套投产正常运转
操作人员持证上岗，实行"三定"制度	垂直运输机械作业人员、安装拆卸工、起重信号工等特种作业人员，必须取得特种作业操作资格证书后，方可上岗作业； 贯彻"人机固定"原则，实行定机、定人、定岗位责任的"三定"制度
建立机械档案，做好日常保养维修	做好机械设备原始技术资料和交接验收凭证、历次大修改造、运转时间、事故记录及其他有关资料的记录，并由专人负责保管； 定期对机械设备进行检查并做好相应记录，出现质量问题时要及时维修，避免因机器故障影响工程质量； 施工单位要按照说明书进行保养、润滑、检修，加强设备的储存、保管，以维护、养护为中心，以维修为辅助，从而正常使用
建立健全机械使用制度，合理使用施工机械	建立交接班制度，交接完善后方可开始工作； 配合机械作业辅助人员，听从指挥，应密切配合； 作业人员应遵守安全施工的强制性标准、规章制度和操作规程，正确使用施工机械

4. 施工方法的控制

施工方法的控制的方法及具体内容见表 5-5。

表 5-5 施工方法的控制的方法及具体内容

方　法	具体内容
遵守施工顺序	分部工程一般应遵循"先地下、后地上，先主体、后围护，先结构、后装饰，先土建、后设备"的原则； 科学、合理的施工顺序能够在时间、空间上优化施工过程； 在保证质量的情况下，尽量做到施工的连续性、紧凑性、均衡性
控制工序质量	分部分项工作都是按照一定的施工工艺展开的，前后施工工序之间有一定的客观规律和制约关系； 要保证每道工序的质量，对于重点部位、隐蔽工程等，要严格控制工序质量，验收合格后才能进入下一道工序
在每一分项工程施工前，做到"方案先行，样板先行"	严格执行施工方案分级审批制度，方案审批通过后做出样板，反复对样板中存在的问题进行修改，直至达到设计要求方可执行

方　法	具体内容
认真编制施工方案，细化施工方法	施工方案的制订、论证选择，其前提是满足技术的可行性，目的是确保质量目标的实现； 在制订和审核施工方案时，必须结合工程实际，从技术、经济、工艺、操作、组织、管理等方面进行全面分析、综合考虑，力求方案技术可行、经济合理、工艺先进、操作方便、组织得当、管理科学； 施工方法是施工方案的重要组成部分，属于施工方案的技术方面； 在编制施工方案时，对工程中工程质量影响较大的重要部位、关键部位、施工技术复杂的分部分项工程，要求施工方法详细而具体，必要时可单独编制单独的分部分项工程的施工作业设计
推广新技术、新材料、新工艺和新设备的应用	"四新"技术的推广应用，可以降低投资成本，加快工程进度，确保工程质量目标的实现

5. 环境的控制

环境的控制的方法及具体内容见表5-6。

表5-6　环境的控制的方法及具体内容

方　法	具体内容
施工作业环境的控制	对于精度要求高的施工，要求有良好的照明，保证操作条件满足操作要求； 保持交通道路通畅，保证混凝土的运输，减少干扰与延误； 根据施工要求设置道路、组织排水、堆放材料和机械设备、安排围墙与入口等的位置，做到分区明确、合理定位； 充分考虑交通、水电、消防、环保及卫生等因素，对场区进行合理划分，作业区与办公生活区分开设置，并保持安全距离和设置防护措施； 在施工危险部位有针对性地设置和悬挂明显的安全警示标志； 监理工程师应事先检查承包单位对施工作业环境条件方面的有关准备工作是否准备妥当，确认其准备可靠、有效后，方准许进行施工； 健全施工现场管理制度，使施工现场秩序化、标准化，实现文明施工，从而达到对施工作业环境的监控，以确保工程质量第一
施工质量管理环境的控制	作为工程实体质量的直接实施者，施工单位的质量管理在整个管理过程中有着举足轻重的作用。因此，施工单位要优化自身的管理环境，建立完善的质量管理体系和质量控制自检体系，明确系统的组织结构，制订相应的质量管理制度和质量检测制度，合理进行人员配备，落实质量责任制
自然环境条件的控制	自然环境因素对工程质量的影响具有复杂多变的特点，施工现场的防洪与排水、夏季高温与冬季严寒、地下水位及土质情况都会对工程施工质量产生影响； 在施工前，结合工程特点、当地自然条件、施工现场环境特征，充分分析可能对工程质量产生影响的自然环境条件因素，事先制定对策，做好充分的准备，综合分析、全面考虑，有效达到控制的目的

5.2.3 建筑工程项目各控制过程的质量控制

1. 建筑工程项目的事前质量控制

事前质量控制是指在正式施工前进行的质量控制，其控制重点是做好施工准备工作。施工准备是保证施工生产正常进行而必须事先做好的工作。施工准备工作不仅要在工程开工前做好，而且要贯穿于整个施工过程。施工准备的基本任务就是为施工项目建立一切必要的施工条件，确保施工生产顺利进行及工程质量符合要求。

（1）技术准备的质量控制。技术准备是指在正式开展施工作业活动前进行的技术准备工作。这类工作内容繁多，主要在室内进行。例如，熟悉施工图纸，进行详细的设计交底和图纸审查；进行工程项目划分和编号；细化施工技术方案和施工人员、机具的配置方案，编制施工作业技术指导书，绘制各种施工详图（如测量放线图、大样图及配筋、配板、配线图表等），进行必要的技术交底和技术培训。技术准备的质量控制，包括对上述技术准备工作成果的复核审查，检查这些成果是否符合相关技术规范、规程的要求和对施工质量的保证程度；制订施工质量控制计划，设置质量控制点，明确关键部位的质量管理点等。

（2）现场施工准备的质量控制。

①工程定位及标高基准控制。工程施工测量放线是施工中事前质量控制的一项基础工作，是施工准备阶段的一项重要内容，施工承包单位要对原始基准点、基准线和标高等测量控制点进行复核，建立施工测量控制网，通过抽检建筑方格网、水准点及标桩埋设位置等对施工测量控制网进行复测，并将复测结果上报监理工程师审核，批准后施工单位才能建立施工测量控制网，进行工程定位和标高基准的控制。

②施工平面布置的控制。建设单位应按照合同约定并考虑施工单位施工的需要，事先划定并提供施工用地和现场临时设施用地的范围。施工单位要合理、科学地规划使用好施工场地，保证施工现场的道路畅通、材料的合理堆放、良好的防洪排水能力、充分的给水和供电设施以及正确的机械设备的安装布置。

（3）材料准备的质量控制。建筑工程采用的主要材料、半成品、成品、建筑构配件等（统称"材料"），均应进行现场验收。凡涉及工程安全及使用功能的有关材料，应按各专业工程质量验收规范规定进行复验，并应经监理工程师（建设单位技术负责人）检查认可。为了保证工程质量，施工单位应从采购订货、进场检验、存储和使用三个方面把好原材料的质量控制关。

（4）施工机械设备的质量控制。施工机械设备的质量控制，就是要使施工机械设备的类型、性能、参数等与施工现场的实际条件、施工工艺、技术要求等因素相匹配，符合施工生产的实际要求。机械设备的选型、选择，应按照技术上先进、生产上适用、经济上合理、使用上安全、操作上方便的原则进行。其质量控制主要从机械设备的选型、主要性能参数指标的确定和使用操作要求等方面进行。

（5）劳动组织准备的质量控制。劳动组织涉及从事作业活动的操作人员和进行管理的管理人员，以及相关的规章制度。操作人员的配备数量要求满足作业活动的需要，保证作业能持续、有序地进行；管理人员在施工现场要落实管理责任，明确管理要求，管理要到位；施工技术人员和特殊工种进场前进行技术培训，培训考核合格后可进入岗位；对所有施工人员进行安全交底；从事特殊作业的人员（如电焊工、起重工、爆破工等）必须持证上岗。

2. 建筑工程项目的事中质量控制

事中质量控制是指施工过程中进行的质量控制。事中质量控制的策略是全面控制施工过程，重点控制工序质量。

(1)技术交底。在施工过程中，施工作业人员必须清楚了解技术交底中的要求和施工步骤，避免造成工程质量存在安全隐患或工程返工等情况。做好技术交底是保证施工质量的重要措施之一。项目开工前应由项目技术负责人向承担施工的负责人或分包人进行书面技术交底。技术交底应围绕施工材料、机具、工艺、工法、施工环境和具体的管理措施等方面进行，应明确具体的步骤、方法、要求和完成的时间等。

技术交底的形式有：书面、口头、会议、挂牌、样板、示范操作等。

技术交底的内容主要包括：任务范围、施工方法、质量标准和验收标准。施工中应注意的问题，可能出现意外的措施及应急方案，文明施工和安全防护措施以及成品保护要求等。技术交底的主要内容详见表 5-7。

表 5-7　技术交底的内容

技术交底名称	技术交底的主要内容	技术交底负责人	技术交底审批人	接收交底人
施工组织设计技术交底	工程概况、工程特点、设计意图；施工准备要求；主要施工方法；工程施工的注意事项；保证工期、质量、安全主要技术措施	项目技术负责人	项目经理	施工员技术员质检员材料员计量员试验员设备员安全员
技术复杂的分部分项工程施工技术交底	分部分项工程概况；影响该分部分项工程施工的关键因素；该分部分项工程施工的技术难点、施工步骤；该分部分项工程的施工方法、工艺标准；保证工期、质量、安全的主要技术措施	项目技术负责人	项目经理	施工员技术员质检员材料员计量员试验员设备员安全员
"四新"(新材料、新产品、新技术、新工艺)技术推广应用技术交底	该新技术的主要内容；该新技术的应用范围和适用条件；该新技术的使用方法或操作程序；保证工期、质量、安全的注意事项	项目技术负责人	项目经理	施工员技术员质检员材料员计量员试验员设备员安全员
特殊过程、关键工序施工技术交底	施工准备及作业条件；施工工艺和施工方法；质量要求及质量控制方法，技术参数；保证工期、质量、安全的技术措施和注意事项	项目技术负责人	项目技术负责人	施工员质检员材料员计量员试验员设备员安全员
主要、关键结构部位或易发生安全事故的部位	设计图纸的具体要求；质量要求；施工中可能出现的质量、安全问题；施工方法和技术措施	项目技术负责人	项目技术负责人	施工员质检员材料员计量员试验员设备员安全员
雨期施工技术交底	需在雨期进行施工的分部分项工程；受雨期影响较大的分部分项工程；施工方法和施工工艺；保证工期、质量、安全的技术措施	项目技术负责人	项目技术负责人	作业班组等
分部分项工程施工技术交底	施工准备；施工组织与施工部署；施工方法和操作工艺；质量要求、安全要求；成品保护	项目技术负责人	项目技术负责人	作业班组等

（2）测量控制。项目开工前应编制测量控制方案，经项目技术负责人批准后实施。其复核结果应报送监理工程师复验确认后，方能进行后续相关工序的施工。

（3）计量控制。计量控制是保证工程项目质量的重要手段和方法，是施工项目开展质量管理的一项重要基础工作。施工过程中的计量工作，包括施工生产时的投料计量、施工测量、监测计量以及对项目、产品或过程的测试、检验、分析计量等。计量控制的工作重点是：建立计量管理部门和配置计量人员；建立健全和完善计量管理的规章制度；严格按规定有效控制计量用具的使用、保管、维修和检验；监督计量过程的实施，保证计量的准确性。

（4）工序施工质量控制。工程项目是由一系列相互关联、相互制约的工序构成，因此，控制工程项目施工整体的质量，必须控制各道工序的施工质量。工序施工质量控制主要包括工序施工条件质量控制和工序施工效果质量控制。

①工序施工条件质量控制。工序施工条件是指从事工序活动的各生产要素质量及生产环境条件。控制工序施工条件的质量，即每道工序投入品的质量是否符合要求。控制的依据主要是：设计质量标准、材料质量标准、机械设备技术性能标准、施工工艺标准以及操作规程等。

②工序施工效果质量控制。工序施工效果主要反映工序产品的质量特征和特性指标。控制工序操作过程的质量，即检查工序施工中操作程序、操作质量是否符合要求，加强工序质量的检验评定。按有关施工验收规范规定，地基基础工程、主体结构工程、建筑幕墙工程和钢结构及管道工程的工程质量必须进行现场质量检测，合格后才能进入下道工序。

（5）特殊过程的质量控制。特殊过程是指该施工过程或工序质量不易或不能通过其后的检验和试验而得到充分的验证，或者万一发生质量事故则难以挽救的施工过程。特殊过程的质量控制应根据特殊过程的施工工艺、施工方法和作业环境，以及国家或行业的规范、规程、标准、法令、法规的要求，编制相应的施工方案、作业指导书并确定质量控制点。

①选择质量控制点的原则。对施工质量形成过程产生影响的关键部位、工序或环节及隐蔽工程；施工过程中的薄弱环节，或者质量不稳定的工序、部位或对象；对下道工序有较大影响的上道工序；采用新技术、新工艺、新材料的部位或环节；施工上无把握的、施工条件困难的或技术难度大的工序或环节；用户反馈的过去返工的不良工序。

②质量控制点重点控制的对象。选择质量控制的重点部位、重点工序和重点的质量因素作为质量控制的对象，进行重点预控和控制，从而有效地控制和保证施工质量。

（6）工程变更的控制。在施工过程中，由于施工条件的变化、建设单位的要求或设计原因，均会导致工程变更。工程变更可能来自建设单位、设计单位或施工单位，凡是需要变更的，必须履行工程变更手续，提出变更申请，由监理工程师进行有关方面的研究，确认其变更的必要性，通过审核后，由监理工程师发布变更指令方能生效予以实施。

（7）做好技术复核工作。凡涉及施工作业技术活动基准和依据的技术工作，都应该严格进行技术复核工作，以免基准失误给整个工程带来巨大的、难以补救的损失。例如，工程的定位、标高、预留孔洞的尺寸及位置、混凝土配合比、管线的坡度等。施工单位将技术复核的结果报监理工程师复验确认后，才能进行后续相关的施工。

（8）建立完善的质量自检体系。施工单位是施工质量的直接实施者和责任者，工程实体质量与施工单位的一系列施工活动息息相关。在工程施工过程中，施工单位要建立完善的质量自检体系，做好质量自检工作。作业活动的人员在作业结束后必须自检；不同工序交接、转换必须由相关人员交接检查，承包单位专职质检员进行专检。

（9）做好施工过程中的验收工作。要保证工程的最终质量，就要首先保证施工过程中中间产品的质量。施工过程中对其后续工作的质量影响较大的重点环节，要作为质量验收的重点环节。例如，基槽开挖验收要有勘察设计单位的有关人员及主管质量监督的部门参加；隐蔽工程必须验收合格才能覆盖，进入下一道工序。

3. 建筑工程项目的事后质量控制

事后质量控制主要是进行已完施工的成品保护、质量验收和不合格的处理，以确保最终验收的工程质量。

（1）成品保护的控制。在施工过程中，半成品、成品的保护工作应贯穿于施工全过程，避免因保护不当造成操作损坏或污染，影响工程整体质量。产品保护控制的主要工作包括：加强教育，提高全体员工的成品保护意识，同时要合理安排施工顺序，采取有效的保护措施。成品保护的措施一般有防护（提前保护，针对被保护对象的特点采取各种保护的措施，防止对成品的污染及损坏）、包裹（将被保护物包裹起来，以防损坏或污染）、覆盖（用表面覆盖的方法防止堵塞或损伤）、封闭（采取局部封闭的办法进行保护）等几种方法。

（2）施工过程的工程质量验收。施工质量检查验收作为事后质量控制的途径，强调按照《建筑工程施工质量验收统一标准》（GB 50300—2013）规定的质量验收划分，从施工作业工序开始，依次做好检验批、分项工程、分部工程及单位工程的施工质量验收。通过多层次的设防把关，严格验收，控制建筑工程项目的质量目标。

（3）建筑工程项目竣工质量验收。建筑工程项目竣工质量验收的依据主要包括：上级主管部门的有关工程竣工验收的文件和规定；国家和有关部门颁发的施工规范、质量标准、验收规范；批准的设计文件、施工图纸及说明书；双方签订的施工合同；设备技术说明书；设计变更通知书；有关的协作配合协议书等。

建筑工程项目竣工验收工作，通常可分为三个阶段，即竣工验收的准备、初步验收（预验收）和正式验收。

①竣工验收的准备。参与工程建设的各方均应做好竣工验收的准备工作。其中，建设单位应组织竣工验收班子，审查竣工验收条件，准备验收资料，做好建立建设项目档案、清理工程款项、办理工程结算手续等方面的准备工作；监理单位应协助建设单位做好竣工验收的准备工作，督促施工单位做好竣工验收的准备；施工单位应及时完成工程收尾，做好竣工验收资料的准备（包括整理各项交工文件、技术资料并提出交工报告），组织准备工程预验收；设计单位应做好资料整理和工程项目清理等工作。

②初步验收（预验收）。当工程项目达到竣工验收条件后，施工单位应在自检合格的基础上，填写工程竣工报验单并将全部资料报送监理单位，申请竣工验收。监理单位应根据施工单位报送的工程竣工报验申请，由总监理工程师组织专业监理工程师，对竣工资料进行审查，并对工程质量进行全面检查，对检查中发现的问题督促施工单位及时整改。经监理单位检查验收合格后，应由总监理工程师签署工程竣工报验单，并向建设单位提出质量评估报告。

③正式验收。项目主管部门或建设单位在接到监理单位的质量评估和竣工报验单后，经审查，确认符合竣工验收条件和标准，即可组织正式验收。

竣工验收由建设单位组织，验收组由建设、勘察、设计、施工、监理和其他有关方面的专家组成，验收组可下设若干个专业组。建设单位应在工程竣工验收7个工作日前将验收的时间、地点以及验收组人员名单书面通知当地工程质量监督站。

当参与工程竣工验收的建设、勘察、设计、施工、监理等各方不能形成一致意见时，应协商提出解决方法，待意见一致后重新组织工程竣工验收，必要时可提请住房城乡建设主管部门或质量监督站调解。正式验收完成后，验收委员会应形成《竣工验收鉴定证书》，给出验收结论并确定交工日期。

（4）对质量不合格的处理。在竣工验收过程中，对质量不符合验收标准、达不到质量要求的部位，应根据其质量问题采取加固、补强、返修等一系列措施，解决存在的质量问题。某些工程质量缺陷虽不符合规定的要求或标准，但经过分析、论证，不影响结构安全和使用功能，或经过后续工序可以弥补，经复核验算仍能满足设计要求的，可以不做处理。通过返修或加固仍不能满足安全使用要求的，不予验收。

📖 任务练习

1. 建筑工程项目质量的形成阶段主要包括 _____ 、 _____ 、 _____ 。

2. 影响建筑工程项目质量的因素主要有 _____ 、 _____ 、 _____ 、 _____ 、 _____ 。

3. 施工质量管理环境的控制主要包括 _____ 、 _____ 、 _____ 。

4. "人机固定" 原则是指 _____ 、 _____ 、 _____ 的"三定"制度。

参考答案

5. ( )是质量控制的核心，( )的质量保证是工程质量的前提条件。

    A. 人 材料   B. 人 机械   C. 材料 机械   D. 机械 材料

6. 事前控制的重点是( )。

    A. 工序质量的控制   B. 工作质量的控制

    C. 质量控制点的控制   D. 准备工作的控制

7. 控制工程项目施工过程的质量，必须从最基本的( )控制入手。

    A. 各道工序施工质量   B. 分项工程质量

    C. 分部工程质量   D. 单位工程质量

任务 5.3 建筑工程项目质量控制的方法

📖 任务导入

质量控制必须依赖科学、有效的方法才能得以实施。通过现场质量检查及质量控制数理统计方法，可以科学地掌握质量状态，分析存在的质量问题，了解影响质量的各种因素，达到提高工程质量的目的。

5.3.1 建筑工程项目质量控制的基本方法

1. 审核有关技术文件、报告或报表

审核是项目经理对工程质量进行全面管理的重要手段，其具体审核内容包括对有关技

术资质证明文件、开工报告、施工单位质量保证体系文件、施工方案和施工组织设计及技术措施、有关文件和半成品机构配件的质量检验报告、反映工序质量动态的统计资料或控制图表、设计变更和修改图纸及技术措施、有关工程质量事故的处理方案、有关应用"新技术、新工艺、新材料"现场试验报告和鉴定报告、签署的现场有关技术签证和文件等。

2. 现场质量检查

(1)现场质量检查的内容包括：开工前的检查，主要检查是否具备开工条件，开工后是否能够保持连续正常施工，能否保证工程质量；工序交接检查，对于重要的工序或对工程质量有重大影响的工序，应严格执行"三检"制度，即自检、互检、交接检，未经监理工程师(建设单位技术负责人)检查认可，不得进行下道工序施工；隐蔽工程的检查，施工中凡是隐蔽工程必须检查认证后方可进行隐蔽掩盖；停工后复工的检查，因客观因素停工或处理质量事故等停工复工时，经检查认可后方能复工；分项分部工程完工后，应经检查认可并签署验收记录后，才能进行下一工程项目的施工；成品保护的检查，检查成品有无保护措施以及保护措施是否有效、可靠。

(2)现场质量检查的方法有目测法、实测法和试验法等。

①目测法即凭借感官进行检查，也称观感质量检验，其方法可概括为"看、摸、敲、照"四个字。所谓看，就是根据质量标准要求进行外观检查。例如，检查清水墙面是否洁净，混凝土外观是否符合要求等。摸，就是通过触摸手感进行检查、鉴别，如检查油漆的光滑度等。敲，就是运用敲击工具进行音感检查。例如，对地面工程应进行敲击检查。照，就是通过人工光源或反射光照射，检查难以看到或光线较暗的部位。例如，检查管道井、电梯井内的管线等。

②实测法是指通过实测数据与施工规范、质量标准的要求及允许偏差值进行对照，以此判断质量是否符合要求。其方法可概括为"靠、量、吊、套"四个字。所谓靠，就是用直尺、塞尺检查诸如墙面、地面、路面等的平整度。量，就是指用测量工具和计量仪表等检查断面尺寸、轴线、标高、湿度、温度等的偏差，如混凝土坍落度的检测等。吊，就是利用托线板以及线坠吊线检查垂直度，如砌体垂直度检查等。套，是以方尺套方，辅以塞尺检查，如对阴阳角的方正、门窗口及构件的对角线检查等。

③试验法是指通过必要的试验手段对质量进行判断的检查方法，主要包括理化试验和无损检测。

a. 理化试验：工程中常用的理化试验包括物理力学性能方面的检验和化学成分及其含量的测定两个方面。

b. 无损检测：利用专门的仪器仪表从表面探测结构物、材料、设备的内部组织结构或损伤情况。常用的无损检测方法有超声波探伤、X射线探伤、γ射线探伤等。

5.3.2 建筑工程项目质量控制的数理统计方法

建筑工程质量控制用数理统计方法可以科学地掌握质量状态，分析存在的质量问题，了解影响质量的各种因素，达到提高工程质量和经济效益的目的。建筑工程上常用的统计方法有排列图法、因果分析图法、直方图法、控制图法、相关图法、散点图法、统计调查表法、分层法八种。

1. 排列图法

排列图法又称主次因素排列图法或巴雷特图法。其作用是寻找主要质量问题或影响质量的主要原因，以便抓住提高质量的关键，取得好的效果。

排列图由两个纵坐标、一个横坐标、几个长方形和一条曲线组成。左侧的纵坐标表示频数或件数，右侧的纵坐标表示累计频率，横轴则表示项目（或影响因素），按项目频数大小顺序在横轴上自左而右画长方形，其高度为频数，并根据右侧纵坐标画出累计频率曲线，又称巴雷特曲线。根据累计频率把影响因素分成三类：A 类因素，对应于累计频率 0～80%，是影响产品质量的主要因素；B 类因素，对应于累计频率 80%～90%，为次要因素；C 类因素，对应于累计频率 90%～100%，为一般因素。运用排列图便于找出主次矛盾，以利于采取措施加以改进，如图 5-5 所示。

现以砌砖工程为例，按有关规定对项目进行检查测试，然后把收集的数据按不合格的大小依次排列，计算出各自的频数，据此绘制排列图。如图 5-6 所示，影响砌砖质量的主要因素是门窗孔洞偏差和墙面垂直度。所以，在砌砖时应在门窗孔洞砌筑和墙面垂直度方面主动采取措施，以确保砌砖工程的质量。

图 5-5　排列图　　　　　图 5-6　砌砖工程不合格项目大小次序排列图

2. 因果分析图法

因果分析图又称特性要因图，因其形状像树枝或鱼骨，故又称鱼骨图、鱼刺图、树枝图。

因果分析图法是分析质量问题产生原因的有效工具。通过排列图，找到影响质量的主要问题（或主要因素），但找到问题不是质量控制的最终目的，目的是搞清楚产生质量问题的各种原因，以便采取措施加以纠正。因果分析图的画法是将要分析的问题放在图形的右侧，用一条带箭头的线指向要解决的质量问题，一般可以从人、机械设备、材料、工艺、环境五个方面进行分析，这就是所谓的大原因。对具体问题来说，这五个方面的原因不一定同时存在，要找到解决问题的方法，还需要对上述五个方面进一步分解，这就是中原因、小原因或更小原因，它们之间的关系也用带箭头的线表示。找出影响质量的因素以后，要有效列出对策，并落实到解决问题的人和时间，限期改正，见表 5-8。

表 5-8　混凝土质量问题对策计划

项　目	序　号	问题原因	采取对策	负责人	期　限
人	1	基本知识差	(1)对新工人进行教育 (2)做好技术交底工作 (3)学习操作规程及质量标准		
	2	责任心不强、 工人干活有情绪	(1)加强组织工作，明确分工 (2)建立工作岗位责任制，采用挂牌制 (3)关心职工生活		

项 目	序 号	问题原因	采取对策	负责人	期 限
工艺	3	配比不准	试验室重新适配		
	4	水胶比控制不严	修理水箱、计量器		
材料	5	水泥量不足	对水泥计算进行检查		
	6	砂、石含泥量大	组织人清洗过筛		
机械	7	振捣器、搅拌机常坏	增加设备、及时修理		
环境	8	场地狭窄	清理现场、增加空间		
	9	气温低	准备草袋覆盖、保温		

现以某工程在施工过程中发现混凝土强度不足的质量问题为例绘制因果分析图，分析可能出现的原因，如图 5-7 所示。

图 5-7 混凝土强度不足因果分析图

3. 直方图法

直方图法即频数分布直方图法，是将收集到的质量数据进行分组整理，绘制成频数分布直方图，用以描述质量分布状态的一种分析方法，所以又称质量分布图法。通过直方图的观察与分析，可以清楚统计数据的分布特征，即数据分布的集中或离散状况，从而掌握质量能力状态，并且可以观察、分析生产过程质量是否处于正常、稳定和受控状态以及质量水平是否保持在公差允许的范围内。

正常直方图呈正态分布，其形状呈中间高、两边低、对称分布。正常直方图反映生产过程质量处于正常、稳定状态。数理统计研究证明，当随机抽样方案合理且样本数量足够大时，在生产能力处于正常、稳定状态时，质量特性检测数据趋于正态分布。

(1)所谓位置观察分析，是指将直方图的分布位置与质量控制标准的上、下限范围进行比较分析，如图 5-8 所示。

(2)生产过程的质量正常、稳定和受控，还必须在公差标准上、下界限范围内达到质量合格的要求。只有这样的正常、稳定和受控，才是经济、合理的受控状态，如图 5-8(a)所示。

(3)图 5-8(b)中，质量特性数据分布偏下限，易出现不合格，在管理上必须提高总体能力。

(4)图 5-8(c)中，质量特性数据的分布宽度边界达到质量标准的上、下界限，其质量能力处于临界状态，易出现不合格，必须分析原因，采取措施。

(5)图 5-8(d)中，质量特性数据的分布居中且边界与质量标准的上、下界限有较大的距离，说明其质量能力偏大，不经济。

(6)图 5-8(e)、(f)中的数据分布均已超出质量标准的上、下界限，这些数据说明生产过程存在质量不合格的情况，需要分析原因，采取措施进行纠偏。

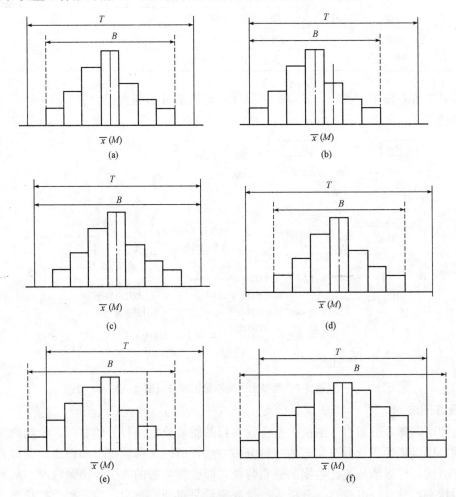

图 5-8　直方图与质量标准上、下界限

T—质量标准要求界限；B—实际质量特性分布范围

📝**知识拓展▶**

频数也称次数，是指在一组以大小顺序排列的测量值中，当按一定的组距将其分组时出现在各组内的测量值的数目，即落在各类别（分组）中的数据个数。

频率是每个小组的频数与数据总数的比值。

4. 控制图法

控制图又称管理图，是能够表达施工过程中质量波动状态的一种图形。

在控制图中，以横坐标为样本（子样）序号或抽样时间，以纵坐标为被控制对象，即被控制的质量特性值。控制图上一般有三条线：在上面的一条虚线称为上控制界限，用符号 UCL 表示；在下面的一条虚线称为下控制界限，用符号 LCL 表示；中间的一条实线称为中心线，用符号 CL 表示。中心线标志着质量特性值分布的中心位置，上、下控制界限标志着质量特性值允许波动范围，如图 5-9 所示。

图 5-9　控制图示意

控制图的主要作用有两点，一是过程分析，即分析生产过程是否稳定；二是过程控制，即控制生产过程质量状态。

在生产过程中通过抽样取得数据，把样本统计量标在图上来分析判断生产过程状态。如果点子随机地落在上、下控制界限内，则表明生产过程正常，处于稳定状态，不会产生不合格品；如果点子超出控制界限或点子排列有缺陷，则表明生产条件发生了异常变化，生产过程处于失控状态。

当控制图同时满足两个条件(一是点子几乎全部落在控制界限内；二是控制界限内的点子排列没有缺陷)时，可以认为生产过程基本处于稳定状态。如果点子的分布不满足其中任何一个条件，都应判断生产过程异常。

(1)点子几乎全部落在控制界限内，是指应符合下述三个要求：

①连续 25 个点以上处于控制界限内。

②连续 35 个点以上仅有 1 个点超出控制界限。

③连续 100 个点中不多于 2 个点超出控制界限。

(2)点子排列没有缺陷，是指点子的排列是随机的，没有出现异常现象。

5. 相关图法

相关图又称散布图，相关图法不同于前述各种方法之处在于，它不是对一种数据进行处理和分析，而是对两种测定数据之间的相关关系进行处理、分析和判断。它也是一种动态的分析方法。在工程施工中，工程质量的相关关系有三种类型：第一种是质量特性和影响因素之间的关系，如混凝土强度与温度的关系；第二种是质量特性与质量特性之间的关系；第三种是影响因素与影响因素之间的关系。

通过对相关关系的分析、判断可以掌握对质量目标进行控制的信息。

分析质量结果与产生原因之间的相关关系，有时从数据上比较容易看清，但有时从数据上很难看清，这就必须借助于相关图进行相关分析。

6. 散点图法

散点图是将两个变量之间的相关关系用直角坐标系表示的图形。

散点图法是根据影响质量特性因素的各对数据，用点的形式描述在直角坐标图上，以观察判断两个质量特性值之间的关系，从而对产品或工序进行有效控制。

7. 统计调查表法

统计调查表又称检查表、核对表、统计分析表，可利用其来记录、收集和累计数据并对数据进行整理和粗略分析。

8. 分层法

分层法又称分类法或分组法，就是将收集到的质量数据，按统计分析的需要进行分类整理，使之系统化，以便找到产生质量问题的原因并及时采取措施加以纠正。

分层的结果使数据各层间的差异突显，减少了层内数据的差异。在此基础上再进行层间、层内的比较分析，可以更深入地发现和认识质量问题的原因。

分层法的关键是调查分析的类别和层次划分，根据管理需要和统计目的，通常可按照以下分层方法取得原始数据：

(1)按施工时间分，如季节、月、日、上午、下午、白天、晚间。

(2)按地区部位分，如区域、城市、乡村、楼层、外墙、内墙。

(3)按产品材料分，如产地、厂商、规格、品种。

(4)按检测方法分，如方法、仪器、测定人、取样方式。

(5)按作业组织分，如工法、班组、工长、工人、分包商。

(6)按工程类型分，如住宅、办公楼、道路、桥梁、隧道。

(7)按合同结构分，如总承包、专业分包、劳务分包。

任务练习

参考答案

1. "三检"制度是指＿＿＿＿＿、＿＿＿＿＿、＿＿＿＿＿。

2. 现场质量检查的方法主要有＿＿＿＿＿、＿＿＿＿＿、＿＿＿＿＿。

3. 排列图左侧的纵坐标表示＿＿＿＿＿，右侧的纵坐标表示＿＿＿＿＿，横轴表示＿＿＿＿＿。

4. 施工现场质量检查主要包括（　　　）。

    A. 开工前的检查

    B. 质量保证体系的建立

    C. 停工后复工的检查

    D. 分项分部工程完工后的检查

    E. 成品保护的检查

5. 施工现场混凝土坍落度试验属于现场质量检查方法中的（　　　）。

    A. 目测法　　　　　　　　　　　B. 实测法

    C. 理化试验法　　　　　　　　　D. 无损检测法

6. （　　　）的作用是寻找主要质量问题。

    A. 排列图法　　　　　　　　　　B. 因果分析图法

    C. 控制图法　　　　　　　　　　D. 相关图法

7. （　　　）是分析质量问题产生原因的有效工具。

    A. 排列图法　　　　　　　　　　B. 因果分析图法

    C. 控制图法　　　　　　　　　　D. 相关图法

8. 下列质量分析方法中，（　　）属于动态的分析方法。

    A. 排列图法　　　　　　　　　　　　B. 因果分析图法

    C. 控制图法　　　　　　　　　　　　D. 相关图法

    E. 直方图法

9. 由于影响工程质量的因素很多，因此，对工程质量状况的调查和质量问题的分析，必须分门别类地进行，以便准确有效地找出问题及其原因所在，这就是（　　）的基本思想。

    A. 排列图法　　　　　　　　　　　　B. 因果分析图法

    C. 直方图法　　　　　　　　　　　　D. 分层法

10. 在质量管理过程中，通过抽样检查或者检验试验所得到的诸多问题，均可采用（　　）进行描述。

    A. 排列图法　　　　　　　　　　　　B. 因果分析图法

    C. 分层法　　　　　　　　　　　　　D. 直方图法

    E. 控制图法

11. 用于整理质量特性统计数据，了解统计数据的分布特征，观察生产过程质量稳定与否并可用于制订质量控制公差标准的数理统计方法是（　　）。

    A. 分层法　　　　　　　　　　　　　B. 因果分析图法

    C. 排列图法　　　　　　　　　　　　D. 直方图法

任务5.4　建筑工程项目质量改进和质量事故的处理

任务导入

质量改进是一个持续循环的过程，通过质量改进使建筑工程项目质量得以不断提高。然而，在工程建设过程中难免会出现大大小小的质量事故，合理的处理方法能够降低事故带来的危害及损失。

5.4.1　建筑工程项目质量改进

建筑工程项目应利用质量方针、质量目标定期分析和评价项目管理现状，识别质量持续改进区域，确定改进目标，实施选定的解决办法，改进质量管理体系的有效性。

1. 改进的步骤

(1)分析和评价现状，以识别改进的区域。

(2)确定改进目标。

(3)寻找可能的解决办法以实现这些目标。

(4)评价这些解决办法并做出选择。

(5)实施选定的解决办法。

(6)测量、验证、分析和评价实施的结果以确定这些目标已经实现。

(7)正式采纳更正(形成正式的规定)。

(8)必要时对结果进行评审，以确定进一步改进的机会。

2. 改进的方法、范围及内容

(1)持续改进的方法如下：

①通过建立和实施质量目标，营造一个激励改进的氛围和环境。

②确立质量目标，以明确改进方向。

③通过数据分析、内部审核不断寻求改进的机会，并做出适当的改进活动安排。

④通过纠正和预防措施及其他适用的措施实现改进。

(2)持续改进的范围及内容。持续改进的范围包括质量体系、过程和产品三个方面，改进的内容涉及产品质量、日常的工作和企业长远的目标，不仅不合格现象必须纠正、改进，目前合格但不符合发展需要的也要不断改进。

5.4.2 建筑工程项目质量事故

1. 质量事故的概念

根据我国相关《质量管理体系 基础和术语》(GB/T 19000—2016)的规定，凡工程产品没有满足某个规定的要求，就称为质量不合格；而没有满足某个预期使用要求或合理的期望(包括安全性方面)要求，称为质量缺陷。

凡工程质量不合格，必须进行返修、加固或报废处理，由此造成的直接经济损失低于5 000 元的称为质量问题。

凡工程质量不合格，必须进行返修、加固或报废处理，由此造成的直接经济损失在5 000 元以上(含5 000 元)的称为质量事故。

2. 施工质量事故的处理程序

(1)事故调查。事故调查应力求及时、客观、全面，以便为事故的分析与处理提供正确的依据。根据调查结果撰写事故调查报告，其主要内容包括以下几项：

①工程概况。

②事故情况。

③事故发生后采取的临时防护措施。

④事故调查中的有关数据、资料，事故原因及初步判断。

⑤事故处理的建议方案与措施。

⑥事故涉及人员与主要责任者的情况等。

(2)事故原因分析。在完成事故调查的基础上，对事故的性质、类别、危害程度以及发生的原因进行分析，为事故处理提供必需的依据。原因分析时，分析人员往往会发现原因具有多样性和综合性。要正确区别同类事故的各种不同原因，通过详细的计算与分析，鉴别事故发生的主要原因。在综合原因分析中，除确定事故的主要原因外，应正确评估相关原因对工程质量事故的影响，以便能采取切实有效的综合加固修复方法。

(3)制订事故处理方案。事故的处理要建立在原因分析的基础上，并广泛听取专家及有关方面的意见。在制订事故处理方案时，应做到安全可靠、技术可行、不留隐患、经济合理、满足建筑和使用要求。

(4)事故处理。根据制订的事故处理方案，对质量事故进行认真的处理。处理的内容主要包括：事故的技术处理，以解决施工质量不合格和缺陷问题；事故的责任处理，根据事故的性质、损失情况、情节轻重对事故的责任单位和责任人做出相应的行政处分乃至追究刑事责任。

(5)事故处理的鉴定验收。质量事故的技术处理是否达到了预期目的，消除了工程质量不合格，是否仍留有隐患，应通过组织检查和必要的鉴定予以最终确认。为确保工程质量事故的处理效果，凡涉及结构承载力等使用安全和其他重要性能的处理工作，常需做必要的试验和检验鉴定工作。事故处理后，还必须提交事故处理报告，其内容包括：事故调查报告，事故原因分析，事故处理依据，事故处理方案、方法及技术措施，处理施工过程的各种原始记录资料、检查验收记录、事故结论等。

3. 施工质量事故的处理方法

(1)修补处理。当工程某些部分的质量虽未达到规定的规范、标准或设计的要求，存在一定的缺陷，但经过修补后可以达到质量标准又不影响使用功能或外观的要求时，可采取修补处理的方法。

(2)加固处理。加固处理主要是针对承载力缺陷的质量事故的处理。通过对缺陷的加固处理，使建筑结构恢复或提高承载力，重新满足结构安全性、可靠性的要求，使结构能继续使用或改做其他用途。

例如，对混凝土结构常用的加固方法主要有：增大截面加固法、外包角钢加固法、粘钢加固法、增设支点加固法、增设剪力墙加固法、预应力加固法等。

(3)返工处理。当工程质量缺陷经过修补处理后仍不能满足规定的质量标准要求，或不具备补救的可能性时，必须采取返工处理。

(4)限制使用。在工程质量缺陷按修补方法处理后无法保证达到规定的使用要求和安全要求，而又无法返工处理的情况下，不得已时可做出诸如结构卸荷或减荷以及限制使用的决定。

(5)不做处理。某些工程质量问题虽然达不到规定的要求或标准，但其情况不严重，对工程或结构的使用及安全影响很小，经过分析、论证、法定检测单位鉴定和设计单位等认可后可不做专门处理。一般可不做专门处理的情况有以下几种：

①不影响结构安全、生产工艺和使用要求的。例如，有的工业建筑物出现放线定位的偏差且严重超过规范、标准规定，若要纠正会造成重大经济损失，但经过分析、论证，其偏差不影响生产工艺和正常使用，在外观上也无明显影响，可不做处理；又如，某些部位的混凝土表面的裂缝，经检查分析，属于表面养护不够的伸缩微缝，不影响使用和外观，也可不做处理。

②后道工序弥补的质量缺陷。例如，混凝土结构表面的轻微麻面，通过后续的抹灰、刮涂、喷涂等弥补，也可不做处理。

③法定检测单位鉴定合格的。例如，检验某批混凝土试块强度值不满足规范要求，但经法定检测单位对混凝土实体强度进行实际检测后，其实际强度达到规范允许和设计要求值时，可不做处理。对经检测未达到要求值，但相差不多，经分析论证，只要使用前经再次检测达到设计强度，也可不做处理，但应严格控制施工荷载。

④出现的质量缺陷，经检测鉴定达不到设计要求，但经原设计单位核算，仍能满足结构安全和使用功能的。例如，某结构构件截面尺寸不足或材料强度不足，影响结构承载力，但按实际情况进行复核验算后仍能满足设计要求的承载力，可不进行专门处理。这种做法实际上是挖掘设计潜力或降低设计的安全系数，应谨慎处理。

(6)报废处理。通过分析或实践，采取上述处理方法后仍不能满足规定的质量要求或标准，则必须予以报废处理。

1. 工程质量持续改进的范围包括 _____、_____、_____三个方面。

2. 对混凝土结构出现的裂缝，经分析研究后如果不影响结构的安全和使用，也可采取_____处理。

参考答案

3. 针对危及承载力缺陷质量事故，采用_____处理。

4. 工程质量不合格，必须进行返修、加固或报废处理，由此造成直接经济损失低于5 000元的称为(   )。

    A. 质量缺陷   B. 质量问题

    C. 质量事故   D. 质量不合格

5. 施工质量事故的处理中，事故调查之后应进行(   )。

    A. 事故原因分析   B. 制订事故处理方案

    C. 事故处理   D. 事故处理的鉴定验收

6. 混凝土裂缝宽度大于 0.3 mm 时，采用(   )。

    A. 表面密封法   B. 嵌缝密闭法

    C. 灌浆修补法   D. 返工重做

7. 对混凝土结构常用的加固方法主要有(   )。

    A. 增大截面加固法   B. 外包角钢加固法

    C. 粘钢加固法   D. 增设支点加固法

    E. 增设剪力墙加固法

8. 以下情况可以不做处理的是(   )。

    A. 不影响结构安全、生产工艺和使用要求的

    B. 后道工序可弥补的质量缺陷

    C. 法定检测单位鉴定合格的

    D. 出现的质量缺陷，经检测鉴定达不到设计要求，但经原设计单位核算，仍能满足结构安全和使用功能的

9. 某钢筋混凝土结构工程的框架柱表面出现局部蜂窝、麻面，经调查分析，其承载力满足设计要求，则对该框架柱表面质量问题一般的处理方式是(   )。

    A. 加固处理   B. 返工处理

    C. 不做处理   D. 修补处理

项目小结

建筑工程项目质量关系到国家的发展，关系到企业的生存，关系到人们的健康和安全。本项目对建筑工程项目质量控制进行了系统阐述，阐述了建筑工程项目质量控制的相关概念、质量控制的特点、建筑工程质量的各个形成阶段，分析了影响建筑工程质量的主要因素，进一步提出了建筑工程质量控制原则。质量控制应贯穿于产品形成和体系运行的全过程。本项目还分析了建筑工程项目在事前、事中及事后的质量控制措施，结合质量统计分

析方法，质量的持续改进及质量事故的处理方法，旨在提高建筑施工企业质量管理水平，优化质量管理，改善建筑产品质量。建筑工程上常用的统计方法有排列图法、因果分析图法、直方图法、控制图法、相关图法、散点图法、统计调查表法、分层法。

➤ 项目练习

1. 施工现场混凝土坍落度试验属于现场质量检查方法中的（　　）。
   A. 目测法　　　　B. 实测法　　　　C. 理化试验法　　　　D. 无损检测法

2. 建设工程施工项目竣工验收应由（　　）组织。
   A. 监理单位　　　　　　　　　　B. 施工企业
   C. 建设单位　　　　　　　　　　D. 质量监督机构

3. 某批混凝土试块经检测发现其强度值低于规范要求，后经法定检测单位对混凝土实体强度进行检测后，其实际强度达到规范允许和设计要求。这一质量事故宜采取的处理方法是（　　）。
   A. 加固处理　　　　　　　　　　B. 修补处理
   C. 不做处理　　　　　　　　　　D. 返工处理

4. 下列施工质量控制措施中，属于事前控制的是（　　）。
   A. 设计交底　　　　　　　　　　B. 重要结构实体检测
   C. 隐蔽工程验收　　　　　　　　D. 施工质量检查验收

5. 影响施工质量的环境因素中，施工作业环境因素包括（　　）。
   A. 地下障碍物的影响　　　　　　B. 施工现场交通运输条件
   C. 质量管理制度　　　　　　　　D. 施工工艺与方法

6. 建设工程质量管理 PDCA 循环中，C 是指（　　）。
   A. 计划　　　　B. 实施　　　　C. 检查　　　　D. 处理

7. 建筑工程项目开工前，工程质量监督的申报手续应由项目（　　）负责。
   A. 建设单位　　B. 施工企业　　C. 监理单位　　D. 设计单位

8. 建设工程质量监督机构进行第一次施工现场监督检查的重点是（　　）。
   A. 施工现场准备情况　　　　　　B. 检查施工现场计量器具
   C. 参加建设的各单位的质量行为　D. 复核项目测量控制定位点

9. 某建筑工程项目施工过程中，由于质量事故导致工程结构受到破坏，造成 6 000 万元的经济损失，这一事故属于（　　）。
   A. 一般事故　　　　　　　　　　B. 较大事故
   C. 重大事故　　　　　　　　　　D. 特别重大事故

10. 现场施工质量检查方法之一的目测法，其检验方法可概括为（　　）。
    A. 看、摸、听、测　　　　　　　B. 看、听、量、照
    C. 看、摸、敲、照　　　　　　　D. 看、摸、听、敲

11. 施工过程的质量控制，必须以（　　）为基础和核心。
    A. 最终产品质量控制　　　　　　B. 工序质量控制

参考答案

C. 实体质量控制　　　　　　　　D. 质量控制点

12. 事中控制的关键是(　　)。
    A. 质量控制点的设置　　　　　B. 工作质量的控制
    C. 工序质量的控制　　　　　　D. 坚持质量标准

13. 现场质量检查的方法主要有试验法、目测法和实测法，下列选项中全都属于后者的是(　　)。
    A. 摸、量、吊、套　　　　　　B. 敲、靠、吊、套
    C. 摸、敲、吊、靠　　　　　　D. 量、靠、吊、套

14. 工程项目竣工验收工作，通常可分为(　　)。
    A. 准备阶段、初步验收、正式验收、保修验收
    B. 准备阶段、正式验收、国家验收
    C. 初步验收、正式验收、国家验收
    D. 准备阶段、初步验收、正式验收

 项目实训

参考答案

-------- 实训题 1 --------

【背景资料】

某工程 6 月份检测的混凝土试块试验强度值见表 5-9，共 28 个数据，依据取样时间(成形日期)每 4 天为一组，共分为 7 组。

表 5-9　混凝土试块试验强度值　　　　　　　　MPa

顺　序	数　据				最大值	最小值
1	26.45	26.91	27.37	20.01	27.37	20.01
2	26.91	27.41	20.70	20.93	27.41	20.70
3	19.32	27.83	27.41	18.63	27.83	18.63
4	19.09	19.78	19.09	25.53	25.53	19.09
5	25.99	18.63	19.55	28.06	28.06	18.63
6	20.01	19.78	21.16	26.45	26.45	19.78
7	26.68	20.47	25.99	27.37	27.37	20.47

【要求】

根据以上数据绘制直方图并进行分析。

-------- 实训题 2 --------

【背景资料】

某小区住宅楼工程，建筑面积为 43 177 m²，地上 9 层，结构为全现浇剪力墙结构，基础为带形基础，施工过程中每道工序严格按照"三检制"进行检查验收。建设单位为某房地

产开发公司，设计单位为某设计院，监理单位为某监理公司，施工单位为某建设集团公司，材料供应为某贸易公司。施工过程中发生了一层剪力墙模板拆模后，局部混凝土表面因缺少水泥砂浆而形成石子外露质量事件。

【问题】

1. 本案例中的建筑工程质量检查中"三检制"是指什么？

2. 在该工程施工质量控制过程中，谁是自控主体？谁是监控主体？

3. 质量事故处理的方法有哪些？针对该质量事故应该怎么进行处理？

-------------------- 实训题 3 --------------------

【背景资料】

某小区混合结构住宅楼，设计采用混凝土小型砌块砌墙，墙体加芯柱，竣工验收合格后用户入住，但用户在使用过程中(5年后)发现：墙体中没有芯柱，只有少量钢筋，没有建筑混凝土。最后，经法定检测单位采用红外线照相法统计，发现大约有82%墙体中未按设计要求加芯柱，只有一层部分墙体中有芯柱，存在重大的质量隐患。

【问题】

1. 建筑工程质量检测方法有哪些？该工程检测方法属于哪一种？

2. 施工单位是否要对该质量事故负责？为什么？

-------------------- 实训题 4 --------------------

【背景资料】

某工程建筑面积为 35 000 m²，建筑高度为 115 m，为 36 层现浇框架-剪力墙结构，地下 2 层，抗震设防烈度为 8 度，由某建筑公司总承包，工程于 2016 年 2 月 18 日开工。工程开工后，由项目经理部质量负责人组织编制施工项目质量计划。

【问题】

1. 项目经理部质量负责人组织编制施工项目质量计划的做法对吗？为什么？

2. 施工项目质量计划的编制要求有哪些？

3. 项目质量控制的方针和基本程序是什么？

项目6 建筑工程项目职业健康安全与环境管理

项目目标

本项目根据《职业健康安全管理体系 要求》(GB/T 28001—2011)，结合《建设工程项目管理规范》(GB/T 50325—2017)中项目职业健康管理及项目环境管理的相关内容，全面系统地介绍了工程项目的职业健康安全管理及施工环境管理的主要内容。通过对本项目的学习，了解职业健康安全与环境管理的相关知识，掌握安全生产管理的定义、原则、内容及安全事故的等级和分类，熟悉项目环境管理、安全事故的处理原则，培养职业健康安全与环境管理的意识。

教学要求

学习目标	知识要点
了解职业健康安全与环境管理的相关知识	(1)职业健康安全与环境管理的概念 (2)职业健康安全与环境管理的特点 (3)职业健康安全与环境管理的目的与任务 (4)职业健康安全与环境管理体系
掌握施工安全管理保证体系、任务、技术措施、安全事故的等级和分类	(1)施工安全管理保证体系 (2)施工安全管理的任务 (3)施工安全技术措施 (4)事故等级、事故分类 (5)安全事故的处理程序
熟悉项目环境管理、安全事故的处理原则	(1)环境管理的定义 (2)环境管理程序 (3)安全事故的处理原则

案例导入

某项目经理部为了创建文明施工现场，对现场管理进行了科学规划。该规划明确提出了现场管理的目的、依据和总体要求，对规范场容、环境保护和卫生防疫做出了详细的设计。以施工平面图为依据加强场容管理，对各种可能造成污染的问题均有防范措施，卫生防疫设施齐全。

【问题】

1. 在进行现场管理规划交底时，有人说，现场管理只是项目经理部内部的事，这种说法显然是错误的，你能给出两点理由吗？

2. 施工现场管理和规范场容的最主要依据是什么？

3. 施工现场入口处设立的"五牌"和"两图"指的是什么？

4. 施工现场可能产生的污水有哪些？怎样处理？

任务 6.1 建筑工程项目职业健康安全与环境管理概述

任务导入

工程建设安全生产管理是一项十分特殊的管理要求，国家的强制性规定是项目安全生产管理的核心要求，因此，项目安全生产必须以此为重点实施管理。项目安全生产管理需要遵循"安全第一，预防为主，综合治理"的方针，加大安全生产投入，满足安全生产的要求。

6.1.1 职业健康安全与环境管理的概念

1. 职业健康安全

职业健康安全是指一组影响特定人员健康和安全因素的总和。特定人员既包括在工作场所内组织的正式员工、临时工、合同方人员，也包括进入工作场所的参观访问人员和其他人员。影响职业健康安全的主要因素有：物的不安全状态、人的不安全状态、环境因素和管理缺陷。

2. 环境

环境是指组织运行活动场所内部和外部环境的总和。活动场所不仅是组织内部的工作场所，也包括与组织活动有关的临时、流动场所。

3. 职业健康安全与环境管理

职业健康安全管理是为了实现项目职业健康安全管理目标，针对危险源和风险的管理活动。其包括组织机构、策划活动、职责、惯例、程序过程和资源等。

环境管理是指按照法律法规、各级主管部门和企业环境方针的要求，制定程序、资源、过程和方法，管理环境因素的过程。其包括控制现场的各种粉尘、废水、废气、固体废弃物、噪声、振动等对环境的污染和危害，节约建设资源等。

6.1.2 职业健康安全与环境管理的特点

由于建筑产品、生产的复杂性及受外部环境影响的因素多，决定了职业健康安全与环境管理有以下特点。

1. 复杂性

复杂性是由建筑产品的固定性、生产的流动性及受外部环境影响大决定的。建筑产品生产过程中，生产人员、工具与设备流动性表现在：同一工地不同建筑之间流动；同一建筑不同建筑部位上流动；一个建筑工程项目完成后，又要向另一新项目运迁的流动。建筑产品的复杂性，决定了建设项目职业健康安全与环境管理的复杂性，稍有考虑不周就可能出现问题。

2. 多样性

多样性是由建筑产品的多样性和生产的单件性决定的。建筑产品的多样性决定了生产的单件性，每一个建筑产品都要根据其特定要求进行加工，由于在生产过程中试验性研究课题多，所碰到的新技术、新工艺、新设备、新材料给职业健康安全与环境管理带来不少难题。因此，每个建筑工程项目都要根据其实际情况，制订职业健康安全与环境管理计划，不可相互套用。

3. 协调性

协调性是由建筑产品生产的连续性及分工性决定的。建筑产品不能如同其他许多工业产品一样，可以分解为若干部分同时生产，而必须在同一固定场地按严格程序连续生产，上一道程序不完成，下一道工序不能进行（如基础－主体－装修），上一道工序生产的结果往往会被下一道工序所掩盖，而且每一道程序由不同的人员和单位来完成。因此，职业健康安全与环境管理中，要求各单位和各专业人员要横向配合和协调，共同注意产品生产过程接口部分的职业健康安全和环境管理的协调性。

4. 不符合性

不符合性是由产品的委托性决定的。建筑产品在建造前应确定买主，按建设单位特定的要求委托进行生产建造。而建设工程市场在供大于求的情况下，业主经常会压低标价，造成产品的生产单位对职业健康安全与环境管理的费用投入的减少，不符合职业健康安全与环境管理有关规定的现象时有发生。这就要求建设单位和生产组织都必须重视对健康安全和环保的费用的投入，一定要符合健康安全与环境管理的要求。

5. 持续性

持续性是由建筑产品生产的阶段性决定的。一个建筑工程项目从立项到投产使用要经历五个阶段，即设计前的准备阶段、设计阶段、施工阶段、使用前的准备阶段、保修阶段。这五个阶段都要十分重视项目的安全和环境问题，持续不断地对项目各个阶段可能出现的安全和环境问题实施管理。否则，一旦在某个阶段出现安全问题和环境问题就会造成投资的巨大浪费，甚至造成工程项目建设的夭折。

6. 经济性

工程项目是社会和时代的反映，工程产品应适应可持续发展的要求。建设工程不仅应考虑建造成本的消耗，还应考虑其寿命期内的使用成本消耗。环境管理注重包括工程使用期内的成本，如能耗、水耗、维护、保养、改建更新的费用。并通过比较分析，判定工程是否符合经济要求，一般采用生命周期法可作为对其进行管理的参考。另外，环境管理要求节约资源，以减少资源消耗来降低环境污染，二者是完全一致的。

6.1.3 职业健康安全与环境管理目的与任务

1. 职业健康安全与环境管理目的

工程建设项目职业健康安全管理目的是保护施工生产者的健康与安全，控制影响作业场所内员工、临时工作人员、合同方人员、访问者和其他有关部门人员健康和安全的条件和因素。职业健康安全具体包括作业安全和职业健康两个部分。

工程建设项目环境管理目的是使社会经济发展与人类的生存环境相协调，控制作业现场的各种环境因素对环境的污染和危害，充分体现节能减排的社会责任。

2. 职业健康安全与环境管理的任务

职业健康安全与环境管理任务是工程建设项目的设计和施工单位为达到项目职业健康安全与环境管理的目标而进行的管理活动。其包括制定、实施、实现、评审和保持职业健康安全方针与环境方针所需的组织机构、计划活动、职责、惯例、程序、过程和资源。上述活动构成了实现职业健康安全方针和环境方针的 14 个方面的管理任务，见表 6-1。

表 6-1　职业健康安全与环境管理的任务

项目	组织机构	计划活动	职责	惯例 （法律法规）	程序文件	过程	资源
职业健康 安全方针							
环境方针							

(1)建筑工程项目决策阶段。办理各种有关安全与环境保护方面的审批手续。

(2)工程设计阶段。进行环境保护设施和安全设施的设计，防止因设计考虑不周而导致生产安全事故的发生或对环境造成的不良影响。

(3)工程施工阶段。建设单位应当自开工报告批准之日起 15 日内，将保证安全施工的措施报送建设工程所在地的县级以上人民政府建设行政主管部门或其他有关部门备案。分包单位应接受总包单位的安全生产管理，若分包单位不服从管理而导致安全生产事故的，分包单位承担主要责任。施工单位应依法建立安全生产责任制度，采取安全生产保障措施和实施安全教育培训制度。

(4)项目验收试运行阶段。项目竣工后，建设单位应向审批建设工程环境影响报告书、环境影响报告或者环境影响登记表的环境保护行政主管部门申请，对环保设施进行竣工验收。

6.1.4　职业健康安全管理体系与环境管理体系

1. 职业健康安全管理体系

OHSAS 18000 是国际标准化组织(ISO)制定的职业健康与安全管理体系标准。国家标准《职业健康安全管理体系 要求》(GB/T 28001—2011)等同采用 OHSAS 18001：2007 新版标准(英文版)翻译，已于 2012 年 2 月 1 日实施。

(1)职业健康安全管理体系标准的作用。职业健康安全管理体系的作用在于为企业提供科学有效的职业健康安全管理体系规范和指南，提高职业健康安全管理水平，形成自我监督、自我发现和自我完善的机制，从而提高劳动者身心健康和安全卫生技能，大幅减少成本投入和提高工作效率，在社会树立良好的品质、信誉和形象。

(2)建立职业健康安全管理体系的方法和步骤。组织(企业)建立 OHSAS，要依据 OHSAS 18001 要求，结合组织(企业)实际，按照以下六个步骤建立：

①领导决策与准备：领导决策、提供资源、任命代、宣贯培训；

②初始安全评审：识别并判定危险源、识别并获取安全法规、分析现状、找出薄弱

环节；

③体系策划与设计：制定职业健康安全方针、目标、管理方案；确定体系结构、职责及文件框架；

④编制体系文件：编制职业健康安全管理手册、有关程序文件及作业文件；

⑤体系试运行：各部门、全体员工严格按体系要求规范自己的活动和操作；

⑥内审和管理评审：体系运行2个多月后，进行内审和管评，自我完善与改进。

2. 环境管理体系

ISO 14000是国际标准化组织（ISO）制定的环境管理体系标准，有14001到14100共100个号，统称为ISO 14000系列标准。其中，ISO 14001是环境管理体系标准的主干标准，它是企业建立和实施环境管理体系并通过ISO 14000环境管理体系的国际标准认证的依据。国际标准化组织（ISO）于1996年推出了ISO 14000系列标准。同年，我国将其等同转换为国家标准GB/T 24000系列标准。在这个系列标准中，《环境管理体系　要求及使用指南》GB/T 24001为核心标准。目前，该标准最新版本是《环境管理体系　要求及使用指南》（GB/T 24001—2016）。《环境管理体系　要求及使用指南》（GB/T 24001—2016）强调实现环境、社会和经济三者之间的平衡。通过平衡这"三大支柱"的可持续性，以实现可持续发展目标。

(1)推行环境管理体系标准的意义。

①提高企业社会形象及竞争力，有利于企业长期发展。

②提高企业管理水平以及员工环境意识。

③降低能源消耗，减少废气、废水、噪声、危险。

④改善企业的环境行为，降低环境、法律风险。

(2)PDCA模式。环境管理体系和职业健康安全管理体系的运行，采用了戴明模型，即通过计划、实施、检查评审和改进等各个环节构成一个动态循环的过程，经过持续改进，不断提高管理系统运行水平，形成螺旋上升式系统化管理模式。PDCA模式可简述如下：

①计划：建立所需的环境目标和过程，以实现与组织的环境方针相一致的结果。

②实施：实施所策划的过程。

③检查：根据环境方针，包括其承诺、环境目标和运行准则，对过程进行监视和测量，并报告结果。

④改进：采取措施以持续改进。

📖 任务练习

1. 在环境管理体系系列标准中，核心标准是（　　）。

　A. GB/T 9001　　　　　　　　B. ISO 141000

　C. GB/T 24000　　　　　　　 D. GB/T 24001

2.《职业健康安全管理体系　要求》，自2012年2月1日起实施，代码为（　　），属推荐性国家标准。

　A. GB/T 28000—2011　　　　B. GB/T 28001—2011

　C. OHSAS18000—2007　　　 D. OHSAS18001—2007

参考答案

3. 职业健康安全与环境管理的目的是( )。

    A. 保护产品生产者和使用者的健康与安全以及保护生态环境

    B. 保护能源和资源

    C. 控制作业现场各种废弃物的污染与危害

    D. 控制影响工作人员以及其他人员的健康安全

4. 建设工程职业健康安全与环境管理的特点包括( )。

    A. 一次性与协调性　　　　　　B. 公共性与多样性

    C. 复杂性与多样性　　　　　　D. 相关性与持续性

5. 环境管理体系和职业健康安全管理体系的运行,采用了( )。

    A. 数据模型　　B. 戴明模型　　C. 系统模型　　　　D. 组织模型

6. 以下不是环境"三大支柱"的内容的是( )。

    A. 环境　　B. 社会　　C. 法规　　　　D. 经济

任务 6.2　建筑工程项目施工安全管理

任务导入

建筑施工企业必须坚持"安全第一,预防为主"的安全生产方针,完善安全生产组织管理体系、检查评价体系,制订安全措施计划,加强施工安全管理,实施综合治理。建筑工程项目的施工安全管理内容主要围绕五大常见伤害(坍塌、触电、高处坠落、物体打击和机械伤害等)展开实施。

6.2.1　施工安全管理保证体系

施工安全管理的目的是安全生产,因此施工安全管理的方针也必须符合国家安全管理的方针,即"安全第一,预防为主"。"安全第一"就是指生产必须保证人身安全,充分体现了"以人为本"的理念;"预防为主"是实现安全第一的最重要手段和实施安全控制的基本思想,采取正确的措施和系统的方法进行安全控制,尽量把事故消灭在萌芽状态。

施工安全管理的工作目标,主要是避免或减少一般安全事故和轻伤事故,杜绝重大、特大安全事故和伤亡事故的发生,最大限度地确保施工中劳动者的人身和财产安全。能否达到这一施工安全管理的工作目标,关键是需要安全管理和安全技术来保证。实现该目标,必须建立施工安全保证体系。施工安全保证体系包括以下五个方面:

(1)施工安全的组织保证体系。施工安全的组织保证体系是负责施工安全工作的组织管理系统,一般包括最高权力机构、专职管理机构的设置和专兼职安全管理人员的配备。

(2)施工安全的制度保证体系。制度保证体系由岗位管理、措施管理、投入和物资管理以及日常管理组成。

(3)施工安全的技术保证体系。施工安全技术保证体系由专项工程、专项技术、专项管理、专项治理等构成,并且由安全可靠性技术、安全限控技术、安全保(排)险技术和安全保护技术四个安全技术环节来保证。

(4)施工安全的投入保证体系。施工安全的投入保证体系是确保施工安全应有与其要求相适应的人力、物力和财力投入，并发挥其投入效果的保证体系。其中，人力投入可在施工安全组织保证体系中解决，而物力和财力的投入则需要解决相应的资金问题。其资金来源为工程费用中的机械装备费、措施费(如脚手架费、环境保护费、安全文明施工费、临时设施费等)、管理费和劳动保险支出等。

(5)施工安全的信息保证体系。施工安全信息保证体系由信息工作条件、信息收集、信息处理和信息服务四部分组成。

6.2.2 施工安全管理的任务

施工企业的法人和项目经理分别是企业和项目部安全管理机构的第一责任人。施工安全管理的主要任务如下。

1. 设置安全管理机构

(1)企业安全管理机构的设置。企业应设置以法定代表人为第一责任人的安全管理机构，并根据企业的施工规模及职工人数设置专门的安全生产管理机构部门且配备专职安全管理人员。

(2)项目经理部安全管理机构的设置。项目经理部是施工现场第一线管理机构，应根据工程特点和规模，设置以项目经理为第一责任人的安全管理领导小组，其成员由项目经理、技术负责人、专职安全员、工长及各工种班组长组成。

(3)施工班组安全管理。施工班组要设置不脱产的兼职安全员，协助班组长搞好班组的安全生产管理。

2. 制订施工安全管理计划

(1)施工安全管理计划应在项目开工前编制，经项目经理批准后实施。

(2)对结构复杂、施工难度大、专业性强的项目，除制订项目总体安全技术保证计划外，还必须制定单位工程或分部、分项工程的安全施工措施。

(3)对高空作业、井下作业、水上和水下作业、深基础开挖、爆破作业、脚手架上作业、有毒有害作业、特种机械作业等专业性强的施工作业，以及从事电器、压力容器、起重机、金属焊接、井下瓦斯检验、机动车和船舶驾驶等特殊工种的作业，应制订单项安全技术方案和措施，并对管理人员和操作人员的安全作业资格、身体状况进行合格审查。

(4)实行总分包的项目，分包项目安全计划应纳入总包项目安全计划，分包人应服从总承包人的管理。

3. 施工安全管理控制

施工安全管理控制的对象是人力(劳动者)、物力(劳动手段、劳动对象)、环境(劳动条件、劳动环境)。其主要内容包括以下几项：

(1)抓薄弱环节和关键部位，控制伤亡事故。在项目施工中，分包单位的安全管理是安全工作的薄弱环节，总包单位要建立健全分包单位的安全教育、安全检查、安全交底等制度。对分包单位的安全管理应层层负责，项目经理要负主要责任。

伤亡事故大多为高处坠落、物体打击、触电、坍塌、机械和起重伤害等。

(2)施工安全管理目标控制。施工安全管理目标由施工总包单位根据工程的具体情况确定。施工安全管理目标控制的主要内容如下：

①六杜绝：杜绝因公受伤、死亡事故；杜绝坍塌伤害事故；杜绝物体打击事故；杜绝高处坠落事故；杜绝机械伤害事故；杜绝触电事故。

②三消灭：消灭违章指挥；消灭违章作业；消灭"惯性事故"。

③二控制：控制年负伤率；控制年安全事故率。

④一创建：创建安全文明示范工地。

6.2.3 施工安全管理的基本要求

(1)必须取得《安全生产许可证》后方可施工。

(2)必须建立健全安全管理保障制度。

(3)各类施工人员必须具备相应的安全生产资格方可上岗。

(4)所有新工人必须经过三级安全教育，即施工人员进场作业前进行公司、项目部、作业班组的安全教育。

(5)特种作业人员必须经过专门培训，并取得特种作业资格。

(6)对查出的事故隐患要做到整改"五定"的要求，即定整改责任人、定整改措施、定整改完成时间、定整改完成人和定整改验收人。

(7)必须把好安全生产的"七关"标准，即教育关、措施关、交底关、防护关、文明关、验收关和检查关。

(8)施工现场所有安全设施应确保齐全，并符合国家及地方有关规定。

(9)施工机械必须经过安全检查验收，合格后方可使用。

(10)保证安全技术措施费用的落实，不得挪作他用。

6.2.4 施工安全技术措施

施工安全技术措施是指在施工项目生产活动中，针对工程特点、施工现场环境、施工方法、劳动组织、作业使用的机械、动力设备、变配电设施、架设工具以及各项安全防护设施等制订的确保安全施工的技术措施。施工安全技术措施应具有超前性、针对性、可靠性和可操作性。施工安全技术措施的主要内容见表 6-2 和表 6-3。

表 6-2 施工准备阶段安全技术措施

项　目	内　容
技术准备	了解工程设计对安全施工的要求；调查工程的自然环境和施工环境对施工安全的影响；改扩建工程施工或与建设单位使用、生产发生交叉，可能造成双方伤害时，应签订安全施工协议，搞好施工与生产的协调，明确双方责任，共同遵守安全事项；在施工组织设计中制订切实可行的安全技术措施，并严格履行审批手续
物资准备	及时供应质量合格的安全防护用品(安全帽、安全带、安全网等)满足施工需要；保证特殊工种(电工、焊工、爆破工、起重工等)使用工器具质量合格、技术性能良好；施工机具、设备(起重机、卷扬机、电锯、平面刨、电气设备等)经安全技术性能检测合格，防护装置齐全，制动装置可靠，方可使用；施工周转材料须经认真挑选，不符合要求严禁使用

项　　目	内　　容
施工现场准备	按施工总平面图要求做好现场施工准备；现场各种临时设施、库房，特别是炸药库、油库的布置，易燃易爆品存放都必须符合安全规定和消防要求；电气线路、配电设备符合安全要求，有安全用电防护措施；场内道路通畅，设交通标志，危险地带设危险信号及禁止通行标志，保证行人、车辆通行安全；现场周围和陡坡、沟坑处设围栏、防护板，现场入口处设警示标志。 塔式起重机等起重设备安置要与输电线路、永久或临设工程之间有足够的安全距离，避免碰撞，以保证搭设脚手架、安全网的施工距离；现场设消火栓，或有足够的有效的灭火器材、设施
施工队伍准备	总包单位及分包单位都应持有《施工企业安全资格审查认可证》方可组织施工；新工人须经岗位技术培训、安全教育后，持合格证上岗；高、险、难作业工人须经身体检查合格，具有安全生产资格，方可施工作业；特殊工种作业人员，必须持有《特种作业操作证》方可上岗

表 6-3　施工阶段安全技术措施

项　　目	内　　容
一般工程	单项工程、单位工程均有安全技术措施，分部分项工程有安全技术具体措施，施工前由技术负责人向参加施工的有关人员进行安全技术交底，并应逐级签发和保存"安全交底任务单"。 安全技术应与施工生产技术统一，各项安全措施必须在相应的工序施工前落实好。例如，根据基坑、基槽、地下室开挖深度，土质类别，选择开挖方法，确定边坡的坡度并采取防止塌方的护坡支撑方案；脚手架及垂直运输设施的选用、设计、搭设方案和安全防护措施；施工洞口的防护方法和主体交叉施工作业区的隔离措施；场内运输道路及人行通道的布置；针对采用的新工艺、新技术、新设备、新结构制订专门的施工安全技术措施；在明火作业现场（焊接、切割、熬沥青等）的防火、防爆措施；考虑不同季节、气候对施工生产带来的不安全因素和可能造成的各种安全隐患，从技术上、管理上做好专门安全技术措施
特殊工程	对于结构复杂、危险性大的特殊工程，应编制单项安全技术措施，如爆破、大型吊装、沉箱、沉井、烟囱、水塔、特殊架设作业、高层脚手架、井架等安全技术措施

6.2.5　施工安全管理实务

1. 识别危险源

危险源是指可能导致人员伤害或疾病、物质财产损失、工作环境破坏的情况或这些情况组合的根源或状态的因素。针对施工过程的特点，持续地识别危险源，进行风险评价，确定不可接受风险并实施管理的优先排序。

2. 确定项目的安全管理目标

按"目标管理"方法在以项目经理为首的项目管理系统内进行分解，从而确定每个岗位的安全管理目标，实现全员的安全责任控制。

3. 编制项目安全技术措施计划

编制项目安全技术措施计划（或施工安全方案）是指对施工过程中的危险源，用技术和管理手段加以消除和控制，并用文件化的方式表示。项目安全技术措施计划是进行工程项目安全控制的指导性文件，应该与施工设计图纸、施工组织设计和施工方案等结合起来实施。安全计划的主要内容包括：工程概况、管理目标、组织机构与职责权限、规章制度、风险分析与控制措施、安全专项施工方案、应急准备与响应、资源配置与费用投入计划、教育培训和检查评价、验证与持续改进。

4. 落实和实施安全技术措施计划

应按照表 6-4 要求实施施工安全技术措施计划，以减少相应的安全风险程度。

表 6-4　施工安全技术措施计划的实施方法和内容

方　法	内　容
安全施工责任制	在企业所规定的职责范围内，各个部门、各类人员对安全施工应负责任的制度，是施工安全技术措施计划的基础内容
安全教育	(1)开展安全生产的宣传教育； (2)把安全知识、安全技能、设备性能、操作规程、安全法规等作为安全教育的主要内容； (3)建立经常性的安全教育考核制度，要保存相应的考核证据； (4)电工、电焊工、架子工、司炉工、爆破工、机操工、起重工、机械司机、机动车辆司机等特殊工种工人，除一般安全教育外，还要经过专业安全技能培训，经考试合格持证后方可上岗； (5)采用新技术、新工艺、新设备施工和调换工作岗位时，也要进行安全教育，未经安全教育培训的人员不得上岗操作
安全技术交底	要求： (1)施工现场必须实行逐级安全技术交底制度，直至交底到班组全体作业人员； (2)技术交底必须具体、明确，可操作性强； (3)技术交底的内容应针对分部分项工程施工中给作业人员带来的潜在危害和存在问题； (4)应优先采用新的安全技术措施； (5)应将施工风险、施工方法、施工程序、安全技术措施(包括应急措施)等向工长、班组长进行详细交底； (6)及时向由多个作业队和多工种进行交叉施工的作业队伍进行书面交底； (7)保存书面安全技术交底签字记录
	内容： (1)明确工程项目的施工作业特点和危险源； (2)针对危险源的具体预防措施； (3)应注意的相关沟通事项； (4)相应的安全操作规程和标准； (5)发生事故应及时采取的应急措施

5. 应急准备与响应

施工现场管理人员应负责识别各种紧急情况，编制应急响应措施计划，准备相应的应急响应资源，发生安全事故时应及时进行应急响应。应急响应措施应有机地与施工安全措施相结合，以尽可能减少相应的事故影响和损失。特别应该注意防止在应急响应活动中发生可能的次生伤害。

6. 施工项目安全检查

施工项目安全检查的目的是消除安全隐患、防止事故、改善防护条件及提高员工安全意识，是安全管理工作的一项主要内容。

(1)安全检查的类型。

①定期安全检查。建筑施工企业应建立定期分级安全检查制度，定期安全检查属全面

性和考核性的检查，建筑工程施工现场应至少每旬开展一次安全检查工作，施工现场的定期安全检查应由项目经理亲自组织。

②经常性安全检查。建筑工程施工应经常开展预防性的安全检查工作，以便及时发现并消除事故隐患，保证施工生产正常进行。施工现场经常性安全检查的方式主要有以下几项：

a. 现场专(兼)职安全生产管理人员及安全值班人员每天例行开展的安全巡视、巡查。

b. 现场项目经理、责任工程师及相关专业技术管理人员在检查生产工作的同时进行的安全检查。

c. 作业班组在班前、班中、班后进行的安全检查。

③季节性安全检查。季节性安全检查主要是针对气候特点(如雨期、冬期等)可能给安全生产造成的不利影响或带来的危害而组织的安全检查。

④节假日安全检查。在节假日特别是重大或传统节假日前后和节日期间，为防止现场管理人员和作业人员思想麻痹、纪律松懈等进行的安全检查。

⑤开工、复工安全检查。针对工程项目开工、复工之前进行的安全检查，主要是检查现场是否具备保障安全生产的条件。

⑥专业性安全检查。由有关专业人员对现场某项专业安全问题或在施工生产过程中存在的比较系统性的安全问题进行的单项检查。这类检查专业性强，主要由专业工程技术人员、专业安全管理人员参加。

⑦设备设施安全验收检查。针对现场塔式起重机等起重设备、外用施工电梯、龙门架及井架物料提升机、电气设备、脚手架、现浇混凝土模板支撑系统等设备设施在安装、搭设过程中或完成后进行的安全验收、检查。

(2)安全检查的主要内容。施工现场安全检查的重点是违章指挥和违章作业，做到主动测量，实施风险预防。安全检查的主要内容见表 6-5。检查后应编写安全检查报告，报告内容包括：已达标项目、未达标项目、存在问题、原因分析、纠正和预防措施。

表 6-5　安全检查的主要内容

类　　型	内　　容
意识检查	检查企业的领导和员工对安全施工工作的认识
过程检查	检查工程的安全生产管理过程是否有效，包括：安全生产责任制、安全技术措施计划、安全组织机构、安全保证措施、安全技术交底、安全教育、持证上岗、安全设施、安全标识、操作规程、违规行为、安全记录等
隐患检查	检查施工现场是否符合安全生产、文明施工的要求
整改检查	检查对过去提出问题的整改情况
事故检查	检查对安全事故的处理是否达到查明事故原因、明确责任，并对责任者做出处理，明确和落实整改措施等要求。同时还应检查对伤亡事故是否及时报告、认真调查、严肃处理

(3)安全检查的主要方法。建筑工程安全检查在正确使用安全检查表的基础上，可以采用"问""看""量""测""运转试验"等方法进行，具体见表 6-6。

表 6-6　主要的安全检查方法

方　法	内　容
问	询问、提问，对以项目经理为首的现场管理人员和操作工人进行的应知、应会抽查，以便了解现场管理人员和操作工人的安全意识和安全素质
看	查看施工现场安全管理资料和对施工现场进行巡视。例如，查看项目负责人、专职安全管理人员、特种作业人员等的持证上岗情况；现场安全标志设置情况；劳动防护用品使用情况；现场安全防护情况；现场安全设施及机械设备安全装置配置情况等
量	使用测量工具对施工现场的一些设施、装置进行实测实量
测	使用专用仪器、仪表等监测器具对特定对象关键特性技术参数的测试。例如，使用漏电保护器测试仪对漏电保护器漏电动作电流、漏电动作时间的测试；使用地阻仪对现场各种接地装置接地电阻的测试；使用兆欧表对电机绝缘电阻的测试；使用经纬仪对塔式起重机、外用电梯安装垂直度的测试等
运转试验	由具有专业资格的人员对机械设备进行实际操作、试验，检验其运转的可靠性或安全限位装置的灵敏性

任务练习

1. 建筑施工企业必须坚持"＿＿＿＿＿＿＿"的安全生产方针，完善安全生产组织管理体系、检查评价体系，制订安全措施计划，加强施工安全管理，实施综合治理。

2. 施工安全管理目标中的"三消灭"是指消灭违章指挥、消灭违章作业和消灭（　　）。
   A. "惯性事故"　　　　B. "触电事故"　　　　C. "因公受伤"　　　　D. "死亡事故"

3. 施工安全管理目标中的"一创建"是指创建（　　）。
   A. 一流企业
   C. 高效管理团队
   B. 安全文明示范工地
   D. 零伤亡率目标

4. 施工过程中若发生设计变更，原安全技术措施（　　）。
   A. 不能变更
   C. 必须及时变更
   B. 可在施工后进行变更
   D. 可在施工中灵活变更

参考答案

5. 建筑施工企业必须坚持"安全第一，预防为主"的安全生产方针，完善安全生产组织管理体系、检查评价体系，制订安全措施计划，加强（　　），实施综合治理。
   A. 施工安全管理
   C. 施工人员安全管理
   B. 材料安全管理
   D. 财产安全管理

6. 建筑工程安全检查在正确使用安全检查表的基础上，可以采用"问""看""量""测""（　　）"等方法进行。
   A. 运转试验　　　B. 实际应用　　　C. 前期试验　　　D. 后期检查

7. 施工安全技术保证体系的构成包括（　　）。
   A. 专项控制　　　B. 专项技术　　　C. 专项管理　　　D. 专项治理
   E. 专项工程

任务 6.3　建筑工程职业健康安全事故的分类和处理

建筑施工事故多发，具有一定的危险性。而建筑施工的安全隐患也多存在于高处作业、交叉作业、垂直运输以及使用各种电气设备的工具上，事故类别主要有高处坠落、触电、物体打击、机械伤害及坍塌等。通过严格的安全生产管理，把建筑施工"五大伤害"降到最低，切实保障施工人员生命及财产安全。

6.3.1　建筑工程职业健康安全事故的分类

职业健康安全事故分两大类型，即职业伤害事故与职业病，见表6-7。职业伤害事故是指因生产过程及工作原因或与其相关的其他原因造成的伤亡事故。职业病是指由于从事职业活动而产生的疾病，属经诊断因从事接触有毒有害物质或不良环境的工作而造成的急、慢性疾病。

表 6-7　职业健康安全事故的分类

类型	分类依据	分　类
职业伤害事故	按事故发生的原因	《企业职工伤亡事故分类》(GB 6441—1986)将企业工伤事故分为20类，分别为：物体打击、车辆伤害、机械伤害、起重伤害、触电、淹溺、灼烫、火灾、高处坠落、坍塌、冒顶片帮、透水、放炮、瓦斯爆炸、火药爆炸、锅炉爆炸、容器爆炸、其他爆炸、中毒和窒息及其他伤害等
	按事故后果的严重程度	轻伤事故：造成职工肢体或某些器官功能性或器质性轻度损伤，表现为劳动能力轻度或暂时丧失的伤害，一般每个受伤人员休息1个工作日以上、105个工作日以下。 重伤事故：一般指受伤人员肢体残缺或视觉、听觉等器官受到严重损伤，能引起人体长期存在功能障碍或劳动能力有重大损失的伤害，或者造成每个受伤人损失105个工作日以上的失能伤害。 死亡事故：一次事故中死亡职工1或2人的事故。 重大伤亡事故：一次事故中死亡3人以上(含3人)的事故。 特大伤亡事故：一次死亡10人以上(含10人)的事故。 急性中毒事故：生产性毒物中毒事故，发病快，一般不超过1个工作日
职业病		2002年卫生委会同劳动和社会保障部发布的《职业病目录》列出的法定职业病为10大类115种：尘肺，职业性放射疾病，职业中毒，物理因素所致职业病，生物因素所致职业病，职业性皮肤病，职业性眼病，职业性耳鼻喉口腔疾病，职业性肿瘤，其他职业病

在《生产安全事故报告和调查处理条例》中，根据生产安全事故造成的人员伤亡或者直接经济损失，事故一般可分为以下四个等级：

(1)特别重大事故。特别重大事故是指造成30人以上死亡，或者100人以上重伤(包括急性工业中毒），或者 1 亿元以上直接经济损失的事故。

（2）重大事故。重大事故是指造成 10 人以上 30 人以下死亡，或者 50 人以上 100 人以下重伤，或者 5000 万元以上 1 亿元以下直接经济损失的事故。

（3）较大事故。交大事故是指造成 3 人以上 10 人以下死亡，或者 10 人以上 50 人以下重伤，或者 1000 万元以上 5000 万元以下直接经济损失的事故。

（4）一般事故。一般事故是指造成 3 人以下死亡，或者 10 人以下重伤，或者 1000 万元以下直接经济损失的事故。

6.3.2　建筑工程职业健康安全事故的处理

1. 安全事故的处理原则

施工项目一旦发生安全事故，必须实施"四不放过"的原则，即：事故原因未查清不放过；责任人员未受到处理不放过；事故责任人和周围群众没有受到教育不放过；事故指定的切实可行的整改措施未落实不放过。

事故处理的"四不放过"原则要求对安全生产工伤事故必须进行严肃认真的调查处理，接受教训，防止同类事故重复发生。

2. 安全事故的处理程序

安全事故的处理程序见表 6-8。

表 6-8　安全事故的处理程序

程　　序	内　　容
事故报告	施工单位事故报告要求： 生产安全事故发生后，受伤者或最先发现事故的人员应立即将发生事故的时间、地点、伤亡人数、事故原因等情况，向施工单位负责人报告；施工单位负责人接到报告后，应在 1 小时内向事故发生地县级以上人民政府建设主管部门和有关部门报告
	建设主管部门事故报告要求： 建设主管部门接到事故报告后，应依照下列规定上报事故情况，并通知安全生产监督管理部门、公安机关、劳动保障行政主管部门、工会和人民检察院： （1）较大事故、重大事故以及特别重大事故逐级上报至国务院建设主管部门； （2）一般事故逐级上报至省、自治区、直辖市人民政府建设主管部门； （3）建设主管部门依照本规定上报事故情况，应同时报本级人民政府。 建设主管部门按照上述规定逐级上报事故情况时，每级上报的时间不得超过 2 小时
	事故报告的内容： （1）事故发生的时间、地点和工程项目、有关单位名称； （2）事故的简要经过； （3）事故已经造成或者可能造成的伤亡人数和初步估计的直接经济损失； （4）事故的初步原因； （5）事故发生后采取的措施及事故控制情况； （6）事故报告单位或报告人员； （7）其他应报告的情况

程　　序	内　　　　容
事故调查	事故调查报告的内容： (1)事故发生单位概况； (2)事故发生经过和事故救援情况； (3)事故造成的人员伤亡和直接经济损失； (4)事故发生的原因和事故性质； (5)事故责任的认定和对事故责任者的处理建议； (6)事故防范和整改措施
事故处理	(1)施工单位的事故处理： 　当事故发生后，事故发生单位应严格保护事故现场，做好标识，排除险情，采取有效措施抢救伤员和财产，防止事故蔓延扩大。 (2)建设主管部门的事故处理： 　①建设主管部门应依据有关人民政府对事故的批复和有关法律法规的规定，对事故相关责任者实施行政处罚； 　②建设主管部门应依照有关法律法规的规定，对事故负有责任的相关单位给予罚款、停业整顿、降低资质等级或吊销资质证书的处罚； 　③建设主管部门应依照有关法律法规的规定，对事故发生负有责任的注册执业资格人员给予罚款、停止执业或吊销其注册执业资格证书的处罚

6.3.3　职业病的管理

职业病的管理已经成为企业社会责任的有机组成部分。

1. 职业病报告

地方各级卫生行政部门指定相应的职业病防治机构或卫生防疫机构负责职业病统计和报告工作。职业病报告实行以地方为主、逐级上报的办法。

一切企事业单位发生的职业病，都应该按规定要求向当地卫生监督机构报告，由卫生监督机构统一汇总上报。

2. 职业病处理

根据国家有关职业病的法律规定，职业病处理的要求如下：

(1)职工被确诊有职业病后，其所在单位应根据职业病诊断机构的意见，安排其医治或疗养。

(2)在医治或疗养后被确认不宜继续从事原有害作业或工作的，应自确认之日起的2个月内将其调离原工作岗位，另行安排工作；对于因工作需要暂不能调离的生产、工作的技术骨干，调离期限最长不得超过半年。

(3)患有职业病的职工变动工作单位时，其职业病待遇应由原单位负责或调出、调入两个单位协调处理，双方商妥后方可办理调转手续，并将其健康档案、职业病诊断证明及职业病处理情况等材料全部移交新单位。调出、调入单位都应将情况报告所在地的劳动卫生职业病防治机构备案。

(4)员工到新单位后，新发生的职业病无论与现工作有无关系，其职业病待遇均由新单位负责。劳动合同制工人、临时工终止或解除劳动合同后，在待业期间新发现的职业病，与上一个劳动合同期工作有关时，其职业病待遇由原终止或解除劳动合同单位负责。如原单位已与其他单位合并，由合并后的单位负责；如原单位已撤销，应由原单位的上级主管机关负责。

任务练习

1. 国家规定特大伤亡事故是指一次死亡(   )的安全事故。
   A. 10 人以上(含 10 人)　　　　　　B. 20 人以上
   C. 30 人以上　　　　　　　　　　　D. 50 人以上

参考答案

2. 2002 年卫生委会同劳动和社会保障部发布的《职业病目录》列出的法定职业病共(   )。
   A. 10 大类 115 种　　　　　　　　B. 9 大类 99 种
   C. 9 大类 115 种　　　　　　　　　D. 10 大类 99 种

3. 一次事故中死亡 4 人的事故属于(   )。
   A. 重伤事故　　　　　　　　　　　B. 死亡事故
   C. 重大伤亡事故　　　　　　　　　D. 特大伤亡事故

4. 按照国家规定，如果发生一次安全事故死亡 14 人属于(   )。
   A. 大事故　　　　　　　　　　　　B. 重大事故
   C. 伤亡事故　　　　　　　　　　　D. 特大伤亡事故

5. 下列安全事故处理顺序正确的是(   )。
   A. 事故报告，事故处理，事故调查，处理事故责任者，编写调查报告并上报
   B. 事故报告，事故调查，事故处理，处理事故责任者，编写调查报告并上报
   C. 事故报告，事故处理，编写调查报告并上报，事故调查，处理事故责任者
   D. 事故报告，事故调查，编写调查报告并上报，事故处理，处理事故责任者

6. 轻伤事故是指受伤人员损失工作日在(   )个工作日之间。
   A. 1～95　　　　　B. 1～105　　　　　C. 1～115　　　　　D. 1～125

7. 安全事故处理的"四不放过"原则包括(   )。
   A. 没有制定防范措施不放过
   B. 安全制度不落实不放过
   C. 事故责任者和员工没有受到教育不放过
   D. 事故责任者没有处理不放过
   E. 事故原因不清楚不放过

8. 根据职业病报告和处理的规定，下列说法中正确的有(   )。
   A. 企事业单位对于一些职业病，按规定可以越级向上级单位报告
   B. 职工被确诊患有职业病后，其所在单位应根据职业病诊断机构的意见，安排其医疗或疗养
   C. 职工在医治或疗养后被确认不宜继续从事原有害作业或工作的，应自确认之日起的半年内将其调离原工作岗位，另行安排工作
   D. 职工到新单位后，新发生的职业病无论与现工作有无关系，其职业病待遇由新单位负责
   E. 调出、调入单位都应将情况报告所在地的劳动卫生职业病防治机构备案

任务 6.4　建筑工程项目环境管理

环境评价在近期开始受到各方重视，相应地，环评师的身价也迅速升高，人们越来越重视环境，特别是建筑行业，更需要加强对环境的认识。

6.4.1　建筑工程项目环境管理的定义

建筑工程项目环境管理是指按照法律法规、各级主管部门和企业环境方针的要求，制订程序、资源、过程和方法。管理环境因素的过程包括控制现场的各种粉尘、废水、废气、固体废弃物、噪声、振动等对环境的污染和危害，节约建设资源等。

在确定项目管理目标时，需同时确定项目环境管理目标；在编制工程施工组织设计或项目管理实施规划时，需同时编制项目环境管理计划；该部分内容可包含在施工组织设计或项目管理实施规划中。文明施工实际是项目施工环境管理的一部分。

6.4.2　建筑工程项目环境管理的工作内容

项目经理部负责现场环境管理工作的总体策划和部署，建立项目环境管理组织机构，制订相应制度和措施，组织培训，使各级人员明确环境保护的意义和责任。项目经理部的工作应包括以下几个方面：

(1)项目经理部应按照分区划块原则，搞好项目的环境管理，进行定期检查，加强协调，及时解决发现的问题，实施纠正和预防措施，保持现场良好的作业环境、卫生条件和工作秩序，做到污染预防。

(2)项目经理部应对环境因素进行控制，制订应急准备和相应措施，并保证信息畅通，预防出现非预期的损害。在出现环境事故时，应消除污染，并制定相应措施，防止环境二次污染。

(3)项目经理部应保存有关环境管理的工作记录。

(4)项目经理部应进行现场节能管理，有条件时应规定能源使用指标。

6.4.3　建筑工程项目环境管理的程序

项目的环境管理应遵循下列程序。

1. 建立环境管理组织、制订环境管理方案

施工现场应成立以项目经理为第一责任人的施工环境管理组织。分包单位应服从总包单位环境管理组织的统一管理，并接受监督检查。

施工现场应及时进行环境因素识别。具体包括与施工过程有关的产品、活动和服务中的能够控制和能够施加影响的环境因素，并应用科学方法评价、确定重要环境因素。

根据法律法规、相关方要求和环境影响等确定施工现场环境管理的目标和指标，并结合施工图纸、施工方案策划相应的环境管理方案和环境保护措施。

2. 环境管理的宣传和教育

通过短期培训、上技术课、登黑板报、广播、看录像、看电视等方法，进行企业全体员工环境管理的宣传和教育工作。专业管理人员应熟悉、掌握环境管理的规定。

3. 现场环境管理的运行要求

(1)项目施工管理人员应结合施工要求，从制度上规定施工现场实施适宜的运行程序和方法。

(2)在与施工供应方和分包方的合作中，明确施工环境管理的基础要求，并及时与施工供应方和分包方进行沟通。

(3)按照施工总平面布置图设置各项临时设施。现场堆放的大宗材料、成品、半成品和机具设备不得侵占场内道路及环境防护等设施。

根据事先策划的施工环境管理措施落实施工现场的相关运行要求，具体要求包括：在施工作业过程中全面实施针对施工噪声、污水、粉尘、固体废弃物等排放和节约资源的环境管理措施；设置符合消防要求的消防设施，在容易发生火灾的地区施工，或者储存、使用易燃易爆器材时，应采取特殊的消防安全措施。

(4)及时进行施工环境信息的相互沟通和交流。针对内部和外部的重要环境信息进行评估，通过有效的信息传递预防环境管理的重大风险。

4. 应急准备和响应

施工现场应识别可能的紧急情况，制订应急措施，提供应急准备手段和资源。环境应急响应措施应与施工安全应急响应措施有机结合，以尽可能提高资源效率，减少相应的环境影响和损失。

5. 环境绩效监测和改进

施工现场及时实施环境绩效监测，根据监测结果，围绕污染预防改进环境绩效。

6.4.4 建筑工程项目的文明施工

文明施工是指保持施工现场良好的作业环境、卫生环境和工作秩序，主要包括：规范施工现场的场容，保持作业环境的整洁卫生；科学组织施工，使生产有序进行；减少施工对周围居民和环境的影响；遵守施工现场文明施工的规定和要求，保证职工的安全和身体健康。

现场文明施工的基本要求如下：

(1)施工现场必须设置明显的标牌，标明工程项目名称、建设单位、设计单位、施工单位、项目经理和施工现场总负责人的姓名、开工和竣工日期、施工许可证批准文号等。施工单位负责现场标牌的保护工作。

(2)施工现场的管理人员应佩戴证明其身份的证卡。

(3)应按照施工总平面布置图设置各项临时设施。现场堆放的大宗材料、成品、半成品和机具设备不得侵占场内道路及安全防护等设施。

(4)施工现场的用电线路、用电设施的安装和使用必须符合安装规范和安全操作规程，并按照施工组织设计进行架设，严禁任意拉线接电。施工现场必须设有保证施工安全要求的夜间照明；危险潮湿场所的照明以及手持照明灯具，必须采用符合安全要求的电压。

(5)施工机械应按照施工总平面布置图规定的位置和线路设置，不得任意侵占场内道路。施工机械进场时须经过安全检查，经检查合格方能使用。施工机械操作人员必须按有关规定持证上岗，禁止无证人员操作机械。

（6）应保证施工现场道路畅通，排水系统处于良好的使用状态；保持场容场貌的整洁，随时清理建筑垃圾。在车辆、行人通行的地方施工，应设置施工标志，并对沟、井、坎、穴进行覆盖。

（7）施工现场的各种安全设施和劳动保护器具必须定期检查和维护，及时消除隐患，保证其安全有效。

（8）施工现场应设置各类必要的职工生活设施，并符合卫生、通风、照明等要求。职工的膳食、饮水供应等应符合卫生要求。

（9）应做好施工现场安全保卫工作，采取必要的防盗措施，在现场周边设立围护设施。

（10）应严格依照《中华人民共和国消防法》的规定，在施工现场建立和执行防火管理制度，设置符合消防要求的消防设施，并保持完好的备用状态。在容易发生火灾的地区施工，或者储存、使用易燃易爆器材时，应采取特殊的消防安全措施。

（11）施工现场发生的工程建设重大事故的处理，依照《工程建设重大事故报告和调查程序规定》执行。

6.4.5　建筑工程项目现场管理

项目现场管理应遵守以下基本规定：

（1）项目经理部应在施工前了解经过施工现场的地下管线，标出位置，加以保护，施工时发现文物、古迹、爆炸物、电缆等，应停止施工，保护现场，及时向有关部门报告，并按照规定处理。

（2）施工中需要停水、停电、封路而影响环境时，应经有关部门批准，事先告示。在行人、车辆通过的地方施工，应设置沟、井、坎、洞覆盖物和标志。

（3）项目经理部应对施工现场的环境因素进行分析，对于可能产生的污水、废气、噪声、固体废弃物等污染源采取措施，进行控制。

（4）建筑垃圾和渣土，应堆放在指定地点，定期进行清理。装载建筑材料、垃圾或渣土的运输机械，应采取防止尘土飞扬、洒落或流溢的有效措施。施工现场应根据需要设置机动车辆冲洗设施，冲洗污水应进行处理。

（5）除了符合规定的装置外，不得在施工现场熔化沥青和焚烧油毡、油漆，也不得焚烧其他可产生有毒有害烟尘和恶臭气味的废弃物。项目经理部应按规定有效地处理有毒物质。禁止将有毒有害废弃物现场回填。

（6）施工现场的场容管理应符合施工平面图设计的合理安排和物料器具定位管理标准化的要求。

（7）项目经理部应依据施工条件，按照施工总平面图、施工方案和施工进度计划的要求，认真进行所负责区域的施工平面图的规划、设计、布置、使用和管理。

（8）现场的主要机械设备、脚手架、密封式安全网与围挡、模具、施工临时道路、各种管线、施工材料制品堆场及仓库、土方及建筑垃圾堆放区、变配电间、消火栓、警卫室以及现场的办公、生产和生活临时设施等的布置，均应符合施工平面图的要求。

（9）现场入口处的醒目位置应公示下列内容：工程概况牌、安全纪律牌、防火须知牌、安全生产牌与文明施工牌、施工平面图、项目经理部组织机构图及主要管理人员名单。

(10)施工现场周边应按当地有关要求设置围挡和相关的安全预防设施。危险品仓库附近应有明显标志及围挡设施。

(11)施工现场应设置畅通的排水沟渠系统，保持场地道路的干燥坚实。施工现场泥浆和污水未经处理不得直接排放。地面宜做硬化处理。有条件的，可对施工现场进行绿化布置。

6.4.6 建筑工程项目的施工现场环境保护

1. 施工现场水污染的防治

(1)搅拌机前台、混凝土输送泵及运输车辆清洗处应设置沉淀池，废水未经沉淀处理不得直接排入市政污水管网，经二次沉淀后方可排入市政排水管网或回收用于洒水降尘。

(2)施工现场现制水磨石作业产生的污水，禁止随地排放。作业时要严格控制污水流向，在合理位置设置沉淀池，经沉淀后方可排入市政污水管网。

(3)施工现场气焊用的乙炔发生罐产生的污水严禁随地倾倒，要求专用容器集中存放并倒入沉淀池处理，以免污染环境。

(4)现场要设置专用的油漆油料库，并对库房地面做防渗处理，储存、使用及保管要采取措施并由专人负责，防止因油料泄漏而污染土壤、水体。

(5)施工现场的临时食堂，用餐人数在 100 人以上的，应设置简易有效的隔油池，使产生的污水经过隔油池后再排入市政污水管网。

(6)禁止将有害废弃物做土方回填，以免污染地下水和环境。

2. 施工现场大气污染的防治

(1)高层或多层建筑清理施工垃圾，使用封闭的专用垃圾道或采用容器吊运，严禁随意凌空抛撒造成扬尘。施工垃圾要及时清运，清运时，适量洒水减少扬尘。

(2)拆除旧建筑物时，应配合洒水，减少扬尘污染。

(3)施工现场要在施工前做好施工道路的规划和设置，可利用设计中永久性的施工道路。如采用临时施工道路，主要道路和大门口要硬化，包含基层夯实，路面铺垫焦渣、细石，并随时洒水，减少道路扬尘。

(4)散水泥和其他易飞扬的细颗粒散体材料应尽量安排库内存放，如露天存放应严密遮盖，运输和卸运时防止遗洒飞扬，以减少扬尘。

(5)生石灰的熟化和灰土施工要适当配合洒水，杜绝扬尘。

(6)在规划市区、居民稠密区、风景游览区、疗养区及国家规定的文物保护区内施工，施工现场要制订洒水降尘制度，配备专用洒水设备及指定专人负责，在易产生扬尘的季节，施工场地应采取洒水降尘。

3. 施工现场噪声污染的防治

(1)人为噪声的控制。施工现场提倡文明施工，建立健全控制人为噪声的管理制度。尽量减少人为的噪声，增强全体施工人员防噪声扰民的自觉意识。

(2)强噪声作业时间的控制。凡在居民稠密区进行强噪声作业的，严格控制作业时间，晚间作业不超过 22 时，早晨作业不早于 6 时，特殊情况确需连续作业(或夜间作业)的，应尽量采取降噪措施，事先做好周围群众的工作，并报有关主管部门备案后方可施工。

(3)强噪声机械的降噪措施。牵扯到产生强噪声的成品或半成品的加工、制作作业(如预制构件、木门窗制作等），应尽量在工厂、车间完成，减少因施工现场加工制作产生的噪声。

尽量选用低噪声或备有消声降噪声设备的施工机械。施工现场的强噪声机械（如搅拌机、电锯、电刨、砂轮机等）要设置封闭的机械棚，以减少强噪声的扩散。

（4）加强施工现场的噪声监测。加强施工现场环境噪声的长期监测，采取专人管理的原则，根据测量结果填写建筑施工场地噪声测量记录表，凡超过《施工场界噪声限值》标准的，要及时对施工现场噪声超标的有关因素进行调整，达到施工噪声不扰民的目的。

4. 施工现场固体废物的处理

施工现场常见的固体废物包括：建筑渣土，废弃的散装建筑材料，生活垃圾，设备、材料等的包装材料和粪便。

固体废物的主要处理和处置方法有以下几种：

（1）物理处理，包括压实浓缩、破碎、分选、脱水干燥等。

（2）化学处理，包括氧化还原、中和、化学浸出等。

（3）生物处理，包括好氧处理、厌氧处理等。

（4）热处理，包括焚烧、热解、焙烧、烧结等。

（5）固化处理，包括水泥固化法和沥青固化法等。

（6）回收利用，包括回收利用和集中处理等资源化、减量化的方法。

（7）处置，包括土地填埋、焚烧、储留池储存等。

任务练习

1. 建筑工程项目的环境管理主要体现在 ＿＿＿＿＿＿＿＿ 和 ＿＿＿＿＿＿＿＿。项目设计方案在施工工艺的选择方面对环境的间接影响明显，施工过程则是直接影响工程建设项目环境的主要因素。

2. 凡在居民稠密区进行强噪声作业的，严格控制作业时间，晚间作业不超过＿＿＿＿＿时，早晨作业不早于＿＿＿＿＿时，特殊情况需连续作业（或夜间作业）的，应尽量采取降噪措施。

参考答案

3. 项目经理部应对施工现场的环境因素进行分析，对于可能产生的＿＿＿＿＿＿、＿＿＿＿＿＿＿、＿＿＿＿＿＿＿、＿＿＿＿＿＿＿等污染源采取措施，进行控制。

4. 文明施工是指保持施工现场良好的＿＿＿＿＿＿＿、＿＿＿＿＿＿＿和＿＿＿＿＿＿＿。

5. 热处理是固体废物的一种处理方式，下列固体废物处理方式不属于热处理方式的是（　　）

A. 焚烧　　　　　　B. 热解　　　　　　C. 熔烧　　　　　　D. 脱水干燥

6. 固体废物的化学处理方法包括（　　）。

A. 氧化还原　　　　B. 中和　　　　　　C. 化学浸出　　　　D. 脱水干燥

7. （　　）出入口应标有企业名称或企业标识，主要出入口明显处应设置工程概况牌，大门内应设置施工现场总平面图和安全生产、消防保卫、环境保护、文明施工和管理人员名单及监督电话牌等制度牌。

A. 场地　　　　　　B. 施工现场　　　　C. 建筑红线　　　　D. 区域

8. 建筑工程施工要做到工完场清、施工不扰民、现场不扬尘、运输无遗洒、垃圾不乱弃，努力营造良好的(　　)。

    A. 施工作业环境　　　B. 场所　　　　　　C. 文化　　　　　　D. 条件

9. 施工现场的临时食堂，用餐人数在(　　)人以上的，应设置简易有效的隔油池，使产生的污水经过隔油池后再排入市政污水管网。

    A. 10　　　　　　　　B. 50　　　　　　　C. 100　　　　　D. 200

10. 施工过程水污染的防治措施不包括(　　)。

    A. 禁止将有毒有害废弃物做土方回填

    B. 存放油料时，必须对库房地面进行防渗处理

    C. 化学用品要妥善保管

    D. 可以排入附近的河流

➤ 项目小结

    职业健康安全与环境管理作为建筑工程项目管理的主要内容之一，是时代的要求。因此，正确理解职业健康安全与环境管理的内涵，明确其基本任务，掌握建设工程职业健康安全与环境管理的特点是管理者的工作内容之一。工程项目施工安全控制事关生命安全和工程成本，"安全第一，预防为主"是我国安全生产的方针，切实可行的安全技术措施计划和有效实施是安全控制的重点。明确安全事故的处理原则，掌握安全事故的处理程序，是安全事故处理的核心。明确文明施工的要求，有效实施施工现场环境保护措施是环境管理的关键所在。

➤ 项目练习

1. 根据《生产安全事故报告和调查处理条例》，造成 2 人死亡的生产安全事故属于(　　)。

    A. 特别重大事故　　　　　　　　B. 重大事故

    C. 较大事故　　　　　　　　　　D. 一般事故

参考答案

2. 关于建设工程施工现场环境管理的说法，下列正确的是(　　)。

    A. 施工现场用餐人数在 50 人以上的临时食堂，应设置简易有效的隔油池

    B. 施工现场外围设置的围挡不得低于 1.5 m

    C. 一般情况下禁止各种打桩机械在夜间施工

    D. 在城区、郊区城镇和居住稠密区，只能在夜间使用敞口锅熬制沥青

3. 安全性检查的类型有(　　)。

    A. 日常性检查、专业性检查、季节性检查、节假日前后检查和定期检查

    B. 日常性检查、专业性检查、季节性检查、节假日后检查和定期检查

    C. 日常性检查、非专业性检查、季节性检查、节假日前后检查和不定期检查

D. 日常性检查、非专业性检查、季节性检查、节假日前检查和不定期检查

4. 安全检查的主要内容包括(　　　)。

    A. 查思想、查管理、查作风、查整改、查事故处理、查隐患

    B. 查思想、查作风、查整改、查管理

    C. 查思想、查管理、查整改、查事故处理

    D. 查管理、查思想、查整改、查事故处理、查隐患

5. 建设工程职业健康安全事故处理原则是(　　　)。

    A. 事故原因不清楚以及责任者没处理不放过

    B. 没有调查而下定论引起的事故不放过

    C. 事故责任者逃逸不放过

    D. 事故引发原因不清楚,事故责任者未找到不放过

6. 按原因进行分类,事故可分为(　　　)。

    A. 物体打击,车辆伤害、机械伤害、爆炸伤害、触电等

    B. 淹溺、灼烫、火灾、高处坠落以及电烧伤

    C. 坍塌以及火灾烧伤等

    D. 放炮、爆炸烧伤、烫伤以及爆炸引起的物体打击

7. 按后果的严重程度,事故可分为(　　　)。

    A. 轻伤事故、重伤事故、死亡事故、特大伤亡事故、超大伤亡事故

    B. 死亡事故、重伤事故、重大伤亡事故、超大伤亡事故

    C. 轻伤事故、重伤事故、死亡事故、重大伤亡事故、特大伤亡事故,急性中毒事故

    D. 微伤事故、轻伤事故、死亡事故、重大伤亡事故、急性中毒事故

8. 建设工程项目环境管理的目的是(　　　)。

    A. 保护生态环境,使社会的经济发展与人类的生存环境相协调

    B. 控制作业现场的各种粉尘、废水、废气、固体废弃物以及噪声、振动对环境的污染和危害

    C. 避免和预防各种不利因素对环境管理造成的影响

    D. 考虑能源节约和避免资源的浪费

    E. 职业健康安全与环境管理的目的

9. 固体废弃物的主要处理方法有(　　　)。

    A. 回收利用

    B. 减量化处理

    C. 稳定和固化技术

    D. 焚烧技术和填埋

    E. 不能焚烧只能填埋

10. 施工现场噪声的控制措施有(　　　)。

    A. 声源控制及传播途径的控制

    B. 接收者的防护

    C. 严格控制人为噪声

    D. 控制强噪声作业的时间

项目实训

-- **实训题 1** --

【背景资料】

某写字楼工程外墙装修用脚手架为一字形钢管脚手架，脚手架长为68 m，高为36 m。2015 年 10 月 10 日，项目经理安排 3 名工人对脚手架进行拆除，由于违反拆除作业程序，当局部刚刚拆除到 24 m 左右时，脚手架突然向外整体倾覆，架子上作业的 3 名工人一同坠落到地面，后被紧急送往医院抢救，2 人脱离危险，1 人因抢救无效死亡。经调查，拆除脚手架作业的 3 名工人刚刚进场两天，并非专业架子工，进场后并没有接受三级安全教育，在拆除作业前，项目经理也没有对他们进行相应的安全技术交底。

【问题】

1. 何为特种作业？建筑工程施工哪些人员为特种作业人员？

2. 何为三级安全教育？

3. 建筑工程施工安全技术交底的基本要求及包括的主要内容有哪些？

4. 建筑工程施工安全管理目标包含哪些具体控制指标？

-- **实训题 2** --

【背景资料】

某商厦建筑面积为 70 800 m²，钢筋混凝土框架结构，地上 5 层，地下 2 层，由市建筑设计院设计，江北区建筑工程公司施工。2016 年 5 月 10 日开工。在主体结构施工到地上 2 层时，柱混凝土施工完毕，为使楼梯能跟上主体施工进度，施工单位在地下室楼梯未施工的情况下直接支模施工第一层楼梯混凝土。支模方法是：在±0.000 m 处的地下室楼梯间侧壁混凝土墙板上放置四块预应力混凝土空心楼板，在楼梯上面进行一层楼梯支模。另外在地下室楼梯间，采取分层支模的方法，对上述四块预制楼板进行支撑。地下 1 层的支撑柱直接顶在预制楼板下面。7 月 30 日中午开始浇筑一层楼梯混凝土，当混凝土浇筑即将完工时，楼梯整体突然坍塌，致使 7 名现场施工人员坠落并被砸入地下室楼梯间内，造成 4 人死亡，3 人轻伤，直接经济损失 10.5 万元的重大事故。经事后调查发现，第一层楼梯混凝土浇筑的技术交底和安全交底均为施工单位为逃避责任而后补的。

【问题】

1. 本工程这起重大事故可定为哪种等级的重大事故？依据是什么？

2. 分部分项工程安全技术交底的要求和主要内容是什么？

3. 伤亡事故处理的程序是什么？

【背景资料】

焊工贾某、王某在市职业大学教学楼工地负责焊接一个 4.5 m×2 m×1.5 m 的水箱。两人在当天完成了 4/5 的工作量，下班后为了赶进度、抢工期，工地负责人又临时安排了一名油工加班施工，将水箱焊好的部分刷上了防锈漆。因箱顶离屋顶仅有 50 cm 高的间隔，通风不良，到第二天早上上班时，防锈漆根本就没有干。焊工上班后，工地负责人虽然明知水箱上的油漆未干，但因不愿误工，就又安排焊工继续施焊。作业过程中，贾某钻进水箱内侧扶焊，王某站在外面焊接，刚一打火，水箱上的油漆便发生了爆燃，王某、贾某顿时被火焰吞噬，事后虽经救出，但两人均被深度烧伤，烧伤面积达 25%。

【问题】

1. 请针对这起事故发生的原因，指出现场存在的主要问题有哪些？

2. 谁应对这起事故负主要责任？

3. 施工现场定期安全检查应由谁来组织？

【背景资料】

某市拟建成一个群体工程，其占地东西长为 400 m，南北宽为 200 m。其中，有一栋高层宿舍，是结构为 25 层大模板全现浇钢筋混凝土塔楼结构，使用两台塔式起重机。设环行道路，沿路布置临时用水和临时用电，不设生活区，不设搅拌站，不熬制沥青。

【要求】

1. 按现场的环境保护要求，提出对噪声施工的限制，停水、停电、封路的办理，垃圾渣土处理办法。

2. 简述健康安全环境管理相关要求。

项目7 建筑工程项目合同管理

项目目标

合同管理是建筑工程项目管理的核心，工程管理的各方面工作都要围绕着这个核心来开展，建筑工程项目的合同管理已经成为我国建筑业可持续发展、实现科学管理的重要内容。通过本项目的学习，了解合同的基本知识，熟悉建筑工程项目各阶段的合同管理，掌握建筑工程项目合同的变更与索赔管理知识。

教学要求

学习目标	知识要点
了解建筑工程合同的相关知识	(1)建筑工程合同概念、分类 (2)建筑工程施工合同范本
熟悉建筑工程项目各阶段的合同管理	(1)建筑工程施工合同的订立 (2)施工准备阶段的合同管理 (3)施工过程的合同管理 (4)竣工阶段的合同管理
掌握工程变更与索赔管理	(1)工程变更的范围、内容、程序 (2)索赔概念、分类、程序、索赔报告

案例导入

某施工单位根据领取的某 2 000 m² 的两层厂房工程项目招标文件和全套施工图纸，采用低报价策略编制了投标文件，并获得中标。该施工单位(乙方)于某年某月某日与建设单位(甲方)签订了该工程项目的总价施工合同。合同工期为 8 个月。甲方在乙方进入施工现场后，因资金紧缺，无法如期支付工程款，口头要求乙方暂停施工 1 个月。乙方也已口头答应。工程按合同规定期限验收时，甲方发现工程质量有问题，要求返工。2 个月后，返工完毕。结算时甲方认为乙方迟延交付工程，应按合同约定偿付逾期违约金。乙方认为临时停工是甲方要求的。乙方为抢工期，加快施工进度才出现了质量问题，因此迟延交付的责任不在乙方。甲方则认为临时停工和不顺延工期是当时乙方答应的。乙方应履行承诺，承担违约责任。

【问题】

1. 该工程采用总价合同形式是否合适？

2. 该施工合同的变更形式是否妥当？此合同争议依据合同法律规范应如何处理？

任务 7.1 建筑工程合同

任务导入

工程项目合同是指在工程项目建设过程中的各个主体之间订立的经济合同。工程项目合同不仅仅是一份合同，而且是由各个不同主体之间的合同组成的合同体系。工程项目合同管理是指依据合同和合同法规定，利用科学先进的方法综合组织工程项目建设，全面履行合同，保证合同目标的实现。

7.1.1 建筑工程合同概述

1. 建筑工程合同的概念

建筑工程合同是指建筑工程项目业主与承包商为完成一定的工程建设任务，而明确双方权利义务的协议，是承包商进行工程建设，业主支付价款的合同。

2. 建筑工程合同的分类

工程建筑是一个极为复杂的系统工程，一个工程建筑的生命周期一般都会经历建筑项目的前期研究、勘察和设计、施工以及项目的运行等阶段，因此建筑工程项目会涉及各种不同种类的合同，这些合同共同构成了建筑工程的合同体系。根据不同分类标准，建设工程合同可以划分为不同的类型。

（1）按签约各方的关系分类。

①工程总承包合同：指业主与承包商之间签订的合同，包括项目建筑全过程，如勘察、设计、施工等。

②工程分包合同：指总承包商将中标工程的部分内容分给分包商，为此总承包商与分包商之间签订的分包合同。

③劳务分包合同：通常称劳务分包合同为包工不包料合同，或称清包合同，常出现在土木工程的劳务分包中。分包商在合同实施过程中，不承担材料涨价风险。

④联合承包合同：指两个或两个以上的合作承包单位，以一个承包人的名义，为共同承担某一工程的全部建筑任务而与发包方签订的承包合同。

（2）按计价方式分类。

①总价合同：分为固定总价合同、可调总价合同和固定工程量总价合同。固定总价合同又称总包干合同、一揽子承包合同。可调总价合同是在固定总价合同基础上，增加合同履行过程中因市场价格浮动等因素对承包价格调整的条款。

②单价合同：是指承包商按工程量报价单内分项工作内容填报单价，以实际完成工程量乘以所报单价确定结算价款的合同。单价合同也可以分为固定单价合同和可调单价合同。

③成本加酬金合同：也称为成本补偿合同，这是与固定总价合同正好相反的合同，工程施工的最终合同价格将按照工程的实际成本再加上一定的酬金进行计算。在合同签订时，工程实际成本往往不能确定，只能确定酬金的取值比例或者计算原则。

成本加酬金合同又可分为成本加固定酬金合同、成本加浮动酬金合同和成本加固定百分比酬金合同。

(3)按完成承包的内容分类。

①勘察、设计合同。

②施工承包合同。

③材料、设备供货合同。

④建设监理合同。

3. 合同在建筑工程项目中的基本作用

(1)合同分配了工程任务。

(2)合同确定了项目的组织关系。

(3)合同是建筑工程项目任务委托和承接的法律依据，是双方的最高行为准则。

(4)合同将建筑工程项目涉及各方联系起来，协调并统一工程各参加者的行为。

(5)合同是工程建设过程中双方争执解决的依据。

7.1.2 工程施工合同范本与法律效力

1. 投资体制改革后形成的两套合同范本

经过几年发展，目前已形成双轨制的合同文本体系。政府投资的基础设施领域的合同范本由国家发改委牵头制定；非政府投资的房屋建筑领域的合同范本由住房城乡建设部牵头制定。

国家发改委牵头制定的合同文本包括：

(1)《标准施工招标资格预审文件》和《标准施工招标文件》(国家发改委牵头，九部委联合制定，2007年11月1日发布，2008年5月1日实施)。

(2)《简明标准施工招标文件》(国家发改委牵头，九部委联合制定，2011年12月20日发布，2012年5月1日实施)。

(3)《标准设计施工总承包招标文件》(国家发改委牵头，九部委联合制定，2011年12月20日发布，2012年5月1日实施)。

住房和城乡建设部牵头制定的合同文本包括：

(1)《建设工程施工合同示范文本》(以下简称《示范文本》)(住房和城乡建设部、国家工商总局制定，先后有1991版、1999版、2013版、2017版)。

(2)《房屋建筑和市政工程标准施工招标资格预审文件》和《房屋建筑和市政工程标准施工招标文件》(住房和城乡建设部制定，2010年6月9日发布，发布之日实施)。

(3)《建设项目工程总承包合同示范文本(试行)》(住房和城乡建设部、国家工商总局制定，2011年9月7日发布，2011年11月1日试行)。

2. 两套合同文本的法律效力

国家发改委文本具有强制性，必须使用。招标人编制的施工招标资格预审文件、施工招标文件，应不加修改地引用《标准施工招标资格预审文件》中的"申请人须知""资格审查办法"，以及《标准施工招标文件》中的"投标人须知""评标办法""通用合同条款"。"专用合同条款"可对《标准施工招标文件》中的"通用合同条款"进行补充、细化，除"通用合同条款"明确"专用合同条款"可作出不同约定外，补充和细化的内容不得与"通用合同条款"强制性规定相抵触，否则抵触内容无效。

住房和城乡建设部文本为非强制性文本。合同当事人可结合建设工程具体情况，根据《示范文本》订立合同，并按照法律法规规定和合同约定承担相应的法律责任及合同权利义务。

基于住房和城乡建设部文本非强制性特征，房屋建筑工程施工总承包可以适用各省、自治区、直辖市建设行政机关制定的文本，也可参考适用国际通用的 FIDIC 合同条款。

7.1.3 建设工程施工合同(示范文本)(GF—2017—0201)

1.《示范文本》适用范围

住房和城乡建设部、国家工商行政管理总局对《建设工程施工合同(示范文本)》(GF—2013—0201)进行了修订，制定了《建设工程施工合同(示范文本)》(GF—2017—0201)(以下简称《示范文本》)。《示范文本》适用于房屋建筑工程、土木工程、线路管道和设备安装工程、装修工程等建设工程的施工承发包活动。合同当事人可结合建设工程具体情况，根据《示范文本》订立合同，并按照法律法规规定和合同约定承担相应的法律责任及合同权利义务。

《建设工程施工合同(示范文本)(GF—2017—0201)》

2.《示范文本》的组成

《示范文本》包括合同协议书、通用条款、专用条款、11 个合同附件。

(1)合同协议书：共计 13 条，包括工程概况、合同工期、质量标准、签约合同价和合同价格形式等重要内容，集中约定了合同当事人基本的合同权利义务。

(2)通用合同条款：共计 20 条，具体条款分别为：一般约定、发包人、承包人、监理人、工程质量、安全文明施工与环境保护、工期和进度、材料与设备、试验与检验、变更、价格调整、合同价格、计量与支付、验收和工程试车、竣工结算、缺陷责任与保修、违约、不可抗力、保险、索赔和争议解决。这些条款是合同当事人就工程建设的实施及相关事项，对合同当事人的权利义务作出的原则性约定。

(3)专用合同条款：对通用合同条款原则性约定的细化、完善、补充、修改或另行约定的条款。如无细化、完善、补充、修改或另行约定，则填写"无"或划"/"。

(4)11 个附件：1 个是协议书附件，10 个是专用合同条款附件。

3. 合同文件构成及优先顺序

组成合同的各项文件应互相解释，互为说明。除专用合同条款另有约定外，解释合同文件的优先顺序如下：

(1)合同协议书。

(2)中标通知书(如果有)。

(3)投标函及其附录(如果有)。

(4)专用合同条款及其附件。

(5)通用合同条款。

(6)技术标准和要求。

(7)图纸。

(8)已标价工程量清单或预算书。

(9)其他合同文件。

上述各项合同文件包括合同当事人就该项合同文件所作出的补充和修改，属于同一类内容的文件，应以最新签署的为准。在合同订立及履行过程中形成的与合同有关的文件均构成合同文件组成部分，并根据其性质确定优先解释顺序。

任务练习

1. 在《建设工程施工合同（示范文本）》（GF—2017—0201），合同价格形式分为（　　）
   A. 总价合同
   B. 单价合同
   C. 成本加酬金合同
   D. 其他价格形式合同

参考答案

2. 《建设工程施工合同（示范文本）》（GF—2017—0201）主要由（　　）三部分组成。
   A. 通用条款
   B. 合同标准条件
   C. 协议书
   D. 补充和修正文件
   E. 专用条款

3. 按照承包工程计价方式分类不包括（　　）。
   A. 总价合同　　　　B. 单价合同　　　　C. 成本加酬金合同　　D. 预算合同

4. 承包人仅提供劳务而不承担供应任何材料的义务，此种承包方式称为（　　）。
   A. 包工不包料　　　B. 统包　　　　　　C. 包工部分包料　　　D. 包工包料

5. 在工程范围没有完全界定或预测风险较大的情况下，业主应用（　　）较为适宜。
   A. 单价合同　　　　B. 总价合同　　　　C. 成本加酬金合同　　D. 目标合同

6. 根据我国《施工合同文本》规定，对于具体工程的一些特殊问题，可通过（　　）约定承发包双方的权利和义务。
   A. 通用条款　　　　B. 专用条款　　　　C. 监理合同　　　　　D. 协议书

7. 《建设工程施工合同（示范文本）》（GF—2017—0201）通用条款规定的优先顺序正确的是（　　）。
   A. 协议书，中标通知书，本合同通用条款，本合同专用条款
   B. 专用合同条款及其附件、通用合同条款、技术标准和要求、图纸
   C. 工程量清单，图纸，标准、规范及有关技术文件；中标通知书
   D. 图纸、标准、规范及有关技术文件，工程量清单，投标书及其附件

任务 7. 2　　建筑工程项目合同管理

任务导入

建筑工程合同是订立合同的当事人在建筑工程项目实施建设过程当中的最高行为准则，是规范双方的经济活动、协调双方工作关系、解决合同纠纷的法律依据。合同管理是建筑工程项目管理的核心。加强工程施工合同管理，规范、完善工程合同，做到管理依法，运作有序，有利于工程的"质量、工期、投资"等目标的顺利实现。

7.2.1 建筑工程项目合同管理概述

1. 建筑工程项目合同管理的概念

建筑工程项目合同管理是指对工程项目施工过程中所发生的或所涉及的一切经济、技术合同的签订、履行、变更、索赔、解除、解决争议、终止与评价的全过程进行的管理工作。

2. 建筑工程项目合同管理的作用

建筑工程项目合同作为约束发包方和承包方权利和义务的依据，合同管理的作用主要体现在以下几个方面：

(1)促使施工合同的双方在相互平等、诚信的基础上依法签订切实可行的合同。

(2)有利于合同双方在合同执行过程中进行相互监督。以确保合同顺利实施。

(3)合同中明确地规定了双方具体的权利与义务，通过合同管理确保合同双方严格执行。

(4)通过合同管理，增强合同双方履行合同的自觉性，调动建设各方的积极性，使合同双方自觉遵守法律规定，共同维护当事人双方的合法权益。

3. 建筑工程项目合同管理的内容

(1)建立健全建筑工程项目合同管理制度，包括合同归口管理制度，考核制度，合同用章管理制度，合同台账、统计及归档制度等。

(2)经常对合同管理人员、项目经理及有关人员进行合同法律知识教育，提高合同业务人员法律意识和专业素质。

(3)在谈判签约阶段，重点是了解对方的信誉，核实其法人资格及其他有关情况和资料；监督双方依照法律程序签订合同，避免出现无效合同、不完善合同，预防合同纠纷发生；组织配合有关部门做好施工项目合同的鉴证、公证工作，并在规定时间内送交合同管理机关等有关部门备案。

(4)合同履约阶段，主要的日常工作是经常检查合同以及有关法规的执行情况，并进行统计分析，如统计合同份数，合同金额、纠纷次数，分析违约原因、变更和索赔情况、合同履约率等，以便及时发现问题、解决问题；做好有关合同履行中的调解、诉讼、仲裁等工作，协调好企业与各方面、各有关单位的经济协作关系。

(5)专人整理保管合同、附件、工程洽商资料、补充协议、变更记录及与业主及其委托的工程师之间的来往函件等文件，随时备查；合同期满，工程竣工结算后，将全部合同文件整理归档。

7.2.2 合同的签订和生效

1. 订立施工合同的条件

(1)初步设计已经批准。

(2)工程项目已经列入年度建设计划。

(3)设计文件和有关的技术资料齐全。

(4)建设资金和主要建筑材料设备来源已落实。

(5)中标通知书已经下达。

2. 合同的认证与生效

合同签订后是否立即生效，须区别两种情况：一种是在法律上对所签订的合同无专门规定，仅凭当事人的意愿，合同签署后立即生效；另一种是有些国家规定合同签订后必须经有关主管部门的签证或经司法部门的公证后合同才具有法律效力，这是国家对合同的监督与保护。

合同有效性的标准：

(1)合同的内容合法。

(2)签约的法人代表人的意愿必须真实而且不超过法定的权限。

(3)符合国家的利益和社会公众的利益。

(4)必要时合同应经过签证和公正。

3. 合同当事人的义务

(1)发包人。

①发包人应遵守法律，并办理法律规定由其办理的许可、批准或备案。发包人应协助承包人办理法律规定的有关施工证件和批件。

②发包人代表在发包人的授权范围内，负责处理合同履行过程中与发包人有关的具体事宜。在施工现场的发包人人员应遵守法律及有关安全、质量、环境保护、文明施工等规定。

③发包人应最迟于开工日期 7 天前向承包人移交施工现场，并负责提供施工所需要的条件，包括：将施工用水、电力、通信线路等施工所必需的条件接至施工现场内；保证向承包人提供正常施工所需要的进入施工现场的交通条件；协调处理施工现场周围地下管线和邻近建筑物、构筑物、古树名木的保护工作，并承担相关费用；按照专用合同条款约定应提供的其他设施和条件。

④发包人应当在移交施工现场前向承包人提供施工现场及工程施工所必需的毗邻区域内供水、排水、供电、供气、供热、通信、广播电视等地下管线资料，气象和水文观测资料，地质勘察资料，相邻建筑物、构筑物和地下工程等有关的基础资料。

⑤发包人应在收到承包人要求提供资金来源证明的书面通知后 28 天内，向承包人提供能够按照合同约定支付合同价款的相应资金来源证明。

⑥发包人要求承包人提供履约担保的，发包人应当向承包人提供支付担保。

⑦发包人应按合同约定向承包人及时支付合同价款。

⑧发包人应按合同约定及时组织竣工验收。

⑨发包人应与承包人、由发包人直接发包的专业工程的承包人签订施工现场统一管理协议，明确各方的权利义务。

(2)承包人。

①办理法律规定应由承包人办理的许可和批准，并将办理结果书面报送发包人留存；

②按法律规定和合同约定完成工程，并在保修期内承担保修义务；

③按法律规定和合同约定采取施工安全和环境保护措施，办理工伤保险，确保工程及人员、材料、设备和设施的安全；

④按合同约定的工作内容和施工进度要求，编制施工组织设计和施工措施计划，并对所有施工作业和施工方法的完备性和安全可靠性负责；

⑤在进行合同约定的各项工作时，不得侵害发包人与他人使用公用道路、水源、市政管网等公共设施的权利，避免对邻近的公共设施产生干扰。承包人占用或使用他人的施工场地，影响他人作业或生活的，应承担相应责任；

⑥负责施工场地及其周边环境与生态的保护工作；

⑦采取施工安全措施，确保工程及其人员、材料、设备和设施的安全，防止因工程施

工造成的人身伤害和财产损失；

⑧将发包人按合同约定支付的各项价款专用于合同工程，且应及时支付其雇用人员工资，并及时向分包人支付合同价款；

⑨按照法律规定和合同约定编制竣工资料，完成竣工资料立卷及归档，并按专用合同条款约定的竣工资料的套数、内容、时间等要求移交发包人；

⑩应履行的其他义务。

7.2.3 施工准备阶段的合同管理

1. 施工图纸管理

(1)图纸的提供和交底。发包人应按照专用合同条款约定的期限、数量和内容向承包人免费提供图纸，并组织承包人、监理人和设计人进行图纸会审和设计交底。发包人最迟不得晚于开工通知条款载明的开工日期前14天向承包人提供图纸。

(2)图纸的修改和补充。需要修改和补充的，应经图纸原设计人及审批部门同意，并由监理人在工程或工程相应部位施工前将修改后的图纸或补充图纸提交给承包人，承包人应按修改或补充后的图纸施工。

(3)图纸和承包人文件的保管。承包人应在施工现场另外保存一套完整的图纸和承包人文件，供发包人、监理人及有关人员进行工程检查时使用。

2. 施工进度计划管理

施工进度计划的编制应当符合国家法律规定和一般工程实践惯例，施工进度计划经发包人批准后实施。施工进度计划是控制工程进度的依据，发包人和监理人有权按照施工进度计划检查工程进度情况。

承包人应在合同签订后14天内，但最迟不得晚于开工通知载明的开工日期前7天，向监理人提交详细的施工组织设计，并由监理人报送发包人。发包人和监理人应在监理人收到施工组织设计后7天内确认或提出修改意见。对发包人和监理人提出的合理意见和要求，承包人应自费修改完善。

3. 开工准备

承包人应按照施工组织设计约定的期限，向监理人提交工程开工报审表，经监理人报发包人批准后执行。开工报审表应详细说明按施工进度计划正常施工所需的施工道路、临时设施、材料、工程设备、施工设备、施工人员等落实情况以及工程的进度安排。合同当事人应按约定完成开工准备工作。

4. 开工通知

发包人应按照法律规定获得工程施工所需的许可。经发包人同意后，监理人发出的开工通知应符合法律规定。监理人应在计划开工日期7天前向承包人发出开工通知，工期自开工通知中载明的开工日期起算。因发包人原因造成监理人未能在计划开工日期之日起90天内发出开工通知的，承包人有权提出价格调整要求，或者解除合同。发包人应当承担由此增加的费用和(或)延误的工期，并向承包人支付合理利润。

5. 测量放线

发包人应在最迟不得晚于开工通知载明的开工日期前7天通过监理人向承包人提供测量基准点、基准线和水准点及其书面资料。发包人应对其提供的测量基准点、基准线和水准点及其书面资料的真实性、准确性和完整性负责。承包人发现发包人提供的测量基准点、基准线和水准点及其书面资料存在错误或疏漏的，应及时通知监理人。监理人应及时报告发包人，并会同发包人和承包人予以核实。发包人应就如何处理和是否继续施工作出决定，并通知监理人和承包人。

承包人负责施工过程中的全部施工测量放线工作，并配置具有相应资质的人员、合格的仪器、设备和其他物品。承包人应矫正工程的位置、标高、尺寸或准线中出现的任何差错，并对工程各部分的定位负责。施工过程中对施工现场内水准点等测量标志物的保护工作由承包人负责。

6. 材料与设备的采购与进场

(1)材料采购。发包人自行供应材料、工程设备的，应对其质量负责。承包人应提前30天通过监理人以书面形式通知发包人供应材料与工程设备进场。承包人修订施工进度计划时，需同时提交经修订后的发包人供应材料与工程设备的进场计划。承包人负责采购材料、工程设备的，应按照设计和有关标准要求采购，并提供产品合格证明及出厂证明，对材料、工程设备质量负责。合同约定由承包人采购的材料、工程设备，发包人不得指定生产厂家或供应商，发包人违反本款约定指定生产厂家或供应商的，承包人有权拒绝，并由发包人承担相应责任。

(2)材料与工程设备的接收与拒收。发包人供应材料与工程设备应提前24小时以书面形式通知承包人、监理人材料和工程设备到货时间，承包人负责材料和工程设备的清点、检验和接收。承包人采购的材料和工程设备，应保证产品质量合格，承包人应在材料和工程设备到货前24小时通知监理人检验。承包人进行永久设备、材料的制造和生产的，应符合相关质量标准，并向监理人提交材料的样本以及有关资料，并应在使用该材料或工程设备之前获得监理人同意。

承包人采购的材料和工程设备不符合设计或有关标准要求时，承包人应在监理人要求的合理期限内将不符合设计或有关标准要求的材料、工程设备运出施工现场，并重新采购符合要求的材料、工程设备，由此增加的费用和(或)延误的工期，由承包人承担。

7. 施工设备和临时设施

承包人应按合同进度计划的要求，及时配置施工设备和修建临时设施。进入施工场地的承包人设备需经监理人核查后才能投入使用。承包人更换合同约定的承包人设备的，应报监理人批准。承包人应自行承担修建临时设施的费用，需要临时占地的，应由发包人办理申请手续并承担相应费用。

8. 工程预付款管理

(1)预付款的支付。预付款的支付按照专用合同条款约定执行，但最迟应在开工通知载明的开工日期7天前支付。发包人逾期支付预付款超过7天的，承包人有权向发包人发出要求预付的催告通知，发包人收到通知后7天内仍未支付的，承包人有权暂停施工，并按发包人违约的条款执行。预付款在进度付款中同比例扣回。在颁发工程接收证书前，提前解除合同的，尚未扣完的预付款应与合同价款一并结算。

(2)预付款担保。发包人要求承包人提供预付款担保的，承包人应在发包人支付预付款7天前提供预付款担保。预付款担保可采用银行保函、担保公司担保等形式，具体由合同当事人在专用合同条款中约定。在预付款完全扣回之前，承包人应保证预付款担保持续有效。

发包人在工程款中逐期扣回预付款后，预付款担保额度应相应减少，但剩余的预付款担保金额不得低于未被扣回的预付款金额。

7.2.4 施工阶段的合同管理

1. 材料与设备保管使用

发包人供应的材料和工程设备，承包人清点后由承包人妥善保管，保管费用由发包人承担，但已标价工程量清单或预算书已经列支或专用合同条款另有约定的除外。因承包人原因发生丢失毁损的，由承包人负责赔偿；监理人未通知承包人清点的，承包人不负责材料和工程设备的保管，由此导致丢失毁损的由发包人负责。发包人供应的材料和工程设备使用前，由承包人负责检验，检验费用由发包人承担，不合格的不得使用。

承包人采购的材料和工程设备由承包人妥善保管，保管费用由承包人承担。法律规定材料和工程设备使用前必须进行检验或试验的，承包人应按监理人的要求进行检验或试验，检验或试验费用由承包人承担，不合格的不得使用。发包人或监理人发现承包人使用不符合设计或有关标准要求的材料和工程设备时，有权要求承包人进行修复、拆除或重新采购，由此增加的费用和(或)延误的工期，由承包人承担。

2. 质量保证与管理

(1)发包人应按照法律规定及合同约定完成与工程质量有关的各项工作。

(2)承包人按照施工组织设计条款的约定向发包人和监理人提交工程质量保证体系及措施文件，建立完善的质量检查制度，并提交相应的工程质量文件。对于发包人和监理人违反法律规定和合同约定的错误指示，承包人有权拒绝实施。

(3)承包人应对施工人员进行质量教育和技术培训，定期考核施工人员的劳动技能，严格执行施工规范和操作规程。

(4)承包人应按照法律规定和发包人的要求，对材料、工程设备以及工程的所有部位及其施工工艺进行全过程的质量检查和检验，并作详细记录，编制工程质量报表，报送监理人审查。另外，承包人还应按照法律规定和发包人的要求，进行施工现场取样试验、工程复核测量和设备性能检测，提供试验样品、提交试验报告和测量成果以及其他工作。

(5)监理工程师应在施工过程中应采用巡视、旁站、平行检验等方式监督检查承包人的施工工艺和产品质量，对建筑产品的生产过程进行严格控制。

3. 隐蔽工程与重新检验

(1)检验程序。

①承包人自检。承包人应当对工程隐蔽部位进行自检，并经自检确认是否具备覆盖条件。工程隐蔽部位经承包人自检确认具备覆盖条件的，承包人应在共同检查前48小时书面通知监理人检查，通知中应载明隐蔽检查的内容、时间和地点，并应附有自检记录和必要的检查资料。

②监理检验。工程师接到承包人的请求验收通知后，监理人应按时到场并对隐蔽工程及其施工工艺、材料和工程设备进行检查。经监理人检查确认质量符合隐蔽要求，并在验收记录上签字后，承包人才能进行覆盖。经监理人检查质量不合格的，承包人应在监理人指示的时间内完成修复，并由监理人重新检查，由此增加的费用和(或)延误的工期由承包人承担。

监理人不能按时进行检查的，应在检查前24小时向承包人提交书面延期要求，但延期不能超过48小时，由此导致工期延误的，工期应予以顺延。监理人未按时进行检查，也未提出延期要求的，视为隐蔽工程检查合格，承包人可自行完成覆盖工作，并作相应记录报送监理人，监理人应签字确认。监理人事后对检查记录有疑问的，可按重新检查的条款约定重新检查。

（2）重新检查。承包人覆盖工程隐蔽部位后，发包人或监理人对质量有疑问的，可要求承包人对已覆盖的部位进行钻孔探测或揭开重新检查，承包人应遵照执行，并在检查后重新覆盖恢复原状。经检查证明工程质量符合合同要求的，由发包人承担由此增加的费用和(或)延误的工期，并支付承包人合理的利润；经检查证明工程质量不符合合同要求的，由此增加的费用和(或)延误的工期由承包人承担。

（3）承包人私自覆盖。承包人未通知监理人到场检查，私自将工程隐蔽部位覆盖的，监理人有权指示承包人钻孔探测或揭开检查，无论工程隐蔽部位质量是否合格，由此增加的费用和(或)延误的工期均由承包人承担。

4. 施工进度管理

（1）施工进度计划的修订。施工进度计划不符合合同要求或与工程的实际进度不一致的，承包人应向监理人提交修订的施工进度计划，并附具有关措施和相关资料，由监理人报送发包人。除专用合同条款另有约定外，发包人和监理人应在收到修订的施工进度计划后7天内完成审核和批准或提出修改意见。发包人和监理人对承包人提交的施工进度计划的确认，不能减轻或免除承包人根据法律规定和合同约定应承担的任何责任或义务。

（2）暂停施工。需要暂停施工的情况主要有：发包人要求暂停施工、承包人未经批准擅自施工或拒绝项目监理机构、承包人未按审查通过的工程设计文件施工、承包人违反工程建设强制性标准、施工存在重大质量、安全事故隐患或发生质量事故。

引起暂停施工的主要原因有发包人原因、承包人原因、行政监管、不可抗力4个方面。

①暂停施工管理。

a. 因发包人原因引起暂停施工的，监理人经发包人同意后，应及时下达暂停施工指示。情况紧急且监理人未及时下达暂停施工指示的，按照紧急情况下的暂停施工的条款执行。因发包人原因引起的暂停施工，发包人应承担由此增加的费用和(或)延误的工期，并支付承包人合理的利润。

b. 因承包人原因引起暂停施工的，承包人应承担由此增加的费用和(或)延误的工期，且承包人在收到监理人复工指示后84天内仍未复工的，视为承包人违约，发包人有权解除合同。

c. 监理人认为有必要时，并经发包人批准后，可向承包人作出暂停施工的指示，承包人应按监理人指示暂停施工。

d. 因紧急情况需暂停施工，且监理人未及时下达暂停施工指示的，承包人可先暂停施工，并及时通知监理人。监理人应在接到通知后24小时内发出指示，逾期未发出指示，视为同意承包人暂停施工。监理人不同意承包人暂停施工的，应说明理由，承包人对监理人的答复有异议，按照争议解决条款的约定处理。

e. 暂停施工期间，承包人应负责妥善照管工程并提供安全保障，由此增加的费用由责任方承担。暂停施工期间，发包人和承包人均应采取必要的措施确保工程质量及安全，防止因暂停施工扩大损失。

②暂停施工后的复工。当工程具备复工条件时，监理人应经发包人批准后向承包人发出复工通知，承包人应按照复工通知要求复工。承包人无故拖延和拒绝复工的，承包人承担由此增加的费用和(或)延误的工期；因发包人原因无法按时复工的，按照因发包人原因导致工期延误条款的约定办理。

(3)工期延误。在合同履行过程中，因下列情况导致工期延误和(或)费用增加的，由发包人承担由此延误的工期和(或)增加的费用，且发包人应支付承包人合理的利润：

①发包人未能按合同约定提供图纸或所提供图纸不符合合同约定的。

②发包人未能按合同约定提供施工现场、施工条件、基础资料、许可、批准等开工条件的。

③发包人提供的测量基准点、基准线和水准点及其书面资料存在错误或疏漏的。

④发包人未能在计划开工日期之日起7天内同意下达开工通知的。

⑤发包人未能按合同约定日期支付工程预付款、进度款或竣工结算款的。

⑥监理人未按合同约定发出指示、批准等文件的。

⑦专用合同条款中约定的其他情形。

因发包人原因未按计划开工日期开工的，发包人应按实际开工日期顺延竣工日期，并由承包人修订施工进度计划，确保实际工期不低于合同约定的工期总日历天数。

因承包人原因造成工期延误的，可以在专用合同条款中约定逾期竣工违约金的计算方法和逾期竣工违约金的上限。承包人支付逾期竣工违约金后，不免除承包人继续完成工程及修补缺陷的义务。

5. 变更管理

发包人和监理人均可以提出变更。变更指示均通过监理人发出，监理人发出变更指示前应征得发包人同意。承包人收到经发包人签认的变更指示后，方可实施变更。未经许可，承包人不得擅自对工程的任何部分进行变更。涉及设计变更的，应由设计人提供变更后的图纸和说明。如变更超过原设计标准或批准的建设规模时，发包人应及时办理规划、设计变更等审批手续。

6. 计量与支付管理

由于签订合同时在工程量清单内开列的工程量是估计工程量，实际施工可能与其有差异，因此，发包人支付工程进度款前应对承包人完成的实际工程量予以确认或核实，按照承包人实际完成永久工程的工程量进行支付。

(1)计量原则与周期。工程量计量按照合同约定的工程量计算规则、图纸及变更指示等进行计量。工程量计算规则应以相关的国家标准、行业标准等为依据。除专用合同条款另有约定外，工程量的计量按月进行。付款周期与计量周期一致。

(2)进度付款申请单的编制。进度付款申请单应包括下列内容：

①截至本次付款周期已完成工作对应的金额。

②根据变更条款应增加和扣减的变更金额。

③根据预付款约定应支付的预付款和扣减的返还预付款。

④根据质量保证金约定应扣减的质量保证金。

⑤根据索赔应增加和扣减的索赔金额。

⑥对已签发的进度款支付证书中出现错误的修正，应在本次进度付款中支付或扣除的金额。

⑦根据合同约定应增加和扣减的其他金额。

(3)进度款支付管理。

①监理人应在收到承包人进度付款申请单以及相关资料后7天内完成审查并报送发包人，发包人应在收到后7天内完成审批并签发进度款支付证书。发包人逾期未完成审批且未提出异议的，视为已签发进度款支付证书。

发包人和监理人对承包人的进度付款申请单有异议的，有权要求承包人修正和提供补充资料，承包人应提交修正后的进度付款申请单。监理人应在收到承包人修正后的进度付款申请单及相关资料后7天内完成审查并报送发包人，发包人应在收到监理人报送的进度付款申请单及相关资料后7天内，向承包人签发无异议部分的临时进度款支付证书。存在争议的部分，按照争议解决条款的约定处理。

②发包人应在进度款支付证书或临时进度款支付证书签发后14天内完成支付，发包人逾期支付进度款的，应按照中国人民银行发布的同期同类贷款基准利率支付违约金。

③发包人签发进度款支付证书或临时进度款支付证书，不表明发包人已同意、批准或接受了承包人完成的相应部分的工作。

7. 材料、工程设备和工程的试验和检验

(1)承包人应按合同约定进行材料、工程设备和工程的试验和检验，并为监理人对上述材料、工程设备和工程的质量检查提供必要的试验资料和原始记录。按合同约定应由监理人与承包人共同进行试验和检验的，由承包人负责提供必要的试验资料和原始记录。

(2)试验属于自检性质的，承包人可以单独进行试验。试验属于监理人抽检性质的，监理人可以单独进行试验，也可由承包人与监理人共同进行。承包人对由监理人单独进行的试验结果有异议的，可以申请重新共同进行试验。约定共同进行试验的，监理人未按照约定参加试验的，承包人可自行试验，并将试验结果报送监理人，监理人应承认该试验结果。

(3)监理人对承包人的试验和检验结果有异议的，或为查清承包人试验和检验成果的可靠性要求承包人重新试验和检验的，可由监理人与承包人共同进行。重新试验和检验的结果证明该项材料、工程设备或工程的质量不符合合同要求的，由此增加的费用和(或)延误的工期由承包人承担；重新试验和检验结果证明该项材料、工程设备和工程的质量符合合同要求的，由此增加的费用和(或)延误的工期由发包人承担。

(4)承包人应按合同约定或监理人指示进行现场工艺试验。对大型的现场工艺试验，监理人认为必要时，承包人应根据监理人提出的工艺试验要求，编制工艺试验措施计划，报送监理人审查。

8. 价格调整

(1)市场价格波动引起的调整。市场价格波动引起的价格调整，前提是合同约定了固定价的风险范围，超出风险范围的，启动调价程序。价格如何调整，根据合同约定。合同当事人可以在专用合同条款中约定选择以下一种方式对合同价格进行调整：

①采用价格指数进行价格调整。

②采用造价信息进行价格调整。

③专用合同条款约定的其他方式。

(2)法律变化引起的调整。基准日期后，法律变化导致承包人在合同履行过程中所需要的费用发生除市场价格波动引起的调整条款约定以外的增加时，由发包人承担由此增加的费用；减少时，应从合同价格中予以扣减。

①因法律变化引起的合同价格和工期调整，合同当事人无法达成一致的，由总监理工程师按商定或确定条款的约定处理。

②因承包人原因造成工期延误，在工期延误期间出现法律变化的，由此增加的费用和（或）延误的工期由承包人承担。

7.2.5 竣工阶段的合同管理

1. 工程试车

(1)试车程序。工程需要试车的，试车内容应与承包人承包范围相一致，试车费用由承包人承担。工程试车应按如下程序进行：

①单机无负荷试车。具备单机无负荷试车条件，承包人组织试车，并在试车前48小时书面通知监理人，通知中应载明试车内容、时间、地点。承包人准备试车记录，发包人根据承包人要求为试车提供必要条件。试车合格的，监理人在试车记录上签字。监理人在试车合格后不在试车记录上签字，自试车结束满24小时后视为监理人已经认可试车记录，承包人可继续施工或办理竣工验收手续。

监理人不能按时参加试车，应在试车前24小时以书面形式向承包人提出延期要求，但延期不能超过48小时，由此导致工期延误的，工期应予以顺延。监理人未能在前述期限内提出延期要求，又不参加试车的，视为认可试车记录。

②无负荷联动试车。具备无负荷联动试车条件，发包人组织试车，并在试车前48小时以书面形式通知承包人。通知中应载明试车内容、时间、地点和对承包人的要求，承包人按要求做好准备工作。试车合格，合同当事人在试车记录上签字。承包人无正当理由不参加试车的，视为认可试车记录。

(2)试车中的责任。因设计原因导致试车达不到验收要求，发包人应要求设计人修改设计，承包人按修改后的设计重新安装。发包人承担修改设计、拆除及重新安装的全部费用，工期相应顺延。因承包人原因导致试车达不到验收要求，承包人按监理人要求重新安装和试车，并承担重新安装和试车的费用，工期不予顺延。因工程设备制造原因导致试车达不到验收要求的，由采购该工程设备的合同当事人负责重新购置或修理，承包人负责拆除和重新安装，由此增加的修理、重新购置、拆除及重新安装的费用及延误的工期由采购该工程设备的合同当事人承担。

(3)投料试车。如需进行投料试车的，发包人应在工程竣工验收后组织投料试车。发包人要求在工程竣工验收前进行或需要承包人配合时，应征得承包人同意，并在专用合同条款中约定有关事项。

投料试车合格的，费用由发包人承担；因承包人原因造成投料试车不合格的，承包人应按照发包人要求进行整改，由此产生的整改费用由承包人承担；非因承包人原因导致投料试车不合格的，如发包人要求承包人进行整改的，由此产生的费用由发包人承担。

2. 竣工验收

工程验收是合同履行中的一个重要工作阶段，工程未经竣工验收或竣工验收未通过的，发包人不得使用。发包人强行使用时，由此发生的质量问题及其他问题，由发包人承担责任。竣工验收分为分项工程竣工验收和整体工程竣工验收两大类，视施工合同约定的工作范围而定。

(1)竣工验收条件。工程具备以下条件的,承包人可以申请竣工验收:

①除发包人同意的甩项工作和缺陷修补工作外,合同范围内的全部工程以及有关工作,包括合同要求的试验、试运行以及检验均已完成,并符合合同要求;

②已按合同约定编制了甩项工作和缺陷修补工作清单以及相应的施工计划;

③已按合同约定的内容和份数备齐竣工资料。

(2)竣工验收程序。

①承包人向监理人报送竣工验收申请报告,监理人应在收到竣工验收申请报告后14天内完成审查并报送发包人。监理人审查后认为尚不具备验收条件的,应通知承包人在竣工验收前承包人还需完成的工作内容,承包人应在完成监理人通知的全部工作内容后,再次提交竣工验收申请报告。

②监理人审查后认为已具备竣工验收条件的,应将竣工验收申请报告提交发包人,发包人应在收到经监理人审核的竣工验收申请报告后28天内审批完毕并组织监理人、承包人、设计人等相关单位完成竣工验收。

③竣工验收合格的,发包人应在验收合格后14天内向承包人签发工程接收证书。发包人无正当理由逾期不颁发工程接收证书的,自验收合格后第15天起视为已颁发工程接收证书。

④竣工验收不合格的,监理人应按照验收意见发出指示,要求承包人对不合格工程返工、修复或采取其他补救措施,由此增加的费用和(或)延误的工期由承包人承担。承包人在完成不合格工程的返工、修复或采取其他补救措施后,应重新提交竣工验收申请报告,并按本项约定的程序重新进行验收。

⑤工程未经验收或验收不合格,发包人擅自使用的,应在转移占有工程后7天内向承包人颁发工程接收证书;发包人无正当理由逾期不颁发工程接收证书的,自转移占有后第15天起视为已颁发工程接收证书。

(3)移交、接收全部与部分工程。合同当事人应当在颁发工程接收证书后7天内完成工程的移交。发包人无正当理由不接收工程的,发包人自应当接收工程之日起,承担工程照管、成品保护、保管等与工程有关的各项费用。承包人无正当理由不移交工程的,承包人应承担工程照管、成品保护、保管等与工程有关的各项费用,合同当事人可以在专用合同条款中另行约定承包人无正当理由不移交工程的违约责任。

3. 缺陷责任与保修

(1)工程保修原则。在工程移交发包人后,因承包人原因产生的质量缺陷,承包人应承担质量缺陷责任和保修义务。缺陷责任期届满,承包人仍应按合同约定的工程各部位保修年限承担保修义务。

(2)缺陷责任期。缺陷责任期从工程通过竣工验收之日起计算,合同当事人应在专用合同条款约定缺陷责任期的具体期限,但该期限最长不超过24个月。

单位工程先于全部工程进行验收,经验收合格并交付使用的,该单位工程缺陷责任期自单位工程验收合格之日起算。因承包人原因导致工程无法按合同约定期限进行竣工验收的,缺陷责任期从实际通过竣工验收之日起计算。因发包人原因导致工程无法按合同约定期限进行竣工验收的,在承包人提交竣工验收报告90天后,工程自动进入缺陷责任期;发包人未经竣工验收擅自使用工程的,缺陷责任期自工程转移占有之日起开始计算。

缺陷责任期内,由承包人原因造成的缺陷,承包人应负责维修,并承担鉴定及维修费用。如承包人不维修也不承担费用，发包人可按合同约定从保证金或银行保函中扣除，费用超出保证金额的，发包人可按合同约定向承包人进行索赔。承包人维修并承担相应费用后，不免除对工程的损失赔偿责任。发包人有权要求承包人延长缺陷责任期，并应在原缺陷责任期届满前发出延长通知。但缺陷责任期（含延长部分）最长不能超过24个月。

由他人原因造成的缺陷，发包人负责组织维修，承包人不承担费用，且发包人不得从保证金中扣除费用。

（3）质量保证金。经合同当事人协商一致扣留质量保证金的，应在专用合同条款中予以明确。在工程项目竣工前，承包人已经提供履约担保的，发包人不得同时预留工程质量保证金。

质量保证金的扣留有以下三种方式：

①在支付工程进度款时逐次扣留，在此情形下，质量保证金的计算基数不包括预付款的支付、扣回以及价格调整的金额。

②工程竣工结算时一次性扣留质量保证金。

③双方约定的其他扣留方式。

除专用合同条款另有约定外，质量保证金的扣留原则上采用上述第①种方式。

发包人累计扣留的质量保证金不得超过工程价款结算总额的3%。如承包人在发包人签发竣工付款证书后28天内提交质量保证金保函，发包人应同时退还扣留的作为质量保证金的工程价款；保函金额不得超过工程价款结算总额的3%。

发包人在退还质量保证金的同时按照中国人民银行发布的同期同类贷款基准利率支付利息。

发包人在接到承包人返还保证金申请后，应于14天内会同承包人按照合同约定的内容进行核实。如无异议，发包人应当按照约定将保证金返还给承包人。对返还期限没有约定或者约定不明确的，发包人应当在核实后14天内将保证金返还承包人，逾期未返还的，依法承担违约责任。发包人在接到承包人返还保证金申请后14天内不予答复，经催告后14天内仍不予答复，视同认可承包人的返还保证金申请。

4. 竣工结算

（1）竣工结算申请。承包人应在工程竣工验收合格后28天内向发包人和监理人提交竣工结算申请单，并提交完整的结算资料，有关竣工结算申请单的资料清单和份数等要求由合同当事人在专用合同条款中约定。

竣工结算申请单应包括以下内容：

①竣工结算合同价格。

②发包人已支付承包人的款项。

③应扣留的质量保证金。已缴纳履约保证金的或提供其他工程质量担保方式的除外。

④发包人应支付承包人的合同价款。

（2）竣工结算审核。

①监理人应在收到竣工结算申请单后14天内完成核查并报送发包人。发包人应在收到监理人提交的经审核的竣工结算申请单后14天内完成审批，并由监理人向承包人签发经发包人签认的竣工付款证书。监理人或发包人对竣工结算申请单有异议的，有权要求承包人进行修正和提供补充资料，承包人应提交修正后的竣工结算申请单。

发包人在收到承包人提交竣工结算申请书后28天内未完成审批且未提出异议的，视为发包人认可承包人提交的竣工结算申请单，并自发包人收到承包人提交的竣工结算申请单后第 29 天起视为已签发竣工付款证书。

②发包人应在签发竣工付款证书后的 14 天内，完成对承包人的竣工付款。发包人逾期支付的，按照中国人民银行发布的同期同类贷款基准利率支付违约金；逾期支付超过 56 天的，按照中国人民银行发布的同期同类贷款基准利率的两倍支付违约金。

③承包人对发包人签认的竣工付款证书有异议的，对于有异议部分应在收到发包人签认的竣工付款证书后 7 天内提出异议，并由合同当事人按照专用合同条款约定的方式和程序进行复核，或按争议解决约定处理。对于无异议部分，发包人应签发临时竣工付款证书，并完成付款。承包人逾期未提出异议的，视为认可发包人的审批结果。

（3）最终结清。

①最终结清申请单。承包人应在缺陷责任期终止证书颁发后 7 天内，按专用合同条款约定的份数向发包人提交最终结清申请单，并提供相关证明材料。最终结清申请单应列明质量保证金、应扣除的质量保证金、缺陷责任期内发生的增减费用。发包人对最终结清申请单内容有异议的，有权要求承包人进行修正和提供补充资料，承包人应向发包人提交修正后的最终结清申请单。

②最终结清证书和支付。发包人应在收到承包人提交的最终结清申请单后 14 天内完成审批并向承包人颁发最终结清证书。发包人逾期未完成审批，又未提出修改意见的，视为发包人同意承包人提交的最终结清申请单，且自发包人收到承包人提交的最终结清申请单后 15 天起视为已颁发最终结清证书。发包人应在颁发最终结清证书后 7 天内完成支付。发包人逾期支付的，按照中国人民银行发布的同期同类贷款基准利率支付违约金；逾期支付超过 56 天的，按照中国人民银行发布的同期同类贷款基准利率的两倍支付违约金。承包人对发包人颁发的最终结清证书有异议的，按争议解决的约定办理。

7.2.6　合同管理总结

企业应对项目的合同管理评价，总结合同订立和执行过程中的经验和教训，编写合同总结报告。合同总结报告应包含以下内容：

（1）合同订立情况评价。

（2）合同履行情况评价。

（3）合同管理工作评价。

（4）对本项目还有重大影响的合同条款评价。

（5）其他经验和教训。

任务练习

1. 除专用合同条款另有约定外，发包人应最迟于开工日期（　　）前向承包人移交施工现场
   A. 7 天　　　　　B. 14 天　　　　　C. 48 小时　　　　D. 24 小时
2. 根据《建设工程施工合同（示范文本）》（GF—2017—0201），工程缺陷责任期自（　　）起计算。
   A. 合同签订日期　　　　　　　B. 竣工验收合格之日
   C. 实际竣工日期　　　　　　　D. 颁发工程验收证书之日

参考答案

3. 构成施工合同示范文本的组成部分，包括( )。

    A. 协议书　　　　　B. 招标文件　　　　　C. 通用条款　　　　　D. 专用条款

    E. 招标说明

4. 监理人在施工过程中应采用( )等方式监督检查承包人的施工工艺和产品质量。

    A. 巡视　　　　　B. 平行检查　　　　　C. 自检　　　　　D. 旁站

5. 订立施工合同的条件包括( )

    A. 初步设计已经批准

    B. 工程项目已经列入年度建设计划

    C. 设计文件和有关的技术资料齐全

    D. 建设资金和主要建筑材料设备来源已落实

    E. 中标通知书已经下达

6. 下列选项中，( )是承包方的工作。

    A. 办理施工临时用地批件

    B. 组织设计图纸会审

    C. 向甲方代表提供在施工现场生活的房屋及设施

    D. 提供施工现场的工程地质资料

7. 施工合同示范文本规定，设备安装工程具备单机无负荷试车条件时，应由( )组织试车。

    A. 建设单位　　　　　B. 监理单位　　　　　C. 施工单位　　　　　D. 设备供应单位

8. 施工合同示范文本规定，( )应由承包方承担。

    A. 承包方在地下管道附近施工的防护措施费用

    B. 承包方由于安全措施不力造成事故而发生的费用

    C. 在有毒有害环境中施工的防护措施引起的经济支出

    D. 第三方责任造成伤亡事故发生的费用

9. 下列关于工程进度管理的论述正确的是( )。

    A. 承发包双方在协议书中约定的工期是指开工日期、竣工日期和总工作天数

    B. 工程竣工通过验收后，实际竣工的日期为工程移交的日期

    C. 由于非承包人的原因造成的实际进度与计划进度不符时，其后果由发包人承担责任

    D. 承包人完成施工任务后的28天内，由工程师提出竣工验收报告

10. 承包人按照合同完成施工任务，通过工程竣工验收，实际竣工日期应为( )。

    A. 合同约定的竣工日期　　　　　B. 承包人送交竣工验收报告的日期

    C. 发包人在竣工验收报告的签收日期　D. 工程移交的日期

任务 7.3　建筑工程项目合同变更与索赔管理

任务导入

由于工程建设的周期长、涉及的经济关系和法律关系复杂、受自然条件和客观因素的影响大，导致项目的实际情况与项目招标投标时的情况相比会发生一些变化。建设项目中

的工程变更与索赔几乎是不可避免的，变更与索赔管理是风险管理的重要内容。变更索赔不仅是建筑工程合同管理的重要环节，更是挽回成本损失的重要手段，也是施工中获取效益的主要途径之一。

7.3.1 工程变更

1. 工程变更的范围

工程变更指的是施工过程中出现了与签订合同时的预计条件不一致的情况，而需要改变原定施工承包范围内的某些工作内容。

合同履行过程中发生以下情形的，应按照本条约定进行变更：

(1)增加或减少合同中任何工作，或追加额外的工作。

(2)取消合同中任何工作，但转由他人实施的工作除外。

(3)改变合同中任何工作的质量标准或其他特性。

(4)改变工程的基线、标高、位置和尺寸。

(5)改变工程的时间安排或实施顺序。

发包人可以取消任何工作，但不得转由他人实施。这属于违约行为，且涉嫌肢解分包。

2. 变更程序

变更指示可以由发包人、监理人、承包人等发起，然后由工程师确认，并签发工程变更指令。

(1)发包人提出变更。发包人提出变更的，应通过监理人向承包人发出变更指示，变更指示应说明计划变更的工程范围和变更的内容。

承包人应在收到监理人下达的变更指示后，立即予以执行或提出不能执行该变更指示的理由。承包人执行变更的，应书面说明实施该变更指示对合同价格和工期的影响。

(2)监理人提出变更建议。监理人提出变更建议的，需要向发包人以书面形式提出变更计划，说明计划变更工程范围和变更的内容、理由，以及实施该变更对合同价格和工期的影响。发包人同意变更的，由监理人向承包人发出变更指示。发包人不同意变更的，监理人无权擅自发出变更指示。

(3)承包人的合理化建议。承包人提出合理化建议的，应向监理人提交合理化建议说明，说明建议的内容和理由，以及实施该建议对合同价格和工期的影响。

监理人应在收到承包人提交的合理化建议后7天内审查完毕并报送发包人，发现其中存在技术上的缺陷，应通知承包人修改。发包人应在收到监理人报送的合理化建议后7天内审批完毕。合理化建议经发包人批准的，监理人应及时发出变更指示，由此引起的合同价格调整按照变更估价条款的约定执行。发包人不同意变更的，监理人应书面通知承包人。

合理化建议降低了合同价格或者提高了工程经济效益的，发包人可对承包人给予奖励，奖励的方法和金额在专用合同条款中约定。

(4)变更执行。承包人收到监理人下达的变更指示后，认为不能执行，应立即提出不能执行该变更指示的理由。承包人认为可以执行变更的，应当书面说明实施该变更指示对合同价格和工期的影响，且合同当事人应当按变更估价条款约定确定变更估价。

对于应当前往当地建设行政主管部门进行备案监管的变更事项，应当遵循当地建设行政主管部门的规定要求，前往当地主管部门进行备案。

3. 变更估价

(1)变更估价原则。

①已标价工程量清单或预算书中有相同项目的，按照相同项目的单价认定。

②已标价工程量清单或预算书中无相同项目的，但有类似项目的，参照类似项目的单价认定。

③变更导致实际完成的变更工程量与已标价工程量清单或预算书中列明的该项目工程量的变化幅度超过15％的，或已标价工程量清单或预算书中无相同项目及类似项目单价的，按照合理的成本与利润构成的原则，由合同当事人按照相关规定确定变更工作的单价。

(2)变更估价程序。承包人应在收到变更指示后14天内，向监理人提交变更估价申请。监理人应在收到承包人提交的变更估价申请后7天内审查完毕并报送发包人，监理人对变更估价申请有异议，通知承包人修改后重新提交。发包人应在承包人提交变更估价申请后14天内审批完毕。发包人逾期未完成审批或未提出异议的，视为认可承包人提交的变更估价申请。因变更引起的价格调整应计入最近一期的进度款中支付。

(3)不利物质条件。不利物质条件是指有经验的承包人在施工现场遇到的不可预见的自然物质条件、非自然的物质障碍和污染物，包括地表以下物质条件和水文条件以及专用合同条款约定的其他情形，但不包括气候条件。

承包人遇到不利物质条件时，应采取克服不利物质条件的合理措施继续施工，并及时通知发包人和监理人。通知应载明不利物质条件的内容以及承包人认为不可预见的理由。监理人经发包人同意后应当及时发出指示，指示构成变更的，按变更条款的约定执行。承包人因采取合理措施而增加的费用和(或)延误的工期由发包人承担。

(4)异常恶劣的气候条件。异常恶劣的气候条件是指在施工过程中遇到的，有经验的承包人在签订合同时不可预见的，对合同履行造成实质性影响的，但尚未构成不可抗力事件的恶劣气候条件。承包人应采取克服异常恶劣的气候条件的合理措施继续施工，并及时通知发包人和监理人。监理人经发包人同意后应当及时发出指示，指示构成变更的，按变更条款约定办理。承包人因采取合理措施而增加的费用和(或)延误的工期由发包人承担。

4. 不可抗力

(1)不可抗力的确定。不可抗力是指合同当事人在签订合同时不可预见，在合同履行过程中不可避免且不能克服的自然灾害和社会性突发事件，如地震、海啸、瘟疫、骚乱、戒严、暴动、战争和专用合同条款中约定的其他情形。

不可抗力发生后，发包人和承包人应收集证明不可抗力发生及不可抗力造成损失的证据，并及时认真统计所造成的损失。

(2)可抗力的通知。合同一方当事人遇到不可抗力事件，使其履行合同义务受到阻碍时，应立即通知合同另一方当事人和监理人，书面说明不可抗力和受阻碍的详细情况，并提供必要的证明。

不可抗力持续发生的，合同一方当事人应及时向合同另一方当事人和监理人提交中间报告，说明不可抗力和履行合同受阻的情况，并于不可抗力事件结束后28天内提交最终报告及有关资料。

(3)不可抗力后果的承担。不可抗力导致的人员伤亡、财产损失、费用增加和(或)工期延误等后果，由合同当事人按以下原则承担：

①永久工程、已运至施工现场的材料和工程设备的损坏，以及因工程损坏造成的第三

人人员伤亡和财产损失由发包人承担；

②承包人施工设备的损坏由承包人承担；

③发包人和承包人承担各自人员伤亡和财产的损失；

④因不可抗力影响承包人履行合同约定的义务，已经引起或将引起工期延误的，应当顺延工期，由此导致承包人停工的费用损失由发包人和承包人合理分担，停工期间必须支付的工人工资由发包人承担；

⑤因不可抗力引起或将引起工期延误，发包人要求赶工的，由此增加的赶工费用由发包人承担；

⑥承包人在停工期间按照发包人要求照管、清理和修复工程的费用由发包人承担。

不可抗力发生后，合同当事人均应采取措施尽量避免和减少损失的扩大，任何一方当事人没有采取有效措施导致损失扩大的，应对扩大的损失承担责任。

因合同一方迟延履行合同义务，在迟延履行期间遭遇不可抗力的，不免除其违约责任。

(4)因不可抗力解除合同。因不可抗力导致合同无法履行连续超过84天或累计超过140天的，发包人和承包人均有权解除合同。合同解除后，由双方当事人按照相应合同条款商定或确定发包人应支付的款项，该款项包括以下几项：

①合同解除前承包人已完成工作的价款；

②承包人为工程订购的并已交付给承包人，或承包人有责任接受交付的材料、工程设备和其他物品的价款；

③发包人要求承包人退货或解除订货合同而产生的费用，或因不能退货或解除合同而产生的损失；

④承包人撤离施工现场以及遣散承包人人员的费用；

⑤按照合同约定在合同解除前应支付给承包人的其他款项；

⑥扣减承包人按照合同约定应向发包人支付的款项；

⑦双方商定或确定的其他款项。

合同解除后，发包人应在商定或确定上述款项后28天内完成上述款项的支付。

7.3.2　施工索赔

1. 施工索赔的概念

施工索赔是指施工合同当事人在合同实施过程中，根据法律、合同规定，对并非由于自己的过错，而是应由合同对方或第三方承担责任的情况造成的实际损失向对方提出给予补偿要求的行为。索赔是承包商和业主之间承担风险比例的合理分摊。

通常，施工索赔主要指的是承包人向发包人提出的索赔，发包人向承包人提出索赔，通常叫作反索赔。

2. 施工索赔的种类

(1)按索赔事件所处合同状态分类。

①正常施工索赔。这是最常见的索赔形式。

②工程停、缓建索赔。工程因不可抗力(如自然灾害、地震、战争、暴乱等)、政府法令、资金或其他原因必须中途停止施工引起的索赔。

③解除合同索赔。一方严重违约，另一方行使合同解除权引起的索赔

（2）按索赔依据的范围分类。

①合同内索赔。合同内索赔是指索赔所涉及的内容可以在履行的合同中找到条款依据。通常，合同内索赔的处理比较容易。

②合同外索赔。合同外索赔是指索赔所涉及的内容难于在合同条款及有关协议中找到依据，但可能来自民法、经济法及政府有关部门颁布的有关法规所赋予的权力。

③道义索赔。道义索赔是指索赔的依据无论在合同内还是合同外都找不到，发包人为了使自己的工程得到很好的进展，处于同情、信任、道义而给予的补偿。

（3）按索赔目的分类。

①工期索赔。工期索赔是因为工期延长而进行的索赔。其包括两种情况：工期延误，由于一方过失导致工期延长；工期延期，主要由于第三方原因导致工期拖后。如在地基开挖过程中发现古墓、文物，在这种情况下，乙方可向甲方提出工期索赔。

②费用索赔。费用索赔又称经济索赔，是承包商由于施工条件的客观变化而增加了自己的开支时，要求业主付给增加的开支或亏损，弥补承包商的经济损失的一种索赔。

（4）按索赔处理方式分类。

①单项索赔：承包人对某一事件的损失提出的索赔。

②综合索赔：又称一揽子索赔，指承包人在工程竣工结算前，将施工过程中未得到解决的或对发包人答复不满意的单项索赔集中起来，综合提出一次索赔。

（5）按索赔的合同依据分类。

①合同中明示的索赔：索赔涉及的内容可在合同文件中找到依据。如工程量计算规则，变更工程的计算和价格，不同原因引起的拖延。这类索赔不大容易发生争议。

②合同中默示的索赔：索赔的内容或权利虽然难以在合同条款中找出依据，但以根据合同的某些条款的含义，推论出承包人有索赔权，如外汇汇率变化。

3. 索赔程序与处理

（1）索赔程序。根据合同约定，承包人认为有权得到追加付款和（或）延长工期的，应按以下程序向监理人提出索赔：

①承包人应在知道或应当知道索赔事件发生后 28 天内，向监理人递交索赔意向通知书，并说明发生索赔事件的事由；承包人未在前述 28 天内发出索赔意向通知书的，丧失要求追加付款和（或）延长工期的权利；

②承包人应在发出索赔意向通知书后 28 天内，向监理人正式递交索赔报告；索赔报告应详细说明索赔理由以及要求追加的付款金额和（或）延长的工期，并附必要的记录和证明材料；

③索赔事件具有持续影响的，承包人应按合理时间间隔继续递交延续索赔通知，说明持续影响的实际情况和记录，列出累计的追加付款金额和（或）工期延长天数；

④在索赔事件影响结束后 28 天内，承包人应向监理人递交最终索赔报告，说明最终要求索赔的追加付款金额和（或）延长的工期，并附必要的记录和证明材料。

（2）索赔处理。

①监理人应在收到索赔报告后 14 天内完成审查并报送发包人。监理人对索赔报告存在异议的，有权要求承包人提交全部原始记录副本；

②发包人应在监理人收到索赔报告或有关索赔的进一步证明材料后的 28 天内，由监理人向承包人出具经发包人签认的索赔处理结果。发包人逾期答复的，则视为认可承包人的

索赔要求；

③承包人接受索赔处理结果的，索赔款项在当期进度款中进行支付；承包人不接受索赔处理结果的，按照争议解决条款约定处理。

4. 索赔意向通知书

(1)索赔事件发生的时间、地点或工程部位。

(2)索赔事件发生的双方当事人或其他有关人员。

(3)索赔事件发生的原因及性质，特别说明并非承包人的责任。

(4)承包人对索赔事件发生后的态度，特别应说明承包人为控制事件的发展、减少损失所采取的行动。

(5)写明事件的发生将会使承包人产生额外经济支出或其他不利影响。

(6)提出索赔意向，注明合同条款依据。

5. 索赔报告

索赔报告是承包人提交的要求发包人给予一定经济赔偿或延长工期的重要文件。索赔报告的具体内容，随该索赔事件的性质和特点而有所不同。一般来说，完整的索赔报告应包括总论、根据、计算和证据四个部分。

6. 索赔的计算

(1)索赔费用的组成。索赔费用包括人工费、机械使用费、材料费、管理费、利润、利息、分包费用和保函手续费等。

(2)费用索赔的计算。费用索赔的计算方法有实际费用法、总费用法和修正总费用法等。其中，实际费用法是计算工程索赔时最常用的一种方法。

①实际费用法。该方法是按照各索赔事件所引起损失的费用项目分别分析计算索赔值，然后将各费用项目的索赔值汇总，即可得到总索赔费用值。这种方法以承包商为某项索赔工作所支付的实际开支为依据，但仅限于由于索赔事项引起的、超过原计划的费用，故也称额外成本法。在这种计算方法中，需要注意的是不要遗漏费用项目。

②总费用法。又称总成本法，就是当发生多项索赔事件以后，按实际总费用减去投标报价时的估算费用计算索赔金额的一种方法。

③修正的总费用法。这种方法是对总费用法的改进，即在总费用计算的原则上，去掉一些不确定的可能因素，对总费用法进行相应的修改和调整，使其更加合理。其计算公式如下：

$$索赔金额＝某项工作调整后的实际总费用－该项工作的报价费用$$

【例 7-1】 某施工合同约定，施工现场主导施工机械一台，由施工企业租得，台班单价为 300 元/台班，租赁费为 100 元/台班，人工工资为 40 元/工日，窝工补贴为 10 元/工日，以人工费为基数的综合费率为 35%，在施工过程中，发生了如下事件：

(1)出现异常恶劣天气导致工程停工 2 天，人员窝工 30 个工日；

(2)因恶劣天气导致场外道路中断，抢修道路用工 20 工日；

(3)场外大面积停电，停工 2 天，人员窝工 10 工日。

为此，施工企业可向业主索赔的费用为多少？

解：各事件处理结果如下：

(1)异常恶劣天气导致的停工通常不能进行费用索赔。

(2)抢修道路用工的索赔额＝20×40×(1＋35％)＝1080(元)

(3)停电导致的索赔额＝2×100＋10×10＝300(元)

(4)总索赔费用＝1080＋300＝1380(元)

(3)工期索赔的计算。

①网络图分析法。利用进度计划的网络图，分析计算索赔事件对工期影响的一种方法。适用于许多索赔事件的计算。

②比例计算法。在实际工程中，干扰时间常常影响某些单项工程、单位工程或分部分项工程工期，要分析它们对总工期的影响，可以采用简单的比例计算。其计算公式为

$$工期索赔额度＝\frac{受干扰部分工程的合同价}{原合同总价}×该受干扰部分工期拖延时间$$

$$工期索赔额度＝\frac{额外增加的工程量的价格}{原合同总价}×原合同总工期$$

7. 反索赔

反索赔即业主向承包商提出的索赔，一般分为工程拖期索赔和施工缺陷索赔两类。

(1)反索赔索赔程序。根据合同约定，发包人认为有权得到赔付金额和(或)延长缺陷责任期的，监理人应向承包人发出通知并附有详细的证明。

发包人应在知道或应当知道索赔事件发生后28天内通过监理人向承包人提出索赔意向通知书，发包人未在前述28天内发出索赔意向通知书的，丧失要求赔付金额和(或)延长缺陷责任期的权利。发包人应在发出索赔意向通知书后28天内，通过监理人向承包人正式递交索赔报告。

(2)反索赔的处理。对发包人索赔的处理如下：

①承包人收到发包人提交的索赔报告后，应及时审查索赔报告的内容、查验发包人证明材料；

②承包人应在收到索赔报告或有关索赔的进一步证明材料后28天内，将索赔处理结果答复发包人。如果承包人未在上述期限内作出答复的，则视为对发包人索赔要求的认可；

③承包人接受索赔处理结果的，发包人可从应支付给承包人的合同价款中扣除赔付的金额或延长缺陷责任期；发包人不接受索赔处理结果的，按争议解决条款的约定处理。

任务练习

1. ( )是在合同履行过程中，当事人一方就对方不履行或不完全履行合同义务，或者就可归责于对方的原因而造成的经济损失，向对方提出赔偿或补偿要求的行为。

   A. 变更　　　　　　　　　　　B. 终止

   C. 反索赔　　　　　　　　　　D. 索赔

参考答案

2. 工程反索赔是指( )。

   A. 承包商向业主提出的索赔

   B. 分包商向总包商提出的索赔

   C. 承包商向供货商提出的索赔

   D. 业主向承包商提出的索赔

3. 除下列( )情况之外，均不予办理工程变更。

   A. 由建设单位责任造成的工程量增加

B. 招标文件规定的应由承建单位自行承担的风险

C. 施工合同约定或已包括在合同价款内应由承建单位自行承担的风险

D. 承建单位在投标文件中承诺自行承担的或投标时应预见的风险

4. 承包人必须在发出索赔意向通知后的(　　)天内，提交一份详细的索赔文件和有关资料。

   A. 7　　　　　　　　B. 14　　　　　　　　C. 21　　　　　　　　D. 28

5. 依据施工合同示范文本的规定，关于承包商索赔的说法，下列错误的是(　　)。

   A. 只能向有合同关系的对方提出索赔

   B. 工程师可以对证据不充分的索赔报告不予理睬

   C. 工程师的索赔处理决定不具有强制性的约束力

   D. 索赔处理应尽可能协商达成一致

6. 某工程项目施工过程中，承包人运料车由于公共道路断路不能向工地运送材料，致使工期拖延 5 天，承包人就此向发包人提出工期索赔。其理由是发包人应承担外部协调不力责任。此种索赔属于(　　)。

   A. 总索赔　　　　　　B. 道义索赔　　　　　　C. 默示索赔　　　　　　D. 工程变更索赔

7. 依据施工合同示范文本规定，索赔事件发生后的 28 天内，承包人应向工程师递交(　　)。

   A. 现场同期记录　　B. 索赔意向通知　　　C. 索赔报告　　　　　D. 索赔证据

8. 在施工过程中发现地下文物，导致工期和费用增加则承包商(　　)。

   A. 只能索赔工期　　　　　　　　　　B. 只能索赔费用

   C. 二者均可　　　　　　　　　　　　D. 不能提出索赔

9. 施工过程中，遇到特殊恶劣气候的影响造成了工期和费用的增加，则承包商(　　)。

   A. 只能索赔工期　　B. 只能索赔费用　　　C. 二者均可　　　　　D. 不能索赔

10. 索赔的性质属于(　　)行为。

   A. 经济补偿　　　　B. 经济惩罚　　　　　C. 经济获利　　　　　D. 施工监督

11. 索赔工作程序的第一步是(　　)。

   A. 递交索赔意向通知书　　　　　　　B. 递交索赔通知

   C. 索赔资料准备　　　　　　　　　　D. 编写索赔文件

12. 工程师审查承包商索赔申请时，判断索赔是否成立的条件有(　　)。

   A. 与合同相比，事件造成了承包商损失

   B. 损失的原因不属于承包商责任，而属于分包商责任

   C. 承包商在索赔事件发生后 28 天内向工程师提交了索赔意向通知

   D. 承包商在索赔意向通知发出后 28 天内向业主递交了索赔报告

   E. 索赔资料已经建设主管部门审查合格

项目小结

本项目主要讲述了合同的相关知识、建筑工程项目各阶段的合同管理和建筑工程项目合同的变更与索赔三部分内容。建筑工程项目合同管理包括：建筑工程施工合同的订立、

施工准备阶段的合同管理、施工过程的合同管理、竣工阶段的合同管理，施工索赔包括工期索赔和费用索赔。合同管理是建筑工程项目管理的核心，工程管理的各方面工作都要围绕着这个核心来开展，工程项目合同管理是指依据合同和合同法规定，利用科学先进的方法综合组织工程项目建设，全面履行合同，保证合同目标的实现。

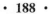 ➤ 项目练习

1. 下列施工合同文件中，解释顺序优先的是（　　）。
   A. 中标通知书　　　　　　　　　　B. 投标书
   C. 施工合同专用条款　　　　　　　D. 规范

参考答案

2. 工程师对承包人施工进度计划确认后，由于进度计划的缺陷导致实际进度落后于计划进度，根据《建设工程施工合同示范文本》（GF—2013—0201），其工期拖延的责任应由（　　）承担。
   A. 承包人　　　　　　　　　　　　B. 发包人
   C. 工程师　　　　　　　　　　　　D. 承包人与发包人协商

3. 根据《建设工程施工合同（示范文本）》（GF—2017—0201），属于发包人工作的有（　　）。
   A. 保证向承包人提供正常施工所需的进入施工现场的交通条件
   B. 确保工程及其人员、材料、设备和设施的安全，防止因工程施工造成的人身伤害和财产损失
   C. 依据有关法律办理建设工程施工许可证
   D. 按合同约定的工作内容和施工进度要求，编制施工组织设计和施工措施计划，并对所有施工作业和施工方法的完备性和安全可靠性负责
   E. 向承包人提供施工现场的地质勘察资料

4. 施工合同履行过程中，因工程所在地突发罕见的大暴雨所造成的损失中，应由承包人承担（　　）。
   A. 运至施工场地用于施工的材料损害
   B. 因工程损害导致的第三方财产损失
   C. 承包人的停工损失
   D. 工程所需修复费用

5. 按照施工合同示范文本规定，当组成施工合同的各文件出现含糊不清或矛盾时，应按（　　）顺序解释。
   A. 施工合同协议书、工程量清单、中标通知书
   B. 中标通知书、投标书及附件、合同履行中的变更协议
   C. 合同履行中的洽商协议、中标通知书、工程量清单
   D. 施工合同专用条款、施工合同通用条款、中标通知书

6. 根据《建设工程施工合同（示范文本）》（GF—2017—0201），因承包人原因引起的暂停施工，承包人在收到监理人复工指示后（　　）天内仍未复工的，视为承包人无法继续履行合同的情形。
   A. 84　　　　　　　B. 90　　　　　　　C. 56　　　　　　　D. 42

7. 索赔的程序和争执的解决决定着索赔的解决方法,我们要分析它的(   )。

    A. 索赔的内容、方式及数额

    B. 索赔的程序

    C. 争执的解决方式和程序

    D. 仲裁条款,包括仲裁所依据的法律,仲裁地点、方式和程序仲裁结果的约束力等

    E. 索赔的金额

8. 按索赔所依据的理由分类分为(   )。

    A. 合同内索赔   B. 合同外索赔

    C. 道义索赔   D. 单项索赔

    E. 总索赔

9. 建设单位在(   )合同中承担了项目的全部风险。

    A. 成本加酬金   B. 单价

    C. 总价可调   D. 总价不可调

10. 索赔意向通知要简明扼要地说明(   )等。

    A. 索赔事由发生的时间、地点

    B. 简单事实情况描述和发展动态

    C. 索赔依据和理由

    D. 索赔事件的不利影响

    E. 索赔的最后期限

11. 下列索赔事件中,承包人可以索赔利润的是(   )。

    A. 材料价格上涨   B. 工程暂停

    C. 工期延期   D. 工程变更

12. 建设工程索赔中,承包商计算索赔费用时最常用的方法是(   )。

    A. 总费用法   B. 修正的总费用法

    C. 实际费用法   D. 修正的实际费用法

13. 某工程采用实际费用法计算承包商的索赔金额,由于主体结构施工受到干扰的索赔事件发生后,承包商应得的索赔金额中除可索赔的直接费外,还应包括(   )。

    A. 应得的措施费和间接费

    B. 应得的间接费和利润

    C. 应得的现场管理费和分包费

    D. 应得的总部管理费和分包费

➤ 项目实训

实训题 1

【背景资料】

承包商与业主签订一建设工程施工合同。双方签字盖章并在公证处进行了公证。合

同约定工期为 12 个月，合同固定总价为 1 500 万元。2016 年 2 月 1 日开工，工程进行才 3 个月，监理工程师于 2016 年 5 月 2 日自主决定，要求承包商于 2016 年 11 月 1 日竣工，承包商不予理睬，至 2016 年 5 月 21 日仍不作出书面答复。2016 年 5 月 31 日，业主以承包商的工程质量不可靠和工程不能如期竣工为由发文通知该施工企业："本公司决定解除原施工合同，望贵公司予以谅解和支持。"同时限期承包商拆除脚手架，致使承包方无法继续履行原合同义务，承包商由此损失工程款、工程器材费及其他损失费 609 万元，该承包商于 2016 年 6 月 25 日向人民法院提起诉讼，要求业主承担违约责任。

参考答案

注：经法院委托专业权威单位调查鉴定，确认承包商有能力按合同的约定保证施工质量，如期竣工。

【问题】

1. 合同的效力方面

　　(1)判断：该合同属有效经济合同。(　　　)

　　(2)选择：合同的有效条件为(　　　)

　　A. 主体资格合格

　　B. 内容合法

　　C. 订立合同的形式合法

　　D. 合同草案必须送建设行政主管部门或其授权机构审查

　　E. 订立合同的程序合法

2. 合同的履行方面

判断：

(1)工程师是建设施工合同的当事人。(　　　)

(2)未经业主授权，监理单位不得擅自变更与承建单位签订的承包合同。(　　　)

3. 合同违约方面

(1)判断：发包方应承担违约责任。(　　　)

(2)选择：承担违约责任的形式有(　　　)

A. 违约金　　　　　　　　　　　B. 赔偿金

C. 继续履约　　　　　　　　　　D. 没收抵押物

E. 变卖留置物

4. 合同解除方面

选择：单方提出变更，解除合同的法律条件是(　　　)

A. 由于不可抗力致使合同的全部义务不能履行

B. 由于一方在合同约定的期限没有履行义务

C. 由于承包人的保证人失去民事权利能力和民事行为能力

D. 由于承包人的保证人的法人地位被取消

E. 由于承包人的法人代表已经更换

5. 诉讼方面

判断：

(1)承包人可向被告住所地或合同履行地的人民法院上诉，方可能被立案处理。(　　　)

(2)此施工合同纠纷案件的经济诉讼当事人包括业主、承包商、监理工程师。(　　)

6.诉讼时效方面

(1)选择:国内经济合同纠纷的申请仲裁或上诉的诉讼时效为(　　)年。

A.1　　　　　　B.2　　　　　　C.3　　　　　　D.4

(2)判断:凡超过诉讼时效的经济纠诉案件,法院一般不予受理。(　　)

------------------- **实训题 2** -------------------

【背景资料】

某施工单位根据领取的某 2 000 m² 两层厂房工程项目招标文件和全套施工图纸,采用低价策略编制了投标文件,并获得中标。该施工单位(乙方)于某年某月某日与建设单位(甲方)签订了该工程项目的固定价格施工合同。合同工期为 8 个月。甲方在乙方进入施工现场后,因资金短缺,无法如期支付工程款,口头要求乙方暂停施工一个月,乙方亦口头答应。工程按合同规定期限验收时,甲方发现工程质量有问题,要求返工。两个月后,返工完毕。结算时甲方认为乙方迟延交付工程,应按合同约定偿付逾期违约金。乙方认为临时停工是甲方要求的。乙方为抢工期,加快施工进度才出现了质量问题,因此延迟交付的责任不在乙方。甲方则认为临时停工和不顺延工期是当时乙方答应的。乙方应履行承诺,承担违约责任。

在工程施工过程中,遭受到了多年不遇的强暴风雨的袭击,造成了相应的损失,施工单位及时向监理工程师提出索赔要求,并附有与索赔有关的资料和证据。索赔报告中的基本要求如下。

(1)遭受多年不遇的强暴风雨的袭击属于不可抗力事件,不是因施工单位原因造成的损失,故因由业主承担赔偿责任。

(2)给已建部分工程造成破坏损失 18 万元,因由业主承担修复的经济责任,施工单位不承担修复的经济责任。

(3)施工单位人员因此灾害导致数人受伤,处理伤病医疗费用和补偿总计 3 万元,业主应给予赔偿。

(4)施工单位进场的在使用机械、设备收到损坏,造成损失 8 万元,由于现场停工造成台班费损失 4.2 万元,业主应负担赔偿和修复的经济责任。工人窝工费 3.8 万元,业主应予支付。

(5)因暴风雨造成的损失现场停工 8 天,要求合同工期顺延 8 天。

(6)由于工程破坏,清理现场需费用 2.4 万元,业主应于支付。

【问题】

1.该工程采用固定价格合同是否合适?

2.该施工合同的变更形式是否妥当?此合同争议依据合同法律规定范围应如何处理?

3.监理工程师接到施工单位提交的索赔申请后,应进行哪些工作?

4.因不可抗力发生的风险承担的原则是什么?对施工单位提出的要求,应如何处理?

------------------- **实训题 3** -------------------

【背景资料】

某公司厂房建设施工土方工程中,承包商在合同标明有松软石的地方没有遇到松软石,因此工期提前 1 个月。但在合同中另一未标明有坚硬岩石的地方遇到更多的坚硬岩石,开挖工作变得更加困难，由此造成了实际生产率比原计划低得多，经测算影响工期3个月。由于施工速度减慢，使得部分施工任务拖到雨季进行，按一般公认标准推算，又影响工期2个月。为此承包商准备提出索赔。

【问题】

1. 该项施工索赔能否成立？为什么？

2. 在该索赔事件中，应提出的索赔内容包括哪两个方面？

3. 在工程施工中，通常可以提供的索赔证据有哪些？

4. 承包商应提供的索赔文件有哪些？请协助承包商拟定一份索赔通知。

---------------------------------- **实训题4** ----------------------------------

【背景资料】

某建筑公司(乙方)于某年4月20日与某厂(甲方)签订了修建建筑面积为3 000 m² 工业厂房(带地下室)的施工合同，乙方编制的施工方案和进度计划已获得工程师批准。该工程的基坑开挖土方量为4 500 m³，假设直接费单价为4.2元/m³，综合费为直接费的20%。该基坑施工方案规定：土方工程采用租赁一台斗容量为1 m³ 的反铲挖掘机施工(租赁费450元/台班)。甲、乙双方合同约定5月11日开工，5月20日完工。在实际施工中发生了以下几项事件：

(1)因租赁的挖掘机大修，晚开工2天，造成人员窝工10个工日；

(2)施工过程中，因遇软土层，接到工程师5月15日停工的指令，进行地质复查，配合用工15个工日；

(3)5月19日接到工程师于5月20日复工的指令，同时提出基坑开挖深度加深2 m的设计变更通知单，由此增加土方开挖量900 m³；

(4)5月20日至5月22日，因下特大暴雨迫使基坑开挖暂停，造成人员窝工10个工日；

(5)5月23日用30个工日修复冲坏的永久道路，5月24日恢复挖掘工作，最终基坑于5月30日挖坑完毕。

【问题】

1. 上述哪些事件建筑公司可以向厂方要求索赔，哪些事件不可以要求索赔，并说明原因。

2. 每项事件工期索赔各是多少天？总计工期索赔是多少天？

3. 假设人工费单价为23元/工日，因增加用工所需的管理费为增加人工费的30%，则合理的费用索赔总额是多少？

项目 8　建筑工程项目资源管理

　　建筑工程项目资源管理是完成建筑工程项目和施工任务的重要手段，也是工程项目目标得以实现的重要保证。建筑工程项目资源管理的主体是以项目负责人（项目经理）为首的项目经理部，管理的客体是与施工活动相关的各生产要素。要加强对建筑工程项目的资源管理，就必须对工程项目的各项生产要素进行认真的分析和研究。通过对本项目的学习，掌握各项建筑工程项目资源管理的要点和方法，熟悉各项资源管理的具体措施。

学习目标	知识要点
了解相关知识	(1)建筑工程项目资源管理的含义 (2)建筑工程项目资源管理的主要内容
掌握各项建筑工程项目资源管理的要点和方法	(1)人力资源的优化配置 (2)现场材料管理 (3)机械设备选择 (4)技术管理的主要工作内容 (5)资金管理要点
熟悉资源管理具体措施	人力、材料、机械设备、资金和技术等各环节管理所要采取的各种具体措施

　　国家游泳中心又称"水立方"（Water Cube），位于北京奥林匹克公园内，是北京为2008年夏季奥运会修建的主游泳馆，也是2008年北京奥运标志性建筑之一。它的设计方案，是经全球设计竞赛产生的"水的立方"方案。2003年12月24日开工，2008年1月28日竣工，规划建设用地62 950 m²，总建筑面积为79 532 m²，其中地下部分的建筑面积不少于15 000 m²，长×宽×高为177 m×177 m×30 m。"水立方"外膜采用了一种新型材料"ETFE"，远观就像一个个不规则排列的水分子，3 000多个这样的"水泡泡"交融在一起，形成了这座游泳中心的美丽外表。

　　此工程耗时4年多，耗资10.2亿元，施工工艺复杂、耗资巨大，这种新材料在国内是第一次应用，无论是设计还是施工都是一次巨大的挑战。因此，项目管理方从项目一开始就在完善人员管理、有效利用建筑材料和设备、落实新技术和控制工程造价等各方面进行全面管理，保证了施工质量和项目如期竣工，这便是建筑工程项目进行资源管理的意义所在。

【问题】

1. 你认为和一般的项目相比较，"水立方"的项目资源管理有哪些特点？

2. 为保证该项目的施工质量和施工进度，项目管理过程中涉及的资源有哪些？

3. 建筑工程项目资源管理的重要性有哪些？

任务 8.1　建筑工程项目资源管理概述

任务导入

项目资源管理作为建筑工程项目管理的主要组成部分，是施工企业完成施工任务的重要手段，也是施工项目目标得以实现的重要保证，由此可见项目资源管理的重要性。

8.1.1　建筑工程项目资源管理的含义及作用

1. 项目资源的含义

就施工项目而言，项目资源是指人力（Manpower）、材料（Material）、机械设备（Machine）、技术（Technology）、资金（Money）等形成生产力的各种要素。其中，人力是主导因素，科学技术是手段，当科学技术为劳动者所掌握，便能形成先进的生产力。项目资源管理就是对以上各种生产要素的管理，因此，强化对施工项目资源的管理就显得尤为重要。

2. 建筑工程项目资源管理的含义

在项目管理中，资源管理是一个专门的术语，也是完成项目的一项重要管理任务。建筑工程项目管理中的资源管理和企业中的资源管理是两个不同的概念。后者指的是企业的人事管理、材料管理、设备管理和财务管理，是将企业作为一个系统，针对企业的生产或经营所涉及的资源进行管理，它属于企业管理的范畴。而建筑工程项目管理中的资源管理的含义是：确定资源的选择，包括所需资源的类型、品种、标准的选择以及确定所需资源的数量；确定资源的分配计划，包括所需资源在时间上和项目组成部分方面的分配；编制资源的进度计划，在考虑每一个工序所需要的资源、资源供应的可能性和资源需求的均衡性等前提下编制项目实施的进度计划。总体来说，建筑工程项目资源管理就是对人力、材料、机械设备、技术和资金五项资源的配置和使用进行恰当的计划和控制。其根本目的就是实现项目管理的目标。

3. 建筑工程项目资源管理的作用

为强化施工的项目管理，就必须对施工项目的各项资源认真研究，强化其管理。对应的项目资源管理的内容应包括人力资源管理、材料管理、机械设备管理、技术管理和资金管理。项目资源管理应以实现生产要素的优化配置、动态控制和成本节约为目的，其最根本的意义就在于节约活劳动和物化劳动。建筑工程项目资源管理的作用表现为以下几项：

（1）将项目的资源进行优化配置，适时、适量、按照合理的比例和适宜的位置配置资源并投入到施工生产中，以满足项目开展和实施的需要。

（2）进行资源的优化组合，即投入项目的各种资源在施工项目实施的全过程中搭配适当、协调作用，使之更有效地形成生产力，生产出合格的、满足用户需求的建筑产品。

（3）在项目运行过程中，对资源进行动态管理。工程项目的实施是一个不断变化的过程，那么项目的资源管理也必须是一个长期的、需要进行调整的过程。在这个调整的过程中平衡是相对的，不平衡是绝对的。因此，项目资源的配置和组合中就需要树立动态管理的思想，按照项目的内在规律，有效地计划、配置、控制、处理项目资源，使之在工程项目中合理流动，在动态中寻求平衡。

（4）在施工项目运行中，合理地节约使用资源，最终达到节约各项目资源、控制工程造价、降低项目费用的目的。

8.1.2　建筑工程项目资源管理的主要内容

资源作为工程项目实施的基本要素，主要内容包括人力资源、材料、机械设备、技术、资金五项。建筑工程项目资源管理的主要内容就是对这五项内容进行管理，为建筑工程项目管理提供各种保障。

（1）人力资源管理。建筑工程项目的用工形式有多种（如固定工、合同工和临时工），而且已经形成了社会普遍认可的弹性结构。在施工任务量大时，可以多引入农民合同工或者劳务分包工；在施工任务量小时，可以通过逐渐遣返部分合同工和劳务分包工来避免产生窝工的现象。在施工项目管理中，利用行为科学，从劳动者个人的需要和行为的关系观点出发，充分激发职工的生产积极性。

（2）材料管理。从广义上讲，建筑材料不仅包括构成建筑物或构筑物本身所使用的材料，还包括水、电、天然气等配套工程所需的设备和器材，以及在建筑施工中使用和消耗的材料，如脚手架、组合钢模板、安全防护网等。通常所说的建筑材料，主要是指构成建筑物或构筑物本身的材料，即狭义的建筑材料。建筑材料的种类很多，通常采用按化学成分分类或按使用功能分类。按照化学成分不同，将建筑材料分为无机材料、有机材料和复合材料三大类；按使用功能不同，将其分为结构材料、围护材料和功能材料三大类。

建筑工程项目材料管理是指在施工过程中对各种材料的计划、订购、运输、发放和使用所进行的一系列组织与管理工作。它的特点是材料供应的多样性和多变性、材料消耗的不均衡性、受运输方式和运输环节的影响。建筑工程项目材料管理的重点，体现在现场管理、使用过程管理、节约措施和成本核算四个方面。

（3）机械设备管理。建筑工程项目的机械设备主要是指作为大型工具使用的大、中、小型机械，如空压机、挖掘机、注浆机、风动凿岩机、小型运输车、铲车、通风机等。

机械设备管理是以机械设备施工代替繁重的体力劳动，最大限度地发挥机械设备在施工中的作用为主要内容的管理工作。它的特点是机械设备的管理体制必须以建筑企业组织体系相依托，实行集中管理为主、集中管理与分散管理相结合的办法，提高施工机械化水平，提高完好率、利用率和效率。

（4）技术管理。技术的最原始概念是熟练。所谓熟能生巧，巧就是技术。广义地讲，技术是人类为实现社会需要而创造和发展起来的手段、方法和技能的总和。作为社会生产力的社会总体技术力量，其包括工艺技巧、劳动经验、信息知识和实体工具装备，也就是整个社会的技术人才、技术设备和技术资料。对建筑工程项目来说，由于其具有单件性、露天性、固定性、复杂性等特点，技术的作用显得更加重要。

建筑工程项目技术管理，就是对各项技术工作要素和技术活动过程进行的管理。技术工作要素包括技术人才、技术装备、技术规程、技术资料等；技术活动过程指技术计划、技术运用、技术评价等。技术作用的发挥，除取决于技术本身的水平外，很大程度上还依赖于技术管理水平。没有完善的技术管理，先进的技术也难以发挥作用。

（5）资金管理。当前建设项目资金的来源渠道主要有财政预算投资、自筹资金投资、银行贷款投资、利用外资、利用有价证券市场筹措资金等。现代化建设项目所需资金的需求量日益增大、资金结构日益复杂，因此，资金管理对于建筑施工项目尤为重要。通过对资金的预测和对比及项目资金计划等方法，不断地进行分析、对比、计划调整和考核，以达到降低成本的目的。

8.1.3　建筑工程项目资源管理的主要原则

在项目施工过程中，对资源的管理应该着重坚持以下四项原则：

（1）编制项目资源管理计划的原则。编制项目资源管理计划的目的，是对资源投入量、投入时间和投入步骤作出一个合理的安排，以满足施工项目实施的需要，对施工过程中所涉及的资源，都必须按照施工准备计划、施工进度总计划和主要分项进度计划，根据工程的工作量，编制出详尽的计划表。

（2）资源供应的原则。按照编制的各种资源计划，进行优化组合，并实施到项目施工中去，保证项目施工的需要。

（3）节约使用的原则。这是资源管理中最为重要的一环，其根本意义在于节约活劳动及物化劳动，根据每种资源的特性，制订出科学的措施，进行动态配置和组合，不断地纠正偏差，以尽可能少的资源满足项目的使用。

（4）使用核算的原则。进行资源投入、使用与产生的核算，是资源管理的一个重要环节，完成了这个程序，便可以使管理者心中有数。对资源使用效果的分析，一方面是对管理效果的总结；另一方面又为管理提供储备与反馈信息，以指导以后的管理工作。

任务练习

1. 项目资源是指 _____、_____、_____、_____、_____ 等形成生产力的各种要素。

2. 项目资源管理的作用包括（　　）。
   A. 优化配置
   B. 优化组合
   C. 动态管理
   D. 节约使用资源

3. 建筑工程项目资源管理的主要内容包括（　　）。
   A. 人力资源管理　B. 材料管理　　C. 机械设备管理
   D. 技术管理　　　E. 资金管理

4. 建筑工程项目材料管理的重点体现在（　　）。
   A. 现场管理　　　B. 使用过程管理　C. 节约措施　　D. 成本核算

5. 在施工任务量小时，为避免产生窝工的现象，可以采取的措施有（　　）。
   A. 引入农民工　　　　　　　B. 引入劳务分包队
   C. 逐渐遣返部分合同工　　　D. 逐渐遣返劳务分包队

6. 项目资源中占主导因素的是（　　）。
   A. 人力资源　　B. 材料　　　C. 机械设备　　　D. 技术
   E. 资金

参考答案

7. 人类为实现社会需要而创造和发展起来的手段、方法和技能的总和叫（　　）。
   A. 人力资源　　　　B. 材料　　　　　　C. 机械设备　　　　　D. 技术
   E. 资金
8. 项目资源管理的原则包括（　　）。
   A. 编制计划原则　　　　　　　　　　　B. 节约使用原则
   C. 资源供应原则　　　　　　　　　　　D. 使用核算原则

任务 8.2　建筑工程项目人力资源管理

任务导入

人是项目开展的主体，是构成生产力的主要因素，具有主观能动性。建筑工程项目人力资源管理就是在对项目目标、规划、任务、进展，以及各种变量进行合理、有序地分析、规划和统筹的基础上，对参与项目过程的所有人员，包括项目经理、项目班子其他成员、项目发起人、项目投资人、项目业主以及项目客户等予以有效协调、控制和管理，使他们能够与项目整个工作班子紧密配合，尽可能适合项目发展的需要，最大可能地挖掘个体的工作潜力，最终实现项目的整体利益最大化。

8.2.1　工程项目人力资源管理基本知识

1. 人力资源的定义及特征

人力资源是存在于人的体能、知识、技能、能力、个性行为特征与倾向等载体中的经济资源。人力资源有以下四点特征：

（1）人力资源是"活"的资源，其具有能动性、周期性、磨损性，而物质资源只有通过人力资源的加工创造才会产生价值。

（2）人力资源是创造社会财富的主要源泉，尤其是在新经济中，人力资源的创新能力是企业的最大财富和主要营利手段。

（3）人力资源是一种战略性资源，对于项目、企业和社会的持续性发展发挥长远性作用。

（4）人力资源是可以无限开发的资源。目前，人们的潜能开发程度与人力资源的实际潜能是很不相称的。

2. 工程项目人力资源管理的定义

工程项目人力资源管理是指工程项目有关参与方为提高工作效率，高质量地完成客户委托的任务，科学合理地分配人力资源，实现人力资源与工作任务之间的优化配置，调动其积极性，更好地完成客户委托的任务，对工程项目人力资源进行计划、获取和发展过程的管理。

3. 工程项目人力资源管理的特点

工程项目人力资源管理与一般人力资源管理有所不同，有其自己的特点。认识这些特点，对于更好地开展工程项目的人力资源管理具有重要的意义。

（1）管理对象相对集中于工程项目所涉及的有关专业。工程项目人力资源管理对象与一般意义上的人力资源管理对象相比较，专业相对集中在工程技术、工程经济、工程施工、项目管理等。当然，每一类又可以细分成很多专业，例如，工程技术可分为工艺技术、工艺装备、公用工程、管道、土建工程等，这些都是与工程项目密切相关的。

（2）工程项目的人力资源管理有时只是企业人力资源管理的一部分。由于工程项目有时是在既有法人中开展的，一部分人力资源管理工作已由承担项目的法人的相关部门承担。在这种情况下，工程项目的人力资源管理，只进行一般人力资源管理的工作内容中的一部分就可以了。其具体内容还需视项目与承担项目的法人的有关情况而定。

（3）工作内容根据工程项目所采取的组织结构形式不同而有所不同。工程项目的人力资源管理受项目组织结构形式的影响较大。例如，在职能式组织结构形式下，人力资源管理的主要工作可能以人员的分工与协调为主；项目式组织结构形式下的人力资源管理则还要包括人员的获取等工作。

（4）管理内容与工程项目的规模大小和工作周期长短密切相关。对于一个规模小、周期短的工程项目，其人力资源管理的内容可能不会考虑项目团队发展；而对于一个规模较大、工作周期较长的项目来说，团队发展与调整则是必须进行的工作内容之一。

（5）管理的重点与工程项目的内容密切相关。例如，工程施工的人力资源管理，其管理对象除管理技术人员外，还有大量的建筑工人，人员的日常管理、工资、安全保障以及团队的发展等可能成为其人力资源管理工作的重点。对于工程设计或其他工程内容，人员的获取、分工和相互协作等可能成为其人力资源管理的重点。

8.2.2　工程项目人力资源管理的内容和程序

1. 工程项目人力资源管理的内容

（1）管理规划，包括确定项目的书面计划，分配项目任务、职责和报告的关系。这个过程的主要输出包括人员配置需求和职责分配以及组织表等。

（2）人力资源规划，包括对项目角色、责任以及报告关系进行识别、分配和归档。这个过程的主要输出包括角色和责任、项目的组织结构图和人员配置管理计划。

（3）获取项目团队，包括获得项目所需的并被指派到项目工作的人员。这个过程的主要输出是项目人员的分配、人力资源可用性信息和更新的人员配置管理计划。

（4）建设项目团队，包括为提高项目绩效而对个人技能和项目团队技能的建设。团队建设技能对许多项目经理来说通常是一个挑战。这个过程的主要输出是团队绩效评估。

（5）管理项目团队，包括项目成员绩效跟踪、人员激励、提供实时反馈、解决问题和冲突以及协调变更来提高项目绩效。这个过程的输出包括请求变更、建议的纠正措施和禁止行为、更新的组织过程资产和更新的项目管理计划。

2. 工程项目人力资源管理的程序

工程项目人力资源管理包括一些程序，要求充分发挥参与项目的人员的作用，包括所有与项目有关的人员——项目负责人、客户、为项目做出贡献的个人及与项目相关的所有人员。工程项目人力资源管理程序如图 8-1 所示。

（1）组织规划。确定书面计划，分配项目任务、职责和报告关系。

（2）人员规划。得到需要分配到项目中工作的人力资源。

图 8-1　工程项目人力资源管理程序

（3）团队发展。提高个人和团队的技能以提高项目资源。

这些程序之间互相影响，并且同其他知识领域中的程序相互配合、相互影响。依据项目的需要，每道程序可能都包含一个或更多的个人或团队的努力。虽然这里列出的程序看起来如同界限分明的一个个独立要素，实际上它们可能以某些方式相互重合或相互影响。在实际的工程项目人力资源管理中，要充分认识到各程序之间的这种关系，用整体的观念来解决人力资源管理中出现的各种问题，才能充分发挥人力资源管理对项目开展的积极作用和重要价值。

8.2.3　施工企业人力资源的特点和管理措施

1. 施工企业人力资源的特点

（1）人力资源组成复杂。就大多数施工企业而言，其人力资源的组成是比较复杂的，既有学历低但实践经验丰富的技术工人，也有知识水平较高的大中专毕业生；另外，还有一些企业专门引进的专家型的管理人员和技术人员。这些处于不同层次的人才有着各自的特点和价值目标，对于自身价值的实现要求也有所不同。因此，由他们组成的施工企业人力资源系统具有相当的复杂性。

（2）人力资源布局分散。工程项目一个显著的特点就是流动性强，它不像一般的生产型企业，具有固定的生产场地和生产部门。施工企业作为工程项目的建设者，它的具体的组织机构一般是随着工程项目的变化而变化。

（3）人力资源评价信息的收集相对困难。对分散的人力资源的评价信息往往难以及时汇总和传输到人力资源管理部门，即使获得了信息，也具有明显的滞后性。这给全面分析评价企业人力资源系统的状况、高效管理人力资源带来很大的困难。

2. 建筑工程项目人力资源的管理措施

（1）加强对建筑工程项目人力资源管理的重视，建立科学系统的人力资源管理制度。作为现代施工企业，应充分利用网络管理信息系统，对企业人力资源的组成、分布等信息进行全面综合的收集和整理，对企业的人力资源进行分类，确定出待开发、培养的以及急需引进的人才，并制订出对企业人力资源的评价标准体系，注意及时收集对分散于各工程项目部人员的评价信息，建立起流畅的企业人力资源管理信息网络，使人力资源管理制度为企业选择、培养、使用人才提供依据。

(2)建立新型人才激励机制。首先，企业应建立以目标实现为导向的激励机制，加强对员工的精神激励，具体可采取参与激励、关心激励、认同激励等方式来调动员工们的积极性。其次，施工企业应借鉴国外先进激励模式，制订具有长期性的激励机制。企业若想得到稳步的发展，就必然需要一支相对稳定的人才队伍。因此，施工企业必须建立高效的长期激励机制，刺激员工的长期行为，减少离职率，从而稳定人才队伍。

(3)树立"以人为本"的管理理念，加强员工培训。要加强施工企业的人力资源管理，应强调"以人为本"的理念，以"人"为中心，提高管理者和员工的双向沟通，把做好"人"的工作视为人力资源管理的根本。加强员工培训，为员工进行职业生涯设计，就是实现"以人为本"管理理念的一个有效手段。加强员工培训，既为自己建立了稳定的人才队伍，也提高了企业的内部凝聚力和对外竞争力。

任务练习

1. 人力资源是创造社会财富的主要源泉，尤其是在新经济中，人力资源的_____能力是企业的最大财富和主要营利手段。

2. 人力资源是"活"的资源，它具有_____性、_____性、_____性。

3. 人力资源管理的内容包括_____、_____、_____、_____、_____。

4. 人力资源管理的程序是_____、_____、_____。

5. 工程项目的人力资源管理受_____的影响较大。

6. _____组织结构形式下，人力资源管理的主要工作可能以人员的分工与协调为主。

7. _____组织结构形式下的人力资源管理还要包括人员的获取等工作。

8. 人力资源管理的最终目的是充分开发利用企业的人力资源，使员工最大限度地发挥其_____、_____、_____。

参考答案

任务8.3　建筑工程项目材料管理

任务导入

建筑材料对于工程项目来说是非常重要的，其主要表现在：在项目的费用构成中，建筑材料的费用一般占建筑安装费的70%左右，材料储备资金占工程项目储备资金的60%左右，是整个工程造价的主要组成部分；材料的质量好坏和规格直接影响工程项目价值和使用价值的发挥。因此，加强项目材料管理对整个项目起着至关重要的作用。

8.3.1　工程项目材料管理的含义及内容

工程项目材料管理是对各种施工材料在项目建设的过程中进行计划、供应、保管和合理使用的总称，其主要包括编制材料计划、采购订货、组织运输、库存保管、合理供应、领发、回收等，可概括为供应、管理、使用三个方面。搞好材料管理对于加快施工进度、保证工程质量、降低工程成本、提高经济效益具有十分重要的意义。

近年来，材料管理工作的重心已从以企业管理为主转移到以项目部管理为主，项目施工任务确定后，迅速组织资源，保质保量供应，是施工任务完成的保证条件之一。这就要求在工程项目施工中，既要及时供应材料，确保材料质量，又要节约使用材料，控制材料库存，合理使用资金，密切协同项目管理工作，这些因素都与项目施工和经营息息相关。可以说，材料管理工作是围绕项目的施工管理和经营管理开展的。

8.3.2　材料的采购管理

从实物形态来看，材料在企业的运动过程是从采购开始的，因此，采购是项目活动的重要一环，在项目成本管理中处于重要地位。在材料的采购管理过程中需要注意以下问题：

1. 确定采购计划

按照工程施工图纸及施工组织设计方案，材料部门应编制好项目材料采购计划，并根据施工进度及耗材量及时对采购计划做出变更，保证工程施工用材。在材料采购管理过程中，材料部门应及时建立材料台账和仓库管理制度，把好材料的验收、保管、领发等各道关口。主要材料的采购，应把施工预算用量和施工实际用量结合起来，合理采购，防止多购或少购，造成材料的积压和资金的占用，增加工程成本。采购人员还应严把材料质量关，必须对材料进行抽样测试检验，对检验不合格或劣质材料及时予以清理处理，杜绝劣质材料进入施工现场。同时，还要健全和完善物料凭证、物料统计、购销合同、台账等管理工作。

2. 进行市场调研，做出合理选择

一是审核查验材料生产经营单位的各类生产经营手续是否完备齐全；二是实地考察企业的生产规模、诚信观念、销售业绩、售后服务等情况；三是重点考察企业的质量控制体系是否具有国家及行业的产品质量认证，以及材料质量在同类产品中的地位；四是从建筑业界的同行中了解，获得更准确、更细致、更全面的信息；五是组织对采购报价进行有关技术和商务的综合评审，并制订选择、评审和重新评审的准则。

3. 材料价格的控制

企业应通过市场调研或者咨询机构了解材料的市场价格，在保证质量的前提下，货比三家，选择较低的材料采购价格。同时，对材料采购时的运费进行控制，要合理地组织运输，在材料采购进行价格比较时要把运输费用考虑在内。在材料价格相同时，就近购料，选用最经济的运输方法，以降低运输成本。要合理地确定进货的批次和批量，还要应用技术经济学相关知识考虑资金的时间价值，确定经济采购批量。

4. 材料的进场检验

建筑材料验收入库时必须向供应商索要国家规定的有关质量合格及生产许可的证明。项目采用的材料应经检验合格，并符合设计及相应现行标准要求。材料检验单位必须具备相应的检测条件和能力，经省级以上质量技术监督部门或者其授权的部门考核合格后，方可承担检验工作。采购产品在检验、运输、移交和保管等过程中，应按照职业健康安全和环境管理要求，避免对职业健康安全、环境造成影响。

8.3.3 材料的现场管理

材料的现场管理是项目材料管理的关键，尤其是对钢材、水泥、木材等主要施工用材的管理。在材料现场管理中，应依照 ISO 9001 质量管理体系的要求，对进入施工现场的材料进行严格监测，做到勤检查、严把关，杜绝劣质材料进入施工现场。对客户提供的产品要认真核对其产品的品种、规格、质量和数量是否与合同计划相符，按照验收标准规定进行验收。

1. 材料储存与保管

建筑材料应根据材料的不同性质储存于符合要求的专门材料库房或简易设施，应避免潮湿、雨淋，注意防爆、防腐蚀。一个建筑工地所用材料较多，同一种材料有诸多规格，如钢材从直径几毫米到几十毫米有几十个品种；水泥有标号高低之分，品种不一，各种水电配件品种繁多，所以，各种材料应标识清楚、分类存放。加强材料保管人员的责任心，防止出现偷盗现象。实物保管与材料核算要定期进行账实核对，材料账与财务账要账账核对，按月及时进行对账、对物。

2. 材料发放与使用管理

建立限额领料制度（又称定额领料制度，其是指在一定条件下按照材料消耗定额或规定限额领发生产经营所需材料的一种管理制度），严格根据材料消耗定额使用材料。对于材料的发放，无论是项目经理部、分公司还是项目部仓库物资的发放，都要实行"先进先出，推陈储新"的原则，项目部的物资耗用应结合分部、分项工程的核算，严格实行限额领料制度，在施工前必须由项目施工人员开签限额领料单，限额领料单必须按栏目要求填写，不可缺项。对贵重和用量较大的物品，可以根据使用情况，凭领料小票分多次发放。对易破损的物品，材料员在发放时需做较详细的验交，并由领用双方在凭证上签字认可。

材料消耗定额的编制包括以下两项内容：

(1)确定材料净用量。材料净用量是加工到实物产品上的实际用量，可用计算法确定。

一种情况是，一个分部分项工程，只采用一种主要材料时，既可按工程设计要求测算一个单一产品或一个计量单位的材料用量，也可以计算一个平方米的材料净用量；另一种情况是，一个分部分项工程采用多种主要材料，混合使用，需求得这几种混合材料的配合比，作为计算材料净用量的依据。

(2)确定材料损耗率。材料损耗率是个较小的量，确定材料损耗率时，除了认真测量施工现场所发生的各种损耗，去掉可避免部分，保留不可避免部分之外，还应该同责任成本管理挂钩。相关计算公式如下：

$$材料总耗用量＝材料净用量＋材料损耗量$$
$$材料损耗量＝材料总耗用量×材料损耗率$$

编制材料消耗定额：一是定质，即对建筑工程或产品所需的材料品种、规格、质量做出正确的选择；二是定量，即通过对材料消耗量的正确测算，确定材料消耗的数量标准。材料消耗定额主要的编制方法有以下四种：

(1)技术分析法。根据图纸、施工方案及施工工艺规范，剔除不合理因素，制订出材料消耗定额。运用这种方法计算出来的定额，一般比较准确，但工作量较大，技术性较强，并不是每一个企业都能做得到的。随着企业技术管理水平的不断提高，这一方法的使用范围也将不断扩大。

(2)经验估算法。根据图纸、施工工艺要求，组织有经验的人员参照有关资料，经过对比、分析和计算，制订出材料消耗定额。

(3)现场测定法。在施工现场按照规定的施工工艺，对材料消耗进行实际测定而计算出材料消耗定额。

(4)统计分析法。根据相关统计资料，分析现有的各种影响因素来确定材料消耗定额。

一般来说，凡是有设计图纸和工艺文件的产品，其主要原材料的消耗定额可以用技术分析法计算，同时参照必要的统计资料和职工生产实践中的工作经验来制订。辅助材料、燃料等的消耗定额，大多可采用经验估算法或统计分析法来制订。但是，无论采用何种方法，在制订材料消耗定额时，都必须走群众路线，实行干部、技术人员、工人的三结合，共同审查和确定各种材料的消耗定额。

3. 施工中的组织管理

这是现场材料管理和管理目标的实施阶段，其主要内容如下：

(1)现场材料平面布置规划，做好场地、仓库、道路等设施的准备。

(2)履行供应合同，保证施工需要，合理安排材料进场，对现场材料进行验收。

(3)掌握施工进度变化，及时调整材料配套供应计划。

(4)加强现场物资保管，减少损失和浪费，防止物资丢失。

(5)施工收尾阶段，将多余料具退库，做好废旧物资的回收和利用。

从实践看，提高资源、能源利用效率的关键在于管理，要大力推进建筑过程的资源、能源节约和综合循环利用，严格执行建筑节能、节地、节水、节材要求，优化建筑施工方案，采用新技术、新工艺、新标准。施工现场要合理堆置材料，避免和减少二次搬运，严格执行材料进场验收和领料制度，减少各个环节的损耗，节约采购费用，合理使用材料，这些对提高工程质量、降低材料损耗和节约工程成本都起到事半功倍的作用。

8.3.4 材料节约管理的新途径

1. 加强材料管理

采用行政的、制度的、经济的管理措施和手段，调动使用者的积极性和主动性，规范使用者的行为，改变使用者的消极和无关心态，达到合理使用材料的目的。例如，建立和执行限额领料责任制度、节约和浪费材料的监督考核办法和奖励机制。同时，重视材料的存储优化问题，即确定经济存储量、经济采购批量、安全存储量、合理定购点等。

2. 改进材料的组织方式

改进材料的组织方式，如进行集中加工、修旧利废、集中配料等。组织方式比技术方式见效快、效果大。因此，要特别注意施工组织设计中对材料节约措施的设计和月度组织措施计划的编制和贯彻。

3. 采用 ABC 分类法找出材料管理的重点

ABC 分类法是一种常用的材料分类管理法，将库存材料按一定标准分为 A、B、C 三类，对重要材料进行重点管理。其分类方法如下：

A 类物料占物料种类的 10% 左右，金额占总金额的 65% 左右。对于 A 类物料应重点管理，严格控制库存，并定期盘点，严加记录，加强进货、发货、运货管理。

B 类物料占物料种类的 25% 左右，金额占总金额的 25% 左右。B 类物料主要为专用零部件和少数通用零部件，因此可以按常规方式管理。

C 类物料占物料种类的 65% 左右，金额占总金额的 10% 左右。对于 C 类物料应实行宽松管理，大量采购、库存，简单计算、控制。

材料管理中 ABC 分类法的实施过程为以下几项：

（1）计算项目各种材料所占用的资金总量。

（2）根据各种材料所占用资金的数量，按照从大到小的顺序进行排列，并计算各种材料的资金占用量占材料总费用的百分数。

（3）计算不同时期各种材料占用资金的累计金额及其占总金额的百分比，即累计资金占用额百分数。

（4）计算不同时期各种材料使用数量的累计数及其累计百分数。

（5）绘制 ABC 曲线图。以材料数量累计百分数为横坐标，以累计资金占用额百分数为纵坐标，按上述分析所提供的数据，在坐标图上取点，并连接各点，则绘成 ABC 曲线。A 类材料是管理的重点，最具有节约的潜力。

ABC 分类法是十分重要而有效的材料分类管理方法，适用于材料管理部门的几乎所有职能，包括材料的计划和控制、采购、收货、仓储和库存控制等，同样适用于来料质量控制。

4. 应用价值分析理论进行管理优化

价值分析理论所说的"价值"，是指某种产品的功能与成本的相对关系，把二者的比值叫作产品的价值，即：

$$价值＝功能/成本$$

价值分析的目的是以尽可能少的费用支出，可靠地实现必要的功能。由于材料成本所占比重较大，其成本降低的潜力最大，故有必要认真研究价值分析理论在材料管理中的应用。

5. 改进设计及研究材料代用

按价值分析理论，提高价值的有效途径之一就是改进设计和使用代用材料，它比改进工艺的效果好得多。因此，在项目实施过程中应大力进行科学研究，开发新技术，以改进设计寻找代用材料，从而实现大幅度降低成本的目标。

📖 **任务练习**

1. 项目材料管理可以概括为 _____、_____、_____ 三方面。

2. _____是项目活动的首要环节，_____是项目材料管理的关键。

3. 在 ABC 分类法中，A 类材料应该_____管理，B 类材料应该_____管理，C 类材料应该_____管理。

4. 产品的价值在数值上是_____和_____的比值。

参考答案

5. 价值分析的目的是(　　)。

A. 减少费用的支出　　　　　　　　B. 实现必要的功能

C. 提高产品的价值　　　　　　　　D. 提高产品的功能

6. 材料节约管理的新途径包括(　　)。

A. 加强材料管理　　　　　　　　　B. 改进材料的组织方式

C. 运用 ABC 分析法　　　　　　　　D. 寻找代用材料

E. 应用价值分析理论

7. 编制材料消耗定额的方法有(　　)。

A. 技术分析法　　　　　　　　　　B. 经验估算法

C. 现场测定法　　　　　　　　　　D. 统计分析法

任务 8.4　建筑工程项目机械设备管理

任务导入

机械设备就是施工过程中所需要的各种器械用品的总称。机械设备它包括各种工程机械，如挖掘机、铲土机、起重机、混凝土搅拌机、打桩机等各类施工机械，以及各类汽车、维修和加工设备、测试仪器和试验设备等。随着科学技术的迅猛发展和快速更新，施工设备逐渐向专业化和多元化发展。一机多用、大功率、大载重量施工设备的增加，液压技术和电子技术在施工设备上的应用，彻底改变了单纯机械式的施工设备。机械设备是施工企业进行生产必不可少的物质与技术基础。加强对机械设备的管理，正确选择机械设备，合理使用、及时维修机械设备，不断提高机械设备的完好率、利用率，提高机械效率，并及时地对现有设备进行技术改造和更新，对多快好省地完成施工任务和提高企业的经济效益具有十分重要的意义。

8.4.1　工程项目机械设备管理的含义及特点

机械设备的管理就是对机械设备运动的全过程管理，其中包括机械设备的选择、使用、维修、保养、检查和报废处理。机械设备管理的任务主要是根据机械设备运行的特点，通过一些技术、经济、组织措施，对机械设备实行全过程的综合管理，以达到机械设备的寿命周期费用最经济、综合效能最高的目标。

建设项目施工本身所具有的技术经济特点，决定了建筑项目机械设备存在的一些缺点，具体如下：

(1)施工的流动性决定了机械设备的频繁搬迁和拆装，有效作业时间减少，利用率低；每拆装一次都会降低设备的精度，加速磨损，缩短机械设备的使用寿命。

(2)施工过程中机械设备多为露天作业，因而易受自然条件等各种因素的作用，加速了机械设备的损耗。

(3)机械设备多为临时固定，稳定性差，同时工作负荷不稳定，这也加速了设备的磨损。

(4)机械设备的装备配套性差，品种规格庞杂，从而增加了维护和保修工作的复杂性。

工程项目的机械设备管理，应根据工程项目管理的特点来组织和进行。由于项目经理部门不是企业的一个固定管理部门，没有相对确定的机械设备，所以，工程项目机械设备管理应遵循企业机械设备管理规定；对分包商进场时自带设备及企业内外租用设备进行统一的管理和协调；同时必须围绕工程项目管理的目标，使机械设备管理与工程项目的进度管理、质量管理、成本管理和安全管理紧密联系、相互统一。

8.4.2 工程项目机械设备的获取及租赁管理

1. 工程项目机械设备的获取

项目所需机械设备可以使用企业自有的机械设备，或购买、租赁，提供给项目经理部使用。远离公司本部的项目经理部，可由企业法定代表人授权，就地采取措施解决机械设备的来源。施工项目机械设备的来源主要有以下四种方式：

(1)从设备租赁市场上租赁。

(2)从本企业设备租赁公司租用。

(3)分包工程的施工队伍自带。

(4)企业为施工项目专购。

2. 工程项目机械设备的租赁原则

目前，机械设备租赁服务范围广泛，涉及公路、铁路、隧道、桥梁、水利、工厂、商场、房地产工程、市政工程、野外作业等建设的各个方面。机械设备租赁大多属一次性投资，既不占现金流，也不用投入大量人力、物力进行维护，并且在项目完工后即可退租，不必考虑设备存放，免除设备故障的维修成本风险，因此受到很多施工方的欢迎。

在计划租赁机械设备之前，施工方要深入调研工程情况和设备的生产效率，同时考虑其他人为和客观因素，选择适当的机械设备租赁期限，控制租赁费用。"降低成本、经济适用"应成为机械设备租赁的原则。在进行设备租赁时，需要与机械设备公司签订合同。合同应以国家法律法规为基础，在签订时要提高警惕，防范欺诈行为，防止纠纷发生，力图降低各种风险，保证租赁双方的合法利益。合同规定要清晰严密，如对设备返还状态的严格规定、租赁方式及期限的清晰表达等。完成机械设备租赁后，在施工现场要科学管理使用机械设备，合理制订施工方案，最大限度地降低施工事故发生概率，保证设备的高利用率。

3. 机械设备租赁的优点和缺点

(1)机械设备租赁的优点。在资金短缺的情况下，既可用较少资金获得生产急需的设备，也可以引进先进设备，加快技术进步；可以享受设备试用的优惠，加快设备更新，减少或避免设备陈旧、技术落后的风险；可以保持资金的流动状态，防止呆滞，也不会使企业资产负债状况恶化；可以保值，既不受通货膨胀的影响，也不受利率波动的影响；设备租金可在所得税前扣除，能享受税收利益等。

(2)机械设备租赁的缺点。在租赁期间承租人对租用设备无所有权，只有使用权。故承租人无权随意对设备进行改造，更不能处置设备，也不能用于担保、抵押贷款；承租人在租赁期间所交的租金总额一般比直接购置设备的费用要高，即资金成本较高；长年支付租金，形成长期负债；租赁合同规定严格，毁约要赔偿损失，罚款较多等。

虽然机械设备租赁与机械设备购买的方式相比较有上述多方面的缺点，但总体上它的优越性显得更加突出，对建筑施工项目的管理和成本控制起到了很好的作用。

8.4.3　工程项目机械设备的使用管理

1. 机械设备的安全管理

(1)项目要建立和健全设备安全检查、监督制度，要定期和不定期地进行设备安全检查，及时消除隐患，确保设备和人身安全。

(2)对于起重设备的安全管理，要认真执行当地政府的有关规定。要由经过培训考核，具有相应资质的专业施工单位承担设备的拆装、施工现场移位、顶升、锚固、基础处理、轨道铺设、移场运输等工作任务。

(3)各种机械必须按照国家标准安装安全保险装置。机械设备转移施工现场，重新安装后必须对设备安全保险装置重新调试，并经试运转，以确认各种安全保险装置符合标准要求，方可交付使用。任何单位和个人都不得私自拆除设备出厂时所配置的安全保险装置而操作设备。

(4)设备操作和维护人员，要严格遵守建筑机械使用安全技术规程，对于违章指挥，设备操作者有权拒绝执行，对违章操作，现场施工管理人员和设备管理人员应坚决制止。

(5)项目应建立健全设备安全使用岗位责任制，从选型、购置、租赁、安装、调试、验收到使用、操作、检查、维护保养和修理直至拆除退场等各个环节，都要严格管理。

2. 机械设备的制度管理

机械设备的制度管理主要包括以下内容：

(1)实行机械设备使用中的交接班制度。

(2)实行机械设备使用中的"三定"制度，即定人、定机、定岗位责任的制度。

(3)健全机械设备管理的奖励与惩罚制度。

3. 机械设备验收与技术文件管理

进入施工现场的机械设备应具有的技术文件包括以下几项：

(1)设备安装、调试、使用、拆除及试验图标程序和详细文字说明书。

(2)各种安全保险装置及行程限位器装置调试和使用说明书。

(3)维护保养及运输说明书。

(4)配件及配套工具目录。

(5)安全操作规程。

(6)产品鉴定证书、合格证书。

(7)其他重要的注意事项等。

8.4.4　工程项目机械设备的保养与维修

1. 机械设备的磨损

机械设备的磨损可分为以下三个阶段：

(1)磨合磨损。磨合磨损包括制造或大修理中的磨损和使用初期的磨合磨损，这段时间较短。此时，只要执行适当的磨合期使用规定就可降低初期磨损，延长机械使用寿命。

(2)正常工作磨损。这一阶段，零件经过磨合磨损，表面粗糙度降低了，在较长时间内基本处于稳定的均匀磨损状态。这个阶段后期，条件逐渐变坏，磨损就逐渐加快。

(3)事故性磨损。此时，由于零件配合的间隙扩展因而负荷加大，磨损激增，可能很快磨损。如果磨损程度超过了极限而不及时修理，就会引起事故性损坏，造成修理困难和经济损失。

2. 机械设备的保养

机械设备保养的目的是保持机械设备的良好技术状态，提高设备运转的可靠性和安全性，减少零件的磨损，延长使用寿命，降低消耗，提高机械施工的经济效益。作业人员严格遵守操作规程，机械操作人员负责机械设备的日常保养，做好"十字"(清洁、润滑、调整、紧固、防腐)作业，填写机械设备运转和交接班记录。

机械设备的保养分为例行保养和强制保养。例行保养属于正常使用管理工作，它不占用机械设备的运转时间，由操作人员在机械运转间隙进行；而强制保养是间隔一定周期需要占用机械设备运转时间而停工进行的保养。

3. 机械设备的修理

机械设备的修理是指对机械设备的自然损耗进行修复，排除机械运行的故障，对损坏的零部件进行更换、修复。机械设备的预检和修理，可以保证机械的使用效率，延长使用寿命。机械设备的修理可分为大修、中修和零星小修。

4. 机械设备的检查控制

机械设备在使用中要尽量避免发生故障，尤其是预防事故损坏(非正常损坏)，即人为的损坏。造成事故损坏的主要原因有：操作人员违反安全技术操作规程和保养规程操作；操作人员技术不熟练或麻痹大意；机械设备保养、维修不良；机械设备运输和保管不当；施工使用方法不合理和指挥错误，气候和作业条件的影响等。这些都必须采取措施，严加防范，随时要以"五好"标准予以检查控制，即：

(1)完成任务好：要做到高效、优质、低耗和服务好。

(2)技术状况好：要做到机械设备经常处于完好状态，工作性能达到规定要求，整洁，随机工具部件及附属装置等完整齐全。

(3)使用好：要认真执行以岗位责任制为主的各项制度，做到合理、正确使用和原始记录齐全准确。

(4)保养好：要认真执行保养规程，做到精心保养，随时搞好清洁、润滑、调整、紧固、防腐等工作。

(5)安全好：要认真遵守安全操作规程和有关安全制度，做到安全生产、无机械事故。

只要调动人的积极性，建立健全合理的规章制度，严格执行技术规定，就能提高机械设备的完好率、利用率和效率。

📖 **任务练习**

1. 机械设备的管理就是对机械设备运动的全过程管理，其中包括机械设备的 _____、_____、_____、_____、_____和报废处理。

2. 施工项目机械设备的来源主要有四种方式：_____、_____、_____、_____。

3. 机械设备租赁的原则是：_____，_____。

4. 机械设备使用中的"三定"制度是指_____、_____、_____的制度。

参考答案

5. 以下属于机械设备租赁优点的是（　　　）。
   A. 可享用设备的试用
   B. 资金短缺时可加快技术进步
   C. 保持资金的流动性
   D. 保值
   E. 增加税收优惠
6. 以下属于机械设备租赁缺点的是（　　　）。
   A. 无所有权
   B. 资金成本较高
   C. 合同规定严格
   D. 构成长期负债
   E. 阻碍技术改进
7. 造成机械设备事故损坏的主要原因有（　　　）。
   A. 操作人员违犯规程
   B. 保养维修不良
   C. 保管不当
   D. 施工方法不合理
   E. 气候条件的影响

任务 8.5　建筑工程项目技术管理

任务导入

建筑工程项目技术管理是对所承包的工程各项技术活动和构成施工技术的各项要素进行计划、组织、指挥、协调和控制的总称。技术管理作为施工项目管理的一个分支，与合约、工期、质量、成本、安全等方面的管理共同构成一个相互联系、密不可分的管理体系。

8.5.1　工程项目技术管理指导思想

1. 科学技术是第一生产力思想

项目管理是一门科学，是因为它反映了项目运动和项目管理的客观规律，是在实践的基础上总结、研究出来的，又可用来指导实践。项目技术管理自然必须遵从科学技术是第一生产力的思想，应在项目上把各种生产要素合理组织起来，不断研究、实践、创新，加强项目实施过程中的目标控制、协调和动态管理，使之形成强大的生产力。

2. 系统管理思想

建立系统管理思想就是要真正认识到施工项目技术管理是系统性的管理，必须重视它与其他管理系统的关系，重视相关管理，特别要重视与技术管理系统相关的"结合部"的综合考虑和管理，如与进度管理、质量管理、安全管理、经济效益管理、劳力与机械管理等诸要素的关联性与综合性。利用系统管理的方法，就是要提高绩效，能更加有针对性地、科学地、合理地发挥整体功能。

3. 现代化管理思想

市场是施工项目管理的载体与环境。施工项目管理要取得成果，就必须充分依靠市场经济下的建筑市场。在如今日新月异飞速发展的时代，现代化管理即科学化管理，一是要管理观念现代化；二是要管理原则科学化，只有这样才能更加规范市场，促进科学技术的发展，也只有不断创新，广泛采用新工艺，新技术，新材料，新设备，新的管理组织、方法和手段，才能赢得技术管理水平的胜利。

8.5.2　工程项目技术管理制度

工程项目技术管理制度是贯彻国家法律、法规、方针、政策，规范施工项目组织及职工的行为，使之按规定的方法、程序要求、标准进行施工和管理活动，从而保证项目组织秩序正常运转，保证各项工作的质量和效率。

1. 图纸会审制度

制订、执行图纸会审制度的目的是领会设计意图，明确技术要求，发现设计文件中的差错与问题，提出修改与洽商意见，避免技术事故或产生经济与质量问题。

2. 施工组织设计管理制度

按企业的施工组织设计管理制度制订施工项目的实施细则，着重于单位工程施工组织设计及分部分项工程施工方案的编制与实施。

3. 技术交底制度

保证技术责任制的落实，技术管理体系正常运转，技术工作按标准和要求进行。

4. 施工项目材料、设备检验制度

保证项目所用材料、构件、零配件和设备的质量，进而保证工程质量。

5. 工程质量检查及验收制度

加强工程施工质量的控制，避免质量差错造成永久隐患，并为质量等级评定提供数据和情况，为工程积累技术资料和档案。

6. 工程技术资料管理制度

工程技术资料是根据有关管理规定，在施工过程中形成的应归档保存的各种图纸、表格、文字、音像材料的总称，其是工程施工及竣工交付使用的必备条件，也是对工程进行检查、维护、管理、使用、改建和扩建的依据。

7. 其他技术管理制度

制订其他技术管理制度，保证有关技术工作正常进行，如土建与水电专业施工协作技术规定、工程测量管理办法、计量管理办法、环境保护办法、工程质量奖罚办法等。

8.5.3　工程项目的主要技术管理工作

1. 设计文件的学习和图纸会审

图纸会审是施工单位领会设计意图、熟悉设计图纸的内容、明确技术要求、及早发现并消除图纸中的技术错误和不当之处的重要手段，它是项目组织在学习和审查图纸的基础上进行质量控制的一种重要而有效的方法。会审图纸有三方代表，即建设单位或其委托的监理单位、设计单位和施工单位。可由建设单位（或监理单位）主持，先由设计单位介绍设计意图和图纸、设计特点、对施工的要求；然后，由施工单位提出图纸中存在的问题和对设计单位的要求，通过三方讨论与协商，解决存在的问题，写出会议纪要，交给设计人员。设计人员将纪要中提出的问题通过书面的形式进行解释或提交设计变更通知书。

图纸会审是项目组织在学习和审查图纸的基础上进行质量控制的一种重要而有效的方

法。其具体内容包括以下几项：

（1）地质勘察资料、设计图纸手续资料是否正式签署，是否齐全、完善。

（2）总平面图与施工图的几何尺寸、平面位置、标高是否一致；结构图与建筑图的平面尺寸和标高是否一致，表示方法是否清楚；构造要求是否说明清楚，是否与规范要求矛盾。

（3）施工安全是否有保证；地基处理方法是否合理；建筑与结构构造是否存在不能施工、不便于施工的问题以及是否容易导致质量和安全或经费等方面的问题；建筑材料来源是否有保证。

（4）安装工艺管道、电气线路、运输道路与建筑物之间有无矛盾，管道之间的关系是否合理。

2. 工程项目技术交底

技术交底是一项技术性很强的工作，对保证质量至关重要，不但要领会设计意图，还要贯彻上一级技术领导的意图和要求，它必须满足施工规范、质量评定标准和建设单位的合理要求。项目技术交底要建立交底制度，并加强施工质量检验、监督和管理，从而提高质量。其内容包括以下几项：

（1）设计交底。由设计人员向施工单位交底。设计交底的内容包括：设计文件依据；建设项目所处规划位置、地形、水文地质、地震烈度；设计意图及施工时应注意的事项，如施工要求，建筑材料方面的特殊要求，设计采用的新结构、新工艺对施工提出的要求。

（2）施工单位技术负责人向下级技术负责人的交底。其内容包括：工程概况一般性交底、施工方案、工程特点和设计意图、施工准备要求、分部分项工程的注意事项及工期、质量、安全等。

（3）施工单位技术负责人向工长、班组长进行的技术交底。按分部分项工程进行交底，其内容包括：设计图纸的具体要求；施工方案实施的具体技术措施及施工方法；土建与其他专业的协作关系及注意事项；各工种之间与各工序之间交接质量检查；设计要求、工艺标准、验收标准及检验方法；隐蔽验收标准及记录；成品保护办法与制度；施工安全技术措施。

（4）工长向班组长的交底。主要利用下达施工任务书的时间进行分项工程操作交底，包括操作要领、材料使用、质量标准、工序交接安全措施、成品保护等，必要时要用图表、样板、示范操作等方法进行。

3. 工程检查及隐蔽验收

（1）工程检查内容。建筑物位置线，现场标准水准点、坐标点，应有测量记录；轴线、标高、断面尺寸、坡度、节点构造做法、预埋件及预留洞尺寸位置检查；施工缝留置方法和位置，接槎的处理；细部做法的检查。

（2）隐蔽验收。隐蔽工程是指地基、电气管线、供水、供热管线等需要覆盖、掩盖的工程。由于隐蔽工程在隐蔽后如果发生质量问题，还得重新覆盖和掩盖，会造成返工等非常大的损失，为了避免资源的浪费和当事人双方的损失，保证工程的质量和工程顺利完成，承包人在隐蔽工程隐蔽以前，应通知发包人检查，发包人检查合格的，方可进行隐蔽工程施工。建筑工程隐蔽工程检查验收的项目有：地基验槽，包括土质情况、标高、地基处理；基础、主体结构各部位的钢筋均须办理隐蔽验收；现场结构焊接；屋面、厕浴间防水层下的各层细部做法，地下室施工缝、止水带、过墙管做法等。

1. 工程项目技术管理的指导思想有_____、_____、_____。

2. 现代化管理即科学化管理，一是要_____现代化；二是要_____科学化。

参考答案

3. 制订、执行图纸会审制度的目的包括(　　)。
   A. 领会设计意图　　　　　　　　B. 明确技术要求
   C. 发现差错　　　　　　　　　　D. 提出修改意见
   E. 避免技术和经济事故

4. 会审图纸有三方代表，即(　　)。
   A. 建设单位　　　　　　　　　　B. 设计单位
   C. 施工单位　　　　　　　　　　D. 建设单位委托的监理单位

5. 项目技术交底要建立交底制度，并加强施工质量检验、监督和管理，从而提高质量。它的内容包括(　　)。
   A. 设计交底
   B. 施工单位技术负责人向下级技术负责人的交底
   C. 施工单位技术负责人向工长、班组长进行的交底
   D. 工长向班组长交底

任务8.6　建筑工程项目资金管理

任务导入

工程项目资金管理是指对项目建设资金的预测、筹集、支出、调配等活动进行的管理。资金管理是整个基本建设项目管理的核心内容。如果资金管理得当，则会有效地保障项目资金的供给，保证基本建设项目建设的顺利进行，取得预期甚至高于预期的效益；反之，若资金管理不当，则会造成损失和浪费，影响基本建设项目目标的实现，甚至会导致整个项目的失败。

8.6.1　工程项目资金运用的影响因素

工程项目的资金是工程项目经理部占用和支配物资及财产的货币表现，是市场流通的手段，是进行生产经营活动的必要条件和物资基础。因此，资金管理的好与坏直接关系到工程项目能否顺利进行和工程项目经济效益的好与坏。工程项目资金运用的主要影响因素如下：

(1)工程项目的投标报价和合同规定的付款方式，包括要求工期、预付备料款的比例和金额、工程款的结算方式和期限等。

(2)市场上各种材料和机械设备的价格，包括价格和租赁费用等变动因素。

(3)市场条件下量价分离后，企业内部定额是影响资金运用的重要内部因素。

(4)国家银行的贷、存款利率等。

(5)工程项目施工方案、技术组织措施等直接影响着资金运用。

8.6.2　工程项目的资金收入与支出的预测与对比

1. 资金收入预测

工程项目的资金收入预测，应从按合同规定收取工程预付款（预付款要在施工后以冲抵工程价款方式逐步扣还给业主）开始，每月应按进度收取工程进度款，直到竣工验收合格后办理竣工结算。按时测算出价款数额，做好工程项目的收入预测表，绘出资金按月收入图及工程项目资金按月累加收入图。项目资金收入预测程序如图 8-2 所示。

图 8-2　项目资金收入预测程序

资金收入预测应注意以下问题：

(1)在项目经理主持下，由职能部门人员参加，共同分工负责完成。

(2)加强施工的控制与管理，确保按期实现目标，避免违约罚款，造成自己的经济损失。

(3)按合同规定的结算办法测算每月实际应收入的工程进度款额。尚需考虑按每月完成的工程量计算应收取的工程进度款不一定能按时全额收取，但应尽力缩短滞后时间。

(4)如收取的价款由多种币种组成，在测算每月的收入时要按货币种类分别进行计算，收入曲线也应按货币种类分别绘制。

2. 资金支出预测

项目资金的支出主要用于劳动对象和劳动资料的购买或租赁及劳动者工资的支付和现场的管理费用等。资金支出预测的主要依据有：施工项目的责任成本控制计划、施工管理规划以及材料和物资的储备计划。项目资金支出预测程序如图 8-3 所示。

图 8-3　项目资金支出预测程序

依据上述规划和计划，测算出工程实施中每月预计的人工费、材料费、机械设备使用费、物资储运费、临时设施费、其他直接费和施工管理费等各项支出。支出预测会给项目经理部一个整体施工项目的支出在时间和数量上的总概念，以满足资金运用管理的需要。

资金支出预测应注意以下问题：

（1）从工程项目的运行实际出发，使资金预测支出计划更接近实际情况。资金支出预测在招投标中就开始涉及了，但是不够具体。因此，在预测过程中要根据项目的实际情况，根据不确定性因素的具体情况对原来做出的预测进行调整，使其更加符合实际情况。

（2）应考虑资金支出的时间价值，测算资金的支出是站在筹措资金和合理安排调度资金的角度考虑的，故应从动态角度考虑资金的时间价值，同时考虑实施合同过程不同阶段的资金需要。

3. 项目资金收支对比

图 8-4 所示为施工项目资金收支预测的对比图。其横坐标表示既可以项目合同总工期为 100% 的时间进度百分比，也可按月度（旬、周）表示；其纵坐标表示既可以项目合同价款为 100% 的资金百分比，也可用绝对资金数额表示。分别将收支预测的累计数值绘于图中，便得到 A、B 两条曲线。在同一进度时 A、B 曲线上两点距离即为该进度时收入资金与支出资金的预计差额，也就是应筹措的资金数量。图中 a、b 间距离反映的是该施工项目应筹措的资金最大值。

图 8-4 施工项目资金收支预测对比

8.6.3 项目资金的筹措

1. 项目资金筹措的主要渠道

当前基本建设项目资金的来源渠道主要有以下几个：

（1）财政预算投资。由国家预算安排的并列入年度基本建设计划的建设项目投资为财政预算投资，也称为国家投资。

（2）自筹资金投资。自筹资金是指各地区、各部门、各单位按照财政制度提留、管理和自行分配用于固定资产再生产的资金。自筹资金主要有地方自筹资金，部门自筹资金，企业、事业单位自筹资金，集体、城乡个人筹集资金等。自筹资金必须纳入国家计划，并控制在国家确定的自筹资金投资规模以内。地方和企业的自筹资金，应由建设银行统一管理，其投资要同预算内投资一样，事先要进行可行性研究和技术经济论证，严格按基本建设程序办事，以保障自筹投资有较好的投资效益。

（3）银行贷款投资。银行利用信贷资金发放基本建设贷款是建设项目投资资金的重要渠道之一。

（4）利用外资。利用多种形式的外资，是我国实行改革开放政策、引进外国先进技术的一个重要步骤，同时，也是我国建设项目投资不可缺少的重要资金来源。其主要形式有：外国政府贷款；国际金融组织贷款；国外商业银行贷款；在国外金融市场上发行债券；吸收外国银行、企业和私人存款；利用出口信贷；吸收国外资本直接投资，包括与外商合资经营、合作经营、合作开发以及外商独资等形式；补偿贸易；对外加工装配；国际租赁；利用外资的 BOT 方式等。

（5）利用有价证券市场筹措建设资金。有价证券市场是指买卖公债、公司债券和股票等有价证券，在不增加社会资金总量和资金所有权的前提下，通过融资方式，将分散的资金累积起来，从而有效地改变社会资金总量的结构。

2. 筹措资金的原则

（1）按照收支预测计划对比后的差额筹措资金。

（2）基本上利用自有资金。自有资金调度灵活，比贷款更有保证性。

（3）努力争取低息贷款，资金成本应作为资金来源选择的标准。

8.6.4　工程项目资金管理的要点

（1）确定施工项目经理当家理财的中心地位。相应的资金用在相应的项目上。

（2）项目经理部应在企业内部的银行中申请开设独立账户，由内部银行办理项目资金的收、支、划、转，由项目经理签字确认。

（3）内部银行实行有偿使用、存款计息、定额考核、定额内低利率、定额外高利率的内部贷款办法。项目资金不足时，通过内部银行解决，不搞平调。

（4）项目经理部按月编制资金收支计划，企业工程部签订供款合同，公司总会计师批准，内部银行监督实施，月终提出执行情况分析报告。

（5）项目经理部应及时向发包方收取工程预付备料款，做好分期结算、预算增减账、竣工结算等工作，定期进行资金使用情况和效果分析，不断提高资金管理水平和效益。

（6）建设单位所交"三材"和设备，是项目资金的重要组成部分。项目经理部应设置台账，根据收料凭证及时登记入账，按月分析耗用情况，反映"三材"收入及耗用动态。定期与交料单位核对，保证数据资料完整、正确，为及时做好竣工结算创造条件。

（7）项目经理部每月定期召开业主、分包人、供应、加工各单位代表碰头会，协调工程进度、配合关系、资金调度、甲方供料事宜。

任务练习

1. 施工项目资金收支预测对比图中，在同一进度时 A、B 曲线上两点距离即为该进度时收入资金与支出资金的预计差额，也就是_____。

2. 施工项目的资金收入预测，应从按合同规定收取_____开始，每月应按进度收取工程进度款，直到竣工验收合格后办理_____。

3. _____会给项目经理一个整体施工项目的支出在时间和数量上的总概念，以满足资金运用管理的需要。

4. 施工项目资金收支预测对比图中，其横坐标表示_____，其纵坐标表示_____。

参考答案

5. 施工项目资金运用的主要影响因素有(　　)。

    A. 施工项目的投标报价和合同规定的付款方式

    B. 市场上各种材料和机械设备的价格

    C. 企业内部定额

    D. 国家银行的贷存款利率

    E. 施工项目施工方案、技术组织措施

6. 当前基本建设投资资金的来源渠道主要有(　　)。

    A. 财政预算投资　　　　　　　　B. 自筹资金投资

    C. 银行贷款投资　　　　　　　　D. 利用外资

    E. 利用有价证券市场筹措建设资金

7. 基本建设资金筹措的原则有(　　)。

    A. 按照收支预测计划对比后的差额筹措资金

    B. 尽量使用自有资金

    C. 争取低息贷款

    D. 尽量利用外资

项目小结

本项目介绍了建筑工程项目资源管理的含义、特点、内容、原则，然后分别从人力资源、材料、机械设备、技术和资金五个方面对资源管理中的各个问题进行分析和阐述：介绍了工程项目人力资源管理的定义、特点、内容和程序，施工企业人力资源的特点和管理措施；工程项目材料管理的含义和内容，项目材料采购管理、现场管理、组织管理和节约管理；项目机械设备管理的含义和特点，机械设备的获取和租赁管理，机械设备的使用管理和保养与修理；项目技术管理的指导思想和制度，施工项目主要的技术管理工作；项目资金管理的资金影响因素，项目资金收入和支出的预测和对比，筹措资金的主要渠道和项目资金管理的要点。

项目练习

1. 建筑工程项目人力资源管理的目的是(　　)。

    A. 减少项目管理班子人员数量

    B. 调动所有项目参与者的积极性

    C. 降低项目管理人工成本

    D. 组建项目管理班子

2. 建筑工程项目资源管理的全过程包括项目资源的(　　)。

    A. 计划　　　　　　　　　　　　B. 配置

    C. 控制　　　　　　　　　　　　D. 处置

    E. 确定

参考答案

3. 下列不属于项目人力资源管理基本内容的是(　　)。

   A. 项目组织计划　　　B. 人员获取　　　C. 项目雇员考核　　　D. 人员的解散

4. 项目人力资源管理的任务主要包括(　　)等。

   A. 团队建设

   B. 管理与项目有关的所有人员

   C. 组织项目管理班子人员的获取

   D. 编制人力资源规划

   E. 进行项目与外界组织的协调

5. 项目人力资源管理包括(　　)。

   A. 有效地管理项目管理班子成员的全过程

   B. 与项目有关的所有人员的管理过程

   C. 与项目施工有关的所有人员的管理过程

   D. 有效地使用涉及项目的人员所需要的过程

6. 建设工程项目的实施需要人力资源、物质资源和(　　)资源。

   A. 成本　　　　　　　B. 质量　　　　　　　C. 信息　　　　　　　D. 合同

 项目实训

【背景资料】

某建筑工程为地上16层、地下2层，框架-剪力墙结构。施工单位为降低施工成本，购买了部分没有质量合格证和出场检验报告的钢筋，并且在材料送检前就擅自施工。事后检验报告显示，送检钢筋的屈服点、抗拉强度、伸长率等都不符合要求。

【问题】

1. 该施工单位的做法对吗？如果不对，应该怎么做？

2. 在采购、现场管理、组织管理和节约等方面，施工项目的材料应怎样进行管理？

参考答案

项目 9　建筑工程项目信息管理

项目目标

在建筑工程项目管理中，信息管理必不可少，只有切实做好建筑工程项目的信息管理工作，才能保证项目的有关人员及时获得各自所需的信息，在此基础上才能进一步做好各项管理工作，最终达到项目的目标。随着信息技术、计算机技术和通信技术的飞速发展以及建筑工程项目规模的日益扩大，信息资源的有效组织与管理对建筑工程项目的顺利实施有着越来越重要的意义。通过对本项目的学习，了解计算机等信息技术在工程项目管理中的应用，熟悉建筑工程项目信息管理的相关内容。

教学要求

学习目标	知识要点
熟悉建筑工程项目信息管理基础知识	(1)建筑工程项目信息管理的含义、目的 (2)建筑工程项目信息管理的任务 (3)建筑工程项目信息管理的过程和内容
了解计算机在建筑工程项目信息管理中的运用	(1)工程项目管理信息系统的定义、特点 (2)计算机在项目管理中的作用 (3)常见项目管理软件
了解 BIM 与项目管理信息化	(1)建筑业信息化 (2)BIM 的概念、特点，软件 (3)BIM 在信息化中的作用

案例导入

1995 年 4 月，建设部决定在全国建设系统实施"全建"工程。2006 年 12 月 30 日经建设部第 114 次常务会议讨论通过的《建筑业企业资质管理规定》，要求建筑施工企业在申请建筑业企业资质时必须同时提交相应的电子文档。2007 年 10 月 18 日建设部发布了《建筑业企业资质管理规定实施意见》。

建筑施工企业通过信息化建设，可以把分散在各个业务管理部门和岗位的管理资信汇集到企业的信息系统，开展数据积累、数据分析工作，提高管理资信的利用率。

建筑施工企业通过信息化建设，可以借助现代网络技术的优势，及时掌握生产一线的施工情况，提高企业管理的效率，有效防范经营风险。

建筑施工企业通过信息化建设，可以降低企业的管理成本，节约管理费用的支出，加快资金流转速度，提高企业的营利能力和竞争能力。

【问题】

1. 建筑施工企业为什么要进行信息化建设？

2. 信息化建设能为建筑施工企业带来哪些好处？

任务 9.1　建筑工程项目信息管理基础知识

📋 任务导入

建筑工程项目信息管理应适应项目管理的需要，为预测未来和做出正确决策提供依据，提高建筑企业管理水平。建筑工程项目的实施需要人力资源和物质资源，应认识到信息也是项目实施的重要资源之一。

9.1.1　建筑工程项目信息管理的含义

信息是指以口头、书面或电子的方式传输（传达、传递）的知识、新闻，或可靠的或不可靠的情报。声音、文字、数字和图像等都是信息表达的形式。

信息管理是指信息传输的合理的组织和控制。

项目的信息管理是通过对各个系统、各项工作和各种数据的管理，使项目的信息能方便和有效地获取、存储、存档、处理和交流。项目的信息管理旨在通过有效的项目信息传输的组织和控制（信息管理）为项目建设的增值服务。

建筑工程项目的信息包括在项目决策过程、实施过程（设计准备、设计、施工和物资采购过程等）和运行过程中产生的信息，以及其他与项目建设有关的信息，它包括以下几项：

（1）组织类工程信息，如工程建设的组织信息、项目参与方的组织信息、参与工程项目建设有关的组织信息及专家信息等。

（2）管理类工程信息，如与投资控制、进度控制、质量控制、合同管理、安全管理和信息管理有关的信息等。

（3）经济类工程信息，如建设物资市场信息、项目融资信息等。

（4）技术类工程信息，如与设计、施工、物资有关的技术信息等。

（5）法规类信息，如各项法律法规、政策信息等。

9.1.2　建筑工程项目信息管理的任务

建筑工程项目的业主和项目参与各方都有各自的信息管理任务，为充分利用和发挥信息资源的价值，提高信息管理的效率，以及实现有序的和科学的信息管理，各方都应编制各自的信息管理手册，以规范信息管理工作。

1. 信息管理手册的主要内容

（1）信息管理的任务（信息管理任务目录）。

（2）信息管理的任务分工表和管理职能分工表。

（3）信息的分类。

（4）信息的编码体系和编码。

（5）信息输入/输出模型。

（6）各项信息管理工作的工作流程图。

（7）信息流程图。

(8)信息处理的工作平台及其使用规定。

(9)各种报表和报告的格式，以及报告周期。

(10)项目进展的月度报告、季度报告、年度报告和工程总报告的内容及其编制。

(11)工程档案管理制度。

(12)信息管理的保密制度等制度。

2. 信息管理部门的主要工作任务

(1)负责编制信息管理手册，在项目实施过程中对信息管理手册进行必要的修改和补充，并检查和督促其执行。

(2)负责协调和组织项目管理班子中各个工作部门的信息处理工作。

(3)负责信息处理工作平台的建立和运行维护。

(4)与其他工作部门协同组织收集信息、处理信息和形成各种反映项目进展和项目目标控制的报表和报告。

(5)负责工程档案管理等。

9.1.3 建筑工程项目信息管理的过程和内容

建筑工程项目信息管理的过程主要包括信息的收集、加工整理和存储、检索和传递。在这些信息管理过程中，建筑工程项目信息管理的具体内容有很多。

1. 建筑工程项目信息的收集

项目信息的收集，就是收集项目决策和实施过程中的原始数据，这是很重要的基础工作，信息管理工作质量的好坏，很大程度上取决于原始资料的全面性和可靠性。其中，建立一套完善的信息采集制度是十分必要的。

(1)建筑工程项目建设前期的信息收集。建筑工程项目在正式开工之前，需要进行大量的工作，这些工作将产生大量的文件，文件中包含着丰富的内容，主要有以下几项：

①设计任务书及有关资料。

②设计文件及有关资料。

③招标、投标合同文件及其有关资料。

(2)建筑工程项目施工期的信息收集。建筑工程项目在整个施工阶段，每天都发生各种各样的情况，相应地包含着各种信息，需要及时收集和处理。因此，项目的施工阶段，可以说是大量信息的发生、传递和处理的阶段。该阶段收集的信息主要包括以下几项：

①建设单位提供的信息。

②承建商提供的信息。

③工程监理的记录。

④工地会议信息。

(3)工程竣工阶段的信息收集。工程竣工并按要求进行竣工验收时，需要大量的与竣工验收有关的各种资料、信息。这些信息一部分是在整个施工过程中长期积累形成的，一部分是在竣工验收期间根据积累的资料整理分析而形成的。完整的竣工资料应由承建单位编制，经工程监理单位和有关方面审查后，移交建设单位并由建设单位移交项目管理运行单位以及相关的政府主管部门。

2. 建筑工程项目信息的加工整理和存储

建筑工程项目的信息管理除应注意各种原始资料的收集外，更重要的是要对收集来的资料进行加工整理，并对工程决策和实施过程中出现的各种问题进行处理。建筑工程项目信息管理按照工程信息加工整理的深浅可分为三类：第一类为对资料和数据进行简单整理和过滤；第二类是对信息进行分析，概括综合后产生辅助建筑工程项目管理决策的信息；第三类是通过应用数学模型统计推断可以产生决策的信息。

在项目建设过程中，依据当时收集到的信息所做的决策或决定有以下几个方面：

(1)依据进度控制信息，对施工进度状况提出的意见和指示。

(2)依据质量控制信息，对工程质量控制情况提出的意见和指示。

(3)依据投资控制信息，对工程结算和决算情况提出的意见和指示。

(4)依据合同管理信息，对索赔的处理意见。

3. 建筑工程项目信息的检索和传递

无论是存入档案库还是存入计算机存储器的信息、资料，为了查找方便，在入库前都要拟定一套科学的查找方法和手段，做好编目分类工作。健全的检索系统可以使报表、文件、资料、人事和技术档案既保存完好又方便查找，否则会使资料杂乱无章、无法利用。

信息的传递是指信息借助于一定的载体在建筑工程项目信息管理工作的各部门、各单位之间的传递。通过传递，形成各种信息流。畅通的信息流，将利用报表、图表、文字、记录、各种收发文、会议、审批及计算机等传递手段，不断地将建筑工程项目信息输送到项目建设。

信息管理的目的是更好地使用信息，为决策服务。处理好的信息，要按照需要和要求编印成各类报表和文件，以供项目管理工作使用。信息检索和传递的效率、质量是随着计算机的普及而提高的。存储于计算机数据库中的数据，已成为信息资源，可为各个部门所共享。因此，利用计算机做好信息的加工储存工作，是更好地进行信息检索和传递、使用信息的前提。

9.1.4　建筑工程项目信息编码的内容

一个建筑工程项目有不同类型和不同用途的信息，为了有组织地存储信息、方便信息的检索和信息的加工整理，必须对项目的信息进行编码。编码由一系列符号(如文字)和数字组成，编码是信息处理的一项重要的基础工作。编码的主要内容如下：

(1)项目的结构编码。

(2)项目管理组织结构编码。

(3)项目的政府主管部门和各参与单位编码(组织编码)。

(4)项目实施的工作项编码。

(5)项目的投资项编码(业主方)/成本项编码(施工方)。

(6)项目的进度项(进度计划的工作项)编码，应综合考虑不同层次、不同深度和不同用途的进度计划工作项的需要，建立统一的编码，服务于项目进度目标的动态控制。

(7)项目进度报告和各类报表编码。

(8)合同编码。

(9)函件编码。

(10)工程档案编码。

1. 信息是以口头、书面或电子等方式传递的（　　　）、新闻、情报。
   A. 数据　　　　　　　　　　　　　B. 数字
   C. 文字　　　　　　　　　　　　　D. 知识

2. 建筑工程项目的实施需要人力资源、物质资源和（　　　）资源。
   A. 成本　　　　　　　　　　　　　B. 质量
   C. 信息　　　　　　　　　　　　　D. 合同

3. 信息管理指的是（　　　）。
   A. 信息的存档和处理　　　　　　　B. 信息传输的合理的组织和控制
   C. 信息的处理和交流　　　　　　　D. 信息的收集和存储

4. 项目信息管理的目的是通过有效的项目信息（　　　）为项目建设的增值服务。
   A. 存档和处理　　　　　　　　　　B. 处理和交流
   C. 传输的组织和控制　　　　　　　D. 收集和存储

5. 由于建筑工程项目有大量数据处理的需要，应重视利用（　　　）的手段进行信息管理。
   A. 信息技术　　　B. 通信技术　　　C. 计算技术　　　D. 存储技术

6. 项目的信息管理，可使项目的信息方便和有效地获取、（　　　）、存档、处理和交流。
   A. 分类　　　　　B. 存储　　　　　C. 编码　　　　　D. 打印

7. 为了充分利用和发挥信息资源的价值，实现有序的科学信息管理，业主方和项目参与各方都应编制各自的（　　　），以规范信息管理工作。
   A. 信息管理手册　　B. 信息编码手册　C. 信息格式　　　D. 信息管理流程

任务 9.2　计算机在工程项目信息管理中的运用

任务导入

随着现代化的生产和建设日益杂化，社会分工越来越细，因此，对信息管理工作的及时性和准确性提出了更高的要求，而应用计算机进行信息管理正是适应这个形势。可以说要做好建筑工程项目管理工作中的信息处理工作，必须借助于电子计算机这一现代化工具来完成。

9.2.1　项目管理信息系统

1. 工程项目管理信息系统定义

工程项目管理信息系统（PMIS）是一个全面使用现代计算机技术、网络通信技术、数据库技术、MIS 技术、GPS、GIS、RS（即 3S）技术以及土木工程技术、管理科学、运筹学、统计学、模型论和各种最优化技术，为工程承包企业经营管理和决策服务、为工程项目管理服务的人机系统，是一个由人、计算机、网络等组成的能进行管理信息收集、传递、储存、加工、维护和使用的系统。

2. 工程项目管理信息系统的特点

(1)面向决策管理、职能管理、业务(项目)管理。

(2)人机网络协同系统。在管理信息系统开发过程中，要根据这一特点，正确界定人和计算机在系统中的地位和作用，充分发挥人和计算机各自的长处，使系统整体性能达到最优。

(3)管理是核心，信息系统是工具。如果只是简单地采用计算机技术以提高处理速度，而不采用先进的管理方法，那么管理信息系统的应用仅仅是用计算机系统仿真原手工管理系统，充其量只是减轻了管理人员的劳动，管理信息系统要发挥其在管理中的作用，就必须与先进的管理手段和方法结合起来，在开发管理信息系统时，融进现代化的管理思想和方法。

3. 项目信息系统功能

项目信息系统功能尽可能包含项目管理的全部工作内容，为项目管理相关人员提供各种信息，并可以通过协同工作，实现对项目的动态管理、过程控制。项目信息系统需至少包括信息处理功能、业务处理功能、数据集成功能、辅助决策功能及项目文件与档案管理功能。

(1)信息处理工程：在项目各个阶段所产生的电子、数目等各种形式的信息、数据等，都应进行收集、传送、加工、反馈、分发、查询等处理。

(2)业务处理功能：对项目的进度管理、成本管理、质量管理、安全管理、技术管理等都能协同处理。

(3)数据集成功能：系统应与进度计划、预算软件等工具软件，与人力资源、财务系统、办公系统等管理系统有数据交换接口，以实现数据共享和交换的功能，实现数据集成，消除信息孤岛。

(4)辅助决策功能：项目的信息化管理要具备数据分析预测功能，利用已有数据和预先设定的数据处理方法，为决策提供依据信息。

(5)项目文件与档案管理功能：项目的信息化管理要具备对项目各个阶段所产生的项目文件按规定的分类进行收集、存储和查询功能，同时具备向档案管理系统进行文件推送功能，在档案系统内对项目文件进行整理、归档、立卷、档案维护、检索。

4. 信息管理系统规划与实施

信息系统的建设应与时俱进，多采用先进技术，如 BIM、云计算、大数据、物联网、移动互联网，提高系统的易用性，降低人工对信息的采集、分析等工作量，提高数据分析的效率和价值。项目管理信息系统需要先规划再实施。

规划阶段需要开展以下工作：

(1)明确项目的信息化管理目标。

(2)确定项目的信息化管理实施策略。

(3)建立项目的信息化管理总体规划。

(4)制订项目的信息化管理行动计划。

(5)制订项目的信息化管理配套措施。

实施时，应包含如下环节：

(1)需求分析。

(2)选型采购。

(3)系统实施。

(4)运行。

9.2.2 常用项目管理软件

随着微型计算机的出现和运算速度的提高，20 世纪 80 年代后项目管理技术也呈现出繁荣发展的趋势，涌现出大量的项目管理软件。从目前看，网络版项目管理软件已经成为主流趋势，其主要有两种结构：一是 C/S 结构；二是 B/S 结构。

1. 国外项目管理软件

(1)Microsoft Project。Microsoft Project 是微软公司的产品，目前，其已经占领了通用项目管理软件包市场的大量份额。Microsoft Project 是一个功能强大而灵活的项目管理工具，用户可以用它来管理各种简单及复杂的项目，能够安排和跟踪所有任务，从而能更好地控制工作进度，团队成员可以在组织内就某一个项目进行方便的通信和协作。其具有项目管理所需的各种功能，包括项目计划、资源的定义和分配、实时的项目跟踪、多种直观易懂的报表及图形、用 Web 页面方式发布项目信息、通过 Excel、Access 或各种 ODBC 兼容数据库存取项目文件等。

(2)Primavera Project Planner(P3)。Primavera Project Panner(简称 P3)系列工程项目管理软件是美国 Primavera 公司的产品，用于工程计划进度、资源、成本控制，是国际上流行的高档项目管理软件，已成为项目管理的行业标准。P3 适用于任何工程项目，能有效地控制大型复杂项目，并可以同时管理多个工程。P3 软件提供各种资源平衡技术，可以模拟实际资源消耗曲线、延时；支持工程各个部门之间通过局域网或 internet 进行信息交换。

(3)Primavera Project Planner for Enterprise/Construction (P3E/C)。美国 Primavera 公司研发的 Primavera Project Planner for Enterprise/Construction 软件，简称 P3E/C，是 P3 的更新换代产品。就项目管理概念而言，P3 与 P3E/C 没有重大区别，区别在于 IT 技术。P3E/C 采用最新的 IT 技术，在大型关系数据库 Oracle 和 MS SQL Server 上构架起企业级的、包涵现代项目管理知识体系的、具有高度灵活性和开放性的、以"计划—协同—跟踪—控制—积累"为主线的企业级工程项目管理软件。P3E/C 支持多用户在同一时间内集中存取所有项目的信息，它是一个集成的解决方案，包括有基于 WEB、基于 C/S 结构等不同的组件以满足不同角色的项目管理人员的使用。P3E/C 使得承包商进度的集成简单化、增强了协同工作功能(沟通协作平台)，并且既能支持团队管理单一项目，也支持管理复杂的大型项目(包含多个项目)。

(4)Primavera P6。Primavera P6 软件是美国 Primavera 公司研发的项目管理软件 Primavera 6.0(2007 年 7 月 1 日全球正式发布)的缩写，是 P3E/C 系统的升级版本，目前最新版本为 V6.1 版。P6 充分融会贯通了现代项目管理知识体系，以"计划—跟踪—控制—积累"为主线，是企业项目化管理或项目群管理的首选。

2. 国内项目管理软件

(1)易建工程项目管理软件。易建工程项目管理软件是一个适用于建设领域的综合型工程项目管理软件系统。该软件不仅可以提供给建设单位以及施工企业使用，而且可以扩展成为协同作业平台，融合设计单位、监理单位、设备供应商等产业链中不同企业的业务协同流程作业，构筑坚实的企业信息化工作平台。

（2）梦龙 LinkProject 项目管理平台。梦龙 LinkProject 项目管理平台基于项目管理知识体系（PMBOK）构建，整合了进度控制、费用分析、合同管理、项目文档等主要项目管理内容。各个管理模块通过统一的应用服务实现工作分发、进度汇报和数据共享，帮助管理者对项目进行实时控制、进度预测和风险分析，为项目决策提供科学依据。其适用范围主要有业主项目管理、工程总承包项目管理、企业内部的项目管理、项目施工单位项目管理。

（3）广联达建筑施工项目管理系统 GGM。广联达建筑施工项目管理系统是以施工技术为先导，以进度计划为龙头，以 WBS 为载体，以成本管理为核心的综合性、平台化的施工项目管理信息系统，它采用人机结合的 PDCA 闭环控制等思想，动态监控项目成本的运转，以达到控制项目成本的目的。

（4）中国建筑科学研究院 PKPM 施工技术类软件。PKPM 施工项目管理系统软件按照项目管理的主要内容，真正实现了四控制（进度、质量、安全、成本），三管理（合同、现场、信息），一提供（为组织协调提供数据依据）的项目管理目标。软件提供了多种自动生成施工工序的方法：利用施工工艺模板库的工艺过程自动套取工程预算定额以及资源库；读取工程概预算数据，自动生成带有工程量和资源分配的施工工序；可在工作信息表和单、双代号图中录入施工工序相关信息和逻辑关系，自动生成各种复杂网络模型。

（5）新中大工程项目管理软件（Project Management Software）。Project Management Software，简称 Psoft，是新中大针对现代项目管理模式吸取了当前国际最先进的项目管理思想 PMBOK，FIDIC 条款等设计系统模块和流程，并结合中国企业的管理思想基础研究开发的一体化大型管理系统。新中大 Psoft 所体现的设计思想内涵是"现代工程、互动管理"。Psoft 产品主要功能模块为项目管理、物资管理、协同办公管理、人力资源管理、客户关系管理、经理查询以及财务管理七大部分。

任务练习

1. 从目前看，网络版项目管理软件已经成为主流趋势，其主要有两种结构：一是_____结构；二是_____结构。

2. 项目信息系统功能有（　　）。

    A. 信息处理功能　　　　　　　　B. 业务处理功能

    C. 数据集成功能　　　　　　　　D. 辅助决策功能

    E. 项目文件与档案管理功能

参考答案

3. 应用项目管理信息系统的意义有（　　）。

    A. 有利于项目管理数据处理的检索和查询

    B. 提高项目管理数据的效率

    C. 使业主更为有效地对项目各方进行监控

    D. 实现项目管理数据的集中存储

    E. 可方便地形成各种项目管理需要的报表

4. 由于建筑工程项目大量数据处理的需要，在当今时代应重视利用信息技术的手段进行信息管理，其核心技术是（　　）。

    A. 施工图预算程序　　　　　　　B. 项目管理系统

    C. 基于网络的信息处理平台　　　D. 设施管理信息处理系统

5. 建设工程信息管理系统包括(   )。
   A. 投资控制　　　　B. 进度控制　　C. 质量控制　　　　D. 合同管理
   E. 投资报表
6. 信息管理系统规划阶段需要做哪些工作(   )。
   A. 明确管理目标　　　　　　　B. 选型采购
   C. 确定实施策略　　　　　　　D. 制定配套措施
7. 国外的项目管理软件主要有(   )。
   A. Microsoft Project　　　　　　B. Primavera P6
   C. LinkProject　　　　　　　　　D. P3E/C
8. 国外的项目管理软件主要有(   )。
   A. PKPM　　　　　　　　　　　B. GGM
   C. LinkProject　　　　　　　　　D. P3

任务 9.3　BIM 与项目管理信息化

任务导入

BIM 是一种数据化工具,被国际工程界公认为建筑业生产力革命性技术。BIM 技术已成为继 CAD 之后行业内的又一个最重要的信息化应用技术。国家正在从上到下大力推行 BIM 技术。我国的工程建设行业,原来设计、施工、运营是脱节的,现在 BIM 贯穿在这样一个全生命周期里,无论是设计单位的建筑、结构、机电全方位的设计,还是施工单位的项目管理,为供应商提供设备,以及到最后的运营,BIM 都能发挥重要作用。

9.3.1　建筑业信息化

建筑业信息化是指运用信息技术,特别是计算机技术、网络技术、通信技术、控制技术、系统集成技术和信息安全技术等,改造和提升建筑业技术手段和生产组织方式,提高建筑企业经营管理水平和核心竞争能力,提高建筑业主管部门的管理、决策和服务水平。

住房和城乡建设部发布的《2016—2020 年建筑业信息化发展纲要》指出,我国将全面提高建筑业信息化水平,着力增强 BIM、大数据、智能化、移动通信、云计算、物联网、3D 打印等信息技术集成应用能力,建筑业数字化、网络化、智能化取得突破性进展。可见 BIM 技术与项目管理的结合不仅符合政策的导向,也是发展的必然趋势。

2016—2020 年建筑业信息化发展纲要

9.3.2　BIM

1. 建筑信息模型的概念

BIM 是建筑信息模型(Building Information Modeling)的简称,是指基于先进三维数字设计解决方案所构建的可视化的数字建筑模型,使得整个工程项目在设计、施工和使用等各个阶段都能够有效实现节省能源、节约成本、降低污染和提高效率。也就是说，BIM 是通过利用数字建模软件，把真实的建筑信息参数化、数字化以后形成一个模型，以此为平台，从设计师、工程师一直到施工单位和物业管理方，都可以在整个建筑项目的全生命周期进行信息的共享和改进。在这里信息不仅是三维几何形状信息，还包含大量的非几何形状信息，如建筑构件的材料、重量、价格和进度等。

2. BIM 的特点

(1)可视化。可视化即"所见即所得"的形式，BIM 将以往的线条式的构件以一种三维的立体实物图形展示在人们的面前。在 BIM 建筑信息模型中，由于整个过程都是可视化的，所以可视化的结果不仅可以用作效果图的展示及报表的生成，更重要的是，项目设计、建造、运营过程中的沟通、讨论、决策都在可视化的状态下进行。

(2)一体化。基于 BIM 技术可进行从设计到施工再到运营贯穿了工程项目的全生命周期的一体化管理。BIM 的技术核心是一个由计算机三维模型所形成的数据库，不仅包含了建筑的设计信息，而且可以容纳从设计到建成使用，甚至是使用周期终结的全过程信息。

(3)参数化。参数化建模指的是通过参数而不是数字建立和分析模型，简单地改变模型中的参数值就能建立和分析新的模型；BIM 中图元是以构件的形式出现，这些构件之间的不同，是通过参数的调整反映出来的，参数保存了图元作为数字化建筑构件的所有信息。

(4)模拟性。模拟性不仅可以模拟设计出的建筑物模型，而且可以模拟不能够在真实世界中进行操作的事物。在设计阶段，BIM 可以从设计上对节能、日照、热传导等进行模拟实验；在招投标和施工阶段可以针对施工组织设计进行 4D 模拟(3D 模型加项目的时间维度)指导实际施工，同时，还可以进行 5D 模拟(3D 模型＋1D 进度＋1D 造价)，从而来实现进度控制和成本造价的实时监控；在运营阶段还可以模拟逃生、消防等日常紧急情况的处理方式的模拟。

(5)协调性。在设计阶段 BIM 的协调作用除了能解决各专业间的碰撞问题以外，还可以解决，如电梯井布置与其他设计布置及净空要求的协调，防火分区与其他设计布置的协调，地下排水布置与其他设计布置的协调等。在施工阶段，施工人员可以通过 BIM 的协调性清楚了解本专业的施工重点以及相关专业的施工注意事项。

(6)优化性。BIM 模型承载的大量信息有利于建筑项目的设计、施工、运营的整体优化，并且能够提高优化的效率和效果。例如，利用 BIM 对项目方案优化，可以把项目设计和投资回报分析结合起来，设计变化对投资回报的影响可以实时计算出来，有利于业主对设计方案的选择；利用 BIM 对裙楼、幕墙、屋顶等特殊项目的设计及施工方案进行优化，可以带来显著的工期和造价改进。

(7)可出图性。BIM 通过对建筑物进行可视化展示、协调、模拟、优化以后，方案图、初步设计图、施工图为同一个核心模型，通过不同的图层管理和显示管理达到一个模型对应多套图纸，整合的图纸发布器能一步就完成出图、打图工作。

(8)信息完备性。信息完备性体现在 BIM 技术可对工程对象进行 3D 几何信息和拓扑关系的描述以及完整的工程信息描述。

3. BIM 在项目管理信息化中的作用

以 BIM 应用为载体的项目管理信息化，可以使整个工程项目在设计、施工和运营维护等阶段都能有效地实现制订资源计划、控制资金风险、节省能源、节约成本、降低污染及提高效率，见表 9-1。

表 9-1　BIM 在工程项目各阶段的应用

工作阶段	具体应用点	操作方法	具体应用效果
设计管理	建立 3D 信息模型	建立三维几何模型，并把大量的设计相关信息（如构件尺寸、材料、配筋信息等）录入到信息模型中	取代了传统的平面图或效果图，形象地表现出设计成果，让业主全方位了解设计方案；业主及监理方可随时统计实体工作量，方便前期的造价控制、质量跟踪控制
	建立 3D 信息模型	设计人员通过模型实现向施工方的可视化设计交底	能够让施工方清楚了解设计意图和设计中的每一个细节
投标策划管理	发现图纸设计问题	建立三维模型，立体直观感受每一构件空间位置，并分析构件与构件之间在空间上是否存在错误或冲突。发现图纸未标注点、矛盾点后指导设计修改	发现图纸未标注点、矛盾点或者设计不规范的点
	施工方案模拟	据针对项目提出的不同施工方案建立相应动画，或建立集成多方案的交互平台	利用 BIM 模型制作的施工方案动画，快速、成本低、真实感强，各种方案对比更明显，更容易展示技术实力
	资源优化与资金计划	通过进度计划与模型的关联，以及造价数据与进度关联，可以实现不同维度（空间、时间、流水段）的造价管理与分析；将三维模型和进度计划相结合，模拟出每个施工进度计划任务对应所需的资金和资源，形成进度计划对应的资金和资源曲线	利用 BIM 可以方便、快捷地进行施工进度模拟、资源优化，以及预计产值和编制资金计划；便于选择更加合理的进度安排
	投标策划（工程量精算、报价策略）	根据工程量清单计算规则，利用三维模型提取工程量，运用计价软件制作投标报价书，并结合工程实际情况及人、材、机市场价格寻求最佳报价方案	提供最优投标方案的建议，发现业主提供招标清单量或图纸存在的错误和问题；采取针对性的报价策略，提升利润空间
施工管理	建立 4D 施工信息模型	把大量的工程相关信息（如构件和设备的技术参数、供方信息、状态信息）录入到信息模型中，将 3D 模型与施工进度相链接，并与施工资源和场地布置信息集成一体，建立 4D 施工信息模型	4D 施工信息模型建立可视化模拟基础；在运营过程中可以随时更新模型，通过对这些信息快速准确的筛选调阅，能够为项目的后期运营带来很大便利
	碰撞检查	把建立好的各个 BIM 模型在碰撞检测软件中检查软硬碰撞，并出具碰撞报告	能够彻底消除硬碰撞、软碰撞，优化工程设计，避免在建筑施工阶段可能发生的错误损失和返工的可能；能够优化净空，优化管线排布方案

工作阶段	具体应用点	操作方法	具体应用效果
施工管理	构件工厂化生产	基于 BIM 设计模型对构件进行分解，对其进行二维码，在工厂加工好后运到现场进行组装	精准度高，失误率低
	钢结构预拼装	BIM 技术可以把需要现场安装的钢结构进行精确测量后在计算机中建立与实际情况相符的模型，实现虚拟预拼装，改变工厂预拼装→拆开→现场拼装的传统施工方法	传统的大型钢结构施工方法要在工厂进行预拼装后再拆开到现场进行拼装。为技术方案论证提供全新的技术依据，减少方案变更
	虚拟施工	通过 BIM 软件，在计算机上模拟建造过程，包括施工现场布置、施工工艺、施工流程等，形象地反映出工程实体的实况	能够在实际建造之前对工程项目的功能及可建造性等潜在问题进行预测，包括施工方法试验、施工过程模拟机施工方案优化等；利用 BIM 模型的虚拟性与可视化，提前反映施工难点，避免返工
	工程量统计	基于模型对各步工作工程量，结合工作面和资源供应情况分析后可精确地组织施工资源进行实体的修建	实现真正的定额领料并合理安排运输
	进度款管理	根据三维图形分楼层、区域、构件类型、时间节点等进行"框图出价"	能够快速、准确的进行月度产值审核，实现过程"三算"对比，对进度款的拨付做到游刃有余；工程造价管理人员可及时、准确的筛选和调用工程基础数据
	材料管理	利用 BIM 模型的 4D 关联数据库，快速、准确获得过程中工程基础数据拆分实物量	按节点要求提供材料计划量，避免材料浪费，节约费用
	可视化技术交底	通过模型进行技术交底	直观地让接受技术交底的人员了解自身任务及技术要求
	BIM 模型维护与更新	根据变更单、签证单、工程联系单、技术核定单等相关资料派驻人员进驻现场配合对 BIM 模型进行维护、更新	为项目各管理条线提供最为及时、准确的工程数据

工作阶段	具体应用点	操作方法	具体应用效果
竣工验收管理	工程文档管理	将文档(勘察报告、设计图纸、设计变更、会议记录、施工声像及照片、签证和技术核定单、设备相关信息、各种施工记录、其他建筑技术和造价资料相关信息等)通过手工操作和BIM模型中相应部位进行链接	对文档快速搜索、查阅、定位,充分提高数据检索的直观性,提高工程相关资料的利用率
	BIM模型的提交	汇总施工各相关资料制定最终的全专业BIM模型,包括工程结算电子数据、工程电子资料、指标统计分析资料,保存在服务器中,并刻录成光盘备份保存	可以快速、准确地对工程各种资料进行定位;大量的数据留存与服务器经过相应处理形成建筑企业的数据库,日积月累为企业的进一步发展提供强大的数据支持
运维管理	三维动画渲染和漫游	在现有BIM模型的基础上,建立反应项目完成后的真实动画	让业主在进行销售或有关于建筑宣传展示的时候给人以真实感和直接的视觉冲击
全生命周期管理	网络协同工作	项目各参与方信息共享,基于网络实现文档、图档和视档的提交、审核、审批及利用	建造过程中无论是施工方、监理方、甚至非工程行业出身的业主领导都对工程项目的各种问题和情况了如指掌
	项目基础数据全工程服务	在项目过程中依据变更单、技术核定单、工程联系单、签证单等工程相关资料实时维护更新BIM数据,并将其及时上传至BIM云数据中心的服务器中,管理人员即可通过BIM浏览器随时看到最新的数据	客户可以得到从图纸到BIM数据的实时服务,利用BIM数据的实时性、便利性大幅提升,实现最新数据的自助服务

4. BIM 应用软件

由于BIM应用中涉及不同的专业、不同的进度、不同的使用方,故完成一个项目的全生命周期只应用一个软件是很难做到的,需要多个软件的协同工作。BIM应用软件主要有BIM基础软件、BIM工具软件、BIM平台软件。

(1)BIM基础软件。BIM基础软件是指可用于建立能为多个BIM应用软件所使用的BIM数据软件。它主要用于项目建模,是BIM应用的基础。目前,常用的软件有美国欧特克(Autodesk)的Revit软件、匈牙利Graphisoft公司的ArchiCAD等。

(2)BIM工具软件。BIM工具软件是指利用BIM基础软件提供的BIM信息数据,开展各种工作的应用软件。例如,可以利用由BIM基础软件建立的建筑模型作进一步的专业配合,如节能分析、造价分析,甚至到施工进度控制。目前,常用的软件有美国欧特克(Autodesk)的Ecotect,国内的广联达、鲁班、斯维尔、鸿业等。

(3)BIM 平台软件。BIM 平台软件是指能对各类 BIM 基础软件及 BIM 工具软件产生的 BIM 数据进行有效的管理，以便支持项目全寿命周期 BIM 数据的共享应用的应用软件。目前，常用的软件有美国欧特克(Autodesk)的 BIM 360 系列。

任务练习

1. 我们所说的"建筑信息模型"是指(   )。
   A. BIN   B. BIM
   C. DIN   D. DIM

2. 下列不是我国大力推崇 BIM 的原因的是(   )。
   A. 提高工作效率   B. 控制项目成本
   C. 提升建筑品质   D. 使建筑更安全

3. 以下不是 BIM 的特点的是(   )。
   A. 可视化   B. 模拟性   C. 保温性   D. 协调性

4. 下列不是 BIM 实现施工阶段的项目目标的是(   )。
   A. 施工现场管理   B. 物业管理系统 C. 施工进度模拟   D. 数字化构件加工

5. (   )是指全寿命期工程项目或其组成部分物理特征、功能特性及管理要素的共享数字化表达。
   A. 建筑信息模型应用   B. 建筑信息模型
   C. 基本任务工作方式应用   D. 建筑业信息化

6. BIM 让人们将以往的线条式的构件形成一种三维的立体实物图形展示在人们的面前，这体现了 BIM 的(   )特点。
   A. 可视化   B. 协调性   C. 优化性   D. 可出图性

7. BIM 的精髓在于(   )。
   A. 控制   B. 模型   C. 大数据   D. 协同

项目小结

　　本项目主要讲述了建筑工程项目信息管理的基础知识和计算机在建筑工程项目信息管理中的运用。工程项目信息管理是项目管理的基础性工作，计算机已成为日常项目管理工作和辅助决策不可缺少的工具。在工程项目信息管理中，计算机网络技术的应用成了现代项目管理的重要组成部分。BIM 技术有诸多特点，BIM 是项目管理信息化的载体。

项目练习

1. 工程项目信息管理的核心指导文件是(   )。
   A. 信息编码体系   B. 信息分类标准
   C. 信息管理手册   D. 信息处理方法

2. 工程项目信息管理的目标就是利用( )为预测未来和进行正确决策提供科学依据，提高管理水平。

A. 有效的信息规划和组织　　　　B. 计算机和网络技术

C. 管理信息系统　　　　　　　　D. 信息工作人员

3. 信息表达的形式有( )，其为使用者提供决策和管理所需要的依据。

A. 声音、文字、数字和图像　　　B. 对数据的解释

C. 对数字的解释　　　　　　　　D. 一些数据

4. 建筑工程项目信息管理手册的主要内容有( )。

A. 信息管理的任务，信息管理的任务分工表和管理职能分工表，信息的分类

B. 信息的编码体系和编码，信息输入/输出模型，信息流程图

C. 各项信息管理工作的工作流程图，信息处理的平台及其使用规定

D. 各种报表和报告的格式，以及报告周期，信息管理的保密制度等制度

E. 信息使用的工作平台及其规定

5. 一个建筑工程项目有不同类型和不同用途的信息，为了有组织地存储信息，方便信息的检索和信息的加工整理，必须对项目的信息进行编码，编码的主要内容有( )。

A. 项目的结构编码、项目管理组织结构编码

B. 项目的政府主管部门和各参与单位编码

C. 项目实施的工作项编码、合同编码

D. 项目的投资项编码、项目的进度项编码

E. 项目的经费编码

6. 项目信息管理旨在( )。

A. 通过有效的项目信息传输的组织和控制为项目建设的增值服务

B. 使项目信息能方便和有效地获取

C. 存储信息

D. 交流信息

7. 信息指的是用三种方式传输的知识、新闻、或可靠的或不可靠的情报，其中不包括( )。

A. 书面的形式　　　B. 口头的形式　　C. 传真的形式　　　D. 电子的方式

8. 下列选项的说法正确的是( )。

A. 从 CAD 到 BIM 不是一个软件的事

B. 从 CAD 到 BIM 不是换一个工具的事

C. 从 CAD 到 BIM 不是一个人的事

D. 以上选项均对正确

9. BIM 是建筑行业的第( )次革命。

A. 一　　　　　　　B. 二　　　　　　C. 三　　　　　　　D. 四

10. 中国"十三五规划"是在( )年正式发布的。

A. 2013　　　　　　B. 2014　　　　　C. 2015　　　　　　D. 2016

11. 《2016—2020 年建筑业信息化发展纲要》对于勘察设计类企业，提出深度融合( )等信息技术，实现 BIM 与企业管理信息系统的一体化应用，促进企业设计水平和管理水平的提高。

A. BIM、互联网、智能化、移动通信、云计算

B. 大数据、互联网、智能化、移动通信、云计算

C. BIM、大数据、智能化、移动通信、云计算

D. 大数据、智能化、移动通信、云计算

 项目实训

【背景资料】

某工业建筑工程项目，按产品类别分为 3 个子系统，计划投产时间各不相同；每个子系统均由原料、制造、成品等车间组成，能源介质、总图运输、生活办公等公共辅助设施为各子系统共用；整个项目由一个施工企业承担施工总承包，由若干个分包单位参与施工；总承包项目部设立了综合信息管理组，负责施工方的信息管理工作。

【问题】

综合信息管理组的主要任务是负责本施工项目实施过程中的信息管理，其内容包括哪些？

参考答案

项目 10　建筑工程项目风险管理

项目目标

　　在建筑工程项目的整个生命周期中，由于建设周期长、技术复杂、资金多、内部系统庞大、外部关联多，建设项目存在大量的不确定因素，这些因素不断变化，存在于整个建设周期中，由其产生的风险往往会影响建筑工程项目的顺利实施。如何认识风险、识别风险并将风险的不利影响降低，是建筑工程项目管理的核心任务。通过对本项目的学习，了解风险、建筑工程项目风险管理的基本概念，掌握建筑工程项目风险识别、风险评估、风险响应与监控等风险管理内容。

教学要求

学习目标	知识要点
了解建筑工程项目风险的相关知识	(1)风险的定义、特点 (2)建筑工程项目风险的分类 (3)建筑工程项目风险管理程序
掌握建筑工程项目风险识别、评估、响应与监控	(1)风险识别、风险评估、风险响应、风险监控的定义 (2)风险识别的方法、风险评估的方法、风险响应的方法、风险监控的方法

案例导入

　　波兰一条横穿于土豆田之间的普通公路，难倒了中国一家大型建筑公司——中国中铁股份有限公司子公司中国海外工程有限责任公司(以下简称"中国海外")。在 2009 年，波兰公路管理机构计划招标，对华沙和柏林之间的公路进行现代化改造——在华沙和波兰罗兹市之间新规划了一条 56 英里的公路。2009 年 9 月，中国海外联手三个合作伙伴，以 4.5 亿美元(价格是波兰政府预估成本的一半左右)的竞价赢得这条公路 30 英里路段的建设权。

　　建设华沙和柏林之间的这条 A2 公路，本应是中国建筑企业在欧洲舞台上绽放光彩的好机会。但这条公路一段 30 英里(1 英里约等于 1.6 千米)的关键路段，却因中国海外的规划不力、波兰方的严格监管、建设成本高于预期而问题百出，波兰方与中国建筑商签订承包合同已经近三年，工程却依然没能完工，最后成了一条烂尾高速路。

　　根据报道，"中国海外为了完成该项目，目前赔光了所有家底，才不得不停工，现在又遭遇波兰索赔，中国中铁已经打算注资中国海外，来挽救这家企业"。报道说，整个项目因成本管理失控、无法获得合同外工程变更补偿等种种原因，面临 3.94 亿美元的潜在亏损。

【问题】

1. 哪些因素导致了中国海外在波兰的建筑项目无法成功完成？

2. 在建筑工程项目建设前，管理者应注意哪些问题？

3. 在工程项目的整个生命周期中，应如何避免不确定因素的影响？

任务 10.1　建筑工程项目风险概述

任务导入

风险管理是项目管理的核心任务，风险管理贯穿于项目管理的整个过程，也可以说项目管理其实就是风险管理。对于项目管理者，要建立风险管理思想，了解风险的定义、风险的特点、风险的分类和风险管理程序。

10.1.1　风险的定义

风险可以从很多角度进行定义，不同角度的定义各不相同，但至今尚无大家公认的统一定义。从建筑工程项目风险的角度对其进行定义：

(1)风险就是损失的不确定性。

(2)风险就是在项目决策和实施过程中，影响项目实际结果与预期目标差异的不确定因素。

10.1.2　风险的特点

(1)风险的客观存在性。风险的发生不以人的意志为转移，如自然界中的洪水、地震、特大暴雨等；经济环境下的物价动荡、通货膨胀等。只要风险的诱因存在，一旦风险发生的条件形成，风险就会发生。尽管风险的客观状态无法控制，但风险是可以认识并掌握其客观状态变化的规律性的，可对其做出科学的预测及管理。

(2)风险的普遍存在性。在当今社会中，无论是个人或者企业，无论你从事什么行业，都会面临各种各样的风险，如个人面临的意外、疾病等；企业面临的资金风险、管理风险、市场风险等。风险涉及社会及个人的方方面面，只要存在于社会中就会面临风险，所以风险是普遍存在的。

(3)风险的相对性。风险的相对性是针对风险主体而言的。对于同样的风险，不同的风险主体的影响也会不同。另外，风险的大小也是相对的，不同的风险主体对风险的承受能力也会不同。

(4)风险的可变性。风险并不是一成不变的，当引起风险的因素发生变化时，就会导致风险的变化。风险的可变性表现为：风险性质的可变、风险后果的变化、出现了新的风险或风险因素消除。

10.1.3　建筑工程项目风险的分类

建筑工程项目的风险有很多种，可以从不同的角度进行分类。

1. 按风险来源划分

(1)自然风险。自然风险来源于建筑工程项目所在地的自然环境、地理位置、气候变化等。

(2)社会风险。社会风险来源于建筑工程项目所在国家的政治体制、人文素质、人口消费水平及教育水平等。

(3)经济风险。经济风险来源于建筑工程项目所在国家的经济发展情况、投资环境、物价变化、通货膨胀等。

(4)法律风险。法律风险来源于建筑工程项目所在国家的法律环境以及各种行业规章制度等。

(5)政治风险。政治风险来源于建筑工程项目所在国家的投资环境、政党体制、社会安定性等。

(6)技术风险。技术风险来源于建筑工程项目整个寿命周期内的设计内容、施工技术等。

(7)组织管理风险。组织管理风险来源于业主、施工单位、设计单位、监理单位之间的组织协调及各单位内部的组织协调。

2. 按风险是否可管理划分

(1)可管理风险。可管理风险是指用人的智慧、知识等可以预测、控制的风险,如施工中可能出现的疑难问题,可以在施工前做好防范措施避免风险因素的出现。

(2)不可管理风险。不可管理风险是指用人的智慧、知识等无法预测和无法控制的风险,如自然环境的变化等。

风险可否管理不仅取决于风险自身,还取决于所收集资料的多少和管理者的管理技术水平等。

3. 按风险影响范围划分

(1)局部风险。局部风险是指由于某个特定因素导致的风险,其影响范围较小。

(2)总体风险。总体风险影响的范围较大,其风险因素往往无法控制,如政治风险、社会风险、经济风险等。

4. 按风险的后果划分

(1)纯粹风险。纯粹风险只有造成损失和不造成损失两种可能后果。纯粹风险总是和威胁、损失、不幸联系在一起。

(2)投机风险。投机风险有造成损失、不造成损失和获得利益三种可能后果。投机风险既可能带来机会、获得利益,又隐含着威胁。

纯粹风险和投机风险在一定条件下可以互相转化,项目管理者应避免投机风险转化为纯粹风险。在许多情况下,一旦发生纯粹风险,涉及风险的各有关方面均要蒙受损失,无一幸免。

5. 按风险后果的承担者划分

(1)业主方的风险。

①业主方组织管理风险。风险来源于业主方管理水平低,不能按照合同及时、恰当地处理工程实施过程中发生的各类问题。例如,不能及时地办理各项审批手续;不能及时做好开工前的各项准备工作等。

②投资环境风险。风险来源于建筑工程项目所在地政府的投资导向、有关法规政策、基础设施环境的变化等。

③市场风险。项目建成后的效益差,产品的市场占有率低,产品的销售前景不好,同类产品的竞争等带来的风险。

④融资风险。如投资估算偏差大，融资方案不恰当，资金不能及时到位等带来的风险。

⑤不可抗力风险。不可抗力风险包括自然灾害、战争、社会骚乱等。

（2）承包商的风险。

①工程承包决策风险。如承包商做出是否承包工程项目决策时的信息影响决策的准确性；招投标的合同价过高等。

②合同的签约及履行风险。如在工程实施过程中对合同条款定义不够准确，存在不平等的条款；承包商管理水平低，造成合同未按要求执行等。

③不可抗力风险。不可抗力风险包括自然灾害、物价上涨等。

（3）设计单位的风险。

①来自业主方的风险。如业主提出不合理的设计要求，业主前期勘察工作失误造成设计原始数据错误等。

②来自自身的风险。如由于设计单位设备落后、设计能力有限造成的风险。

（4）监理单位的风险。

①来自业主方的风险。如业主提出过分的、不符合施工技术的要求；业主过分干涉监理决定等。

②来自承包方的风险。由于承包方自身的不良行为带来的风险，如不按正常程序进行工程变更。

③来自自身的风险。由于监理工程师自身的监理专业知识、相关经验、职业道德以及沟通能力不足，给工程项目带来的风险。

10.1.4　建筑工程项目风险管理程序

建筑工程项目的寿命周期全过程都会存在风险，如何对风险进行识别、预测、衡量和控制，将风险导致的各种不利后果减小到最低限度，需要科学的风险管理方法。

建筑工程项目风险管理是指风险管理主体通过风险识别、风险评价去认识项目的风险，并以此为基础，合理地使用风险回避、风险控制、风险自留、风险转移等管理方法、技术和手段对项目的风险进行有效控制，妥善处理风险事件造成的不利后果，以合理的成本保证项目总体目标实现的管理过程。

建筑工程项目风险管理程序是指对项目风险进行系统的、循环的工作过程，其包括风险识别、风险评估、风险响应以及风险监控四个阶段。它们之间的关系如图10-1所示。

图 10-1　风险管理程序的动态循环性

10.1.5　风险管理计划

企业应在项目管理策划时确定风险管理计划。风险管理计划包括下列内容：

（1）风险管理目标。

（2）风险管理范围。

（3）可使用的风险管理方法、措施、工具和数据。

（4）风险跟踪的要求。

(5)风险管理的责任和权限。

(6)必要的资源和费用预算。

任务练习

1. 风险的特点包括 _____、_____、_____、_____。

2. 按风险的后果划分,风险可分为_____、_____。

3. 建筑工程项目建设地人口的数量多少、人口的素质高低、人口的消费能力是_____风险的影响因素。

4. 建筑工程项目风险的管理程序分为四个步骤,分别是_____、_____、_____、_____。

5. 按风险是否可管理,划分为_____、_____。

6. 按风险后果的承担者划分,风险可分为_____、_____、_____、_____。

7. 项目施工过程中,可能发现在地质资料中未发现的软土层,而应进行软土地基处理等工作,使施工进度延误,这种风险属于风险类型中的(   )风险。

    A. 自然   B. 组织管理   C. 技术   D. 经济

8. 在建筑工程项目的风险类型中,承包方管理人员和一般技工的能力方面的风险属于(   )类型。

    A. 经济风险   B. 组织管理风险

    C. 政治风险   D. 技术风险

9. 事故防范措施和计划方面的风险属于(   )风险。

    A. 技术   B. 经济

    C. 组织管理   D. 法律

10. 在建筑工程项目的风险类型中,技术风险主要来自(   )。

    A. 工程机械   B. 工程施工方案

    C. 工程物资   D. 岩土地质条件和水文地质条件

    E. 事故防范措施计划

任务 10.2 建筑工程项目风险识别

任务导入

风险识别是风险管理的基础工作,也是最重要的一个步骤。它通过提供必要的信息,使风险估计和评估更具效果和效率,为制订相应的风险管理措施提供依据。由于风险具有多样性、可变性和普遍性,所以识别风险并非易事。风险识别需要项目管理者全面认真地收集资料,恰当有效地运用各种工具和方法对可能的、潜在的不确定性风险加以确认,识别出真正对所建项目有影响的风险。

10.2.1 风险识别的定义

风险识别是风险管理的首要工作、基础步骤。其是指风险发生前，通过分析、归纳和整理各种信息资料，系统全面地认识风险事件并加以适当的归类，对风险的类型、产生原因、可能产生的后果做出定性估计、感性认识和经验判断。

10.2.2 风险识别的内容

风险识别的主要内容包括三个方面：识别并确定项目有哪些潜在的风险；识别引起这些风险发展的主要因素；识别风险可能引起的后果。

10.2.3 风险识别的依据

风险识别的主要依据包括以下四个方面。

1. 对项目的初步描述、项目建设的前提及假设

对项目的初步描述、项目建设的前提及假设包括项目概述、项目建议书、可行性研究报告、设计文件及其他文件。

2. 项目的计划文件

项目的计划文件包括项目计划中的项目目标、任务、范围、进度计划、费用计划、资源计划、采购计划。

3. 历史资料

历史资料包括过去建设过程中的原始记录及经验总结，如档案文件、工程总结、工程质量事故处理文件、工程验收资料、工程设计变更资料、工程索赔资料等，也可以是其他项目的历史资料。

4. 项目建设中常见的风险

项目建设中常见的风险如政治风险、经济风险、自然风险、技术风险、组织风险等。

10.2.4 风险识别的步骤

1. 建立风险的客观存在思想

项目管理者首先要建立风险客观存在的思想，无论项目寿命周期的哪一个阶段都会存在风险，完全没有风险的项目根本不存在，应做好风险管理的思想准备。

2. 收集项目信息，建立初步风险清单

风险识别需要大量信息来了解情况，选择对项目系统以及内、外部环境熟悉的人进行风险预测。将预测的情况列入清单中，清单应明确列出客观存在的和潜在的各种风险、风险可能带来的潜在损失、风险的危害。通常可以凭借管理者的经验对其进行判断，并通过对一系列调查表进行深入分析、研究后制订初步清单，初步清单中罗列的数据应是经过分析后有参考价值的。初步清单通常是风险管理工作的起点，作为确定更为准确的项目风险清单的基础。

3. 确立各种风险事件并推测其可能产生的后果

根据初步清单中罗列的各种风险来源，推测其带来的各种合理的可能性，包括损失、营利、成本、时间、节约及超支等。

4. 对各种风险的重要性进行分析

对已经确立的潜在风险进行重要性分析，包括风险因素发生的概率及风险事件的潜在危害，通过这两个方面评价各种风险的相对重要性。

5. 进行风险事件归类

对已确立的风险进行归类。首先，可按工程项目内部、外部进行分类；其次，按技术、非技术进行分类，或按工程项目目标分类，或按工程项目建设阶段分类，例如，可行性研究阶段常见风险事件有市场分析失误、基础数据不准确、预测结果不合理等；项目设计阶段常见风险事件有项目设计存在缺陷或遗漏、设计的原始数据不足或不可靠、设计各专业不协调等；施工阶段常见风险事件有施工单位缺乏科学合理的组织管理、施工技术落后、施工安全措施不当、材料采购失误、项目资金紧张等。

6. 建立风险目录摘要

风险目录摘要是风险识别的最后一个步骤。通过建立风险目录摘要，将项目可能面临的风险进行汇总并排列轻重缓急，不仅能描述风险事件，使项目所有的管理者明确自己所面临的风险，还能预测到项目中风险之间的联系和可能发生的连锁反应。风险目录摘要见表 10-1。

表 10-1　风险目录摘要

风险摘要：			编号：	日期：
项目名称：			负责人：	
序号	风险事件	风险事件描述	可能造成的后果	发生的概率	可能采取的措施
1					
2					
⋮					

10.2.5　风险识别的方法

在大多数情况下，风险并不是显而易见的，它往往隐藏在工程项目实施的各个环节，或被种种假象所掩盖，因此，风险识别要讲究方法。一方面，可以通过感性认识和经验认识进行风险识别；另一方面，可以通过对客观事实、统计资料的归纳、整理和分析进行风险识别。风险识别常用的方法有以下几种。

1. 专家调查法

(1)头脑风暴法。头脑风暴法是最常用的风险识别方法，它借助于以项目管理专家组成的专家小组，利用专家们的创造性思维集思广益，通过会议方式进行项目风险因素的罗列，主持者以明确的方式向所有参与者阐明问题，专家畅所欲言，发表自己对项目风险的直观预测，然后根据风险类型进行风险分类。

不进行讨论和判断性评论是头脑风暴法的主要规则。头脑风暴法的核心是想出风险因素，注重风险的数量而不是质量。通过专家之间的信息交流和相互启发，从而引导专家们产生"思维共振"，以达到相互补充并产生"组合效应"，获取更多的未来信息，使预测和识别的结果更接近实际、更准确。

头脑风暴法又称智力激励法、BS 法、自由思考法，是由美国创造学家 A.F. 奥斯本于 1939 年首次提出、1953 年正式发表的一种激发性思维的方法。此法经各国创造学研究者的实践和发展，至今已经形成了一个发明技法群，深受众多企业和组织的青睐。

头脑风暴法出自"头脑风暴"一词。"头脑风暴(Brain-storming)"最早是精神病理学上的用语，是针对精神病患者的精神错乱状态而言的，现在转而为无限制的自由联想和讨论，其目的在于产生新观念或激发创新设想。

(2)德尔菲法。德尔菲法是邀请专家背对背匿名参加项目风险分析，主要通过信函方式来进行。项目风险调查员使用问卷方式征求专家对项目风险方面的意见，再将问卷意见整理、归纳，并匿名反馈给专家，以便进一步识别。这个过程经过几个来回后，就可以在主要的项目风险上达成一致意见。

问卷内容的制作及发放是德尔菲法的核心。问卷内容应对调查的目的和方法做出简要说明，让每一个被调查对象都能对德尔菲法进行了解；问卷问题应集中、用词得当、排列合理、问题内容描述清楚，无歧义；还应注意问卷的内容不宜过多，内容越多，调查结果的准确性越差；问卷发放的专家人数不宜太少，一般以 10～50 人为宜，这样可以保证风险分析的全面性和客观性。

德尔菲法(Delphi Method)是在 20 世纪 40 年代由 O. 赫尔姆和 N. 达尔克首创，经过戈登和兰德公司进一步发展而成的。德尔菲这一名称起源于古希腊有关太阳神阿波罗的神话。传说阿波罗具有预见未来的能力。因此，这种预测方法被命名为德尔菲法。1946 年，兰德公司首次用这种方法进行预测，后来该方法被迅速广泛采用。

2. 财务报表分析法

财务报表能综合反映一个企业的财务状况，企业中存在的许多经济问题都能从财务报表中反映出来。财务报表有助于确定一个特定企业或特定的项目可能遭受哪些损失以及在何种情况下遭受这些损失。

财务报表分析法是通过分析资产负债表、现金流量表、损益表、营业报表以及补充记录，识别企业当前的所有资产、负债、责任和人身损失风险，将这些报表与财务预测、预算结合起来，可以发现企业或项目未来的风险。

3. 流程图法

流程图法是将项目实施的全过程，按其内在的逻辑关系或阶段顺序形成流程图，针对流程图中关键环节和薄弱环节进行调查和分析，标出各种潜在的风险或利弊因素，找出风险存在的原因，分析风险可能造成的损失和对项目全过程造成的影响。

4. 现场风险调查法

从建筑项目本身的特点可看出，不可能有两个完全相同的项目，两个不同的项目也不可能有完全相同的项目风险。因此，在项目风险识别的过程中，对项目本身的风险调查必不可少。

现场风险调查法的步骤如下：

（1）做好调查前的准备工作。确定调查的具体时间和调查所需的时间；对每个调查对象进行描述。

（2）现场调查和询问。根据调查前对潜在风险事件的罗列和调查计划，组织相关人员，通过询问进行调查或对现场情况进行实际勘察。

（3）汇总和反馈。将调查得到的信息进行汇总，并将调查时发现的情况通知有关项目管理者。

任务练习

1. 风险识别的内容包括_____、_____、_____三个方面。

2. 风险识别的步骤是_____、_____、_____、_____、_____。

3. 风险识别是风险管理步骤的第_____阶段。

4. 风险识别的方法有_____、_____、_____。

5. 头脑风暴法的核心是_____。

6. 利用德尔菲法识别风险，其发放问卷的专家数一般应为_____。

7. 在工程项目风险管理工作中，下列属于风险识别阶段的工作是（　　）。

A. 分析各种风险的损失量　　　　B. 分析各种风险因素发生的概率

C. 确定风险因素　　　　　　　　D. 对风险进行监控

参考答案

任务 10.3　建筑工程项目风险评估

任务导入

系统全面地识别风险只是风险管理工作的第一步，要进一步把握风险，还需要对其进行深入的分析和评估。风险评估是风险识别和管理之间的纽带，是风险决策的基础。

10.3.1　风险评估的定义

风险识别只是对建筑工程项目各阶段单个风险分析进行估计和量化，其并没有考虑各单个风险综合起来的总体效果，也没有考虑到这些风险是否能被项目主体所接受。风险评估就是在对各种风险进行识别的基础上，综合衡量风险对项目实现既定目标的影响程度。

10.3.2　风险评估的目的

1. 确定风险的先后顺序

对工程项目中各类风险进行评估，根据它们对项目的影响程度、风险事件的发生和造成的后果，确定风险事件的顺序。

2. 确定各风险事件的内在逻辑关系

有时看起来没有关联性的多个风险事件，常常是由一个共同的风险因素造成的。如遇上未曾预料的施工环境改变下的设计文件变更，则项目可能会造成费用超支、工期延误、管理组织难度加大等多个后果。风险评估就是从工程项目整体出发，弄清各风险事件之间的内在逻辑关系，准确地估计风险损失，制订风险应对计划，在管理中消除一个风险因素，来避免多种风险后果的发生。

3. 掌握风险间的相互转化关系

考虑各种不同风险之间相互转化的条件，研究如何才能化威胁为机会，同时，也要注意机会在什么条件下会转化为威胁。

4. 进一步量化风险发生的概率和产生的后果

在风险识别的基础上，进一步量化风险发生的概率和产生的后果，降低风险识别过程中的不确定性。

10.3.3 风险评估的步骤

1. 确定风险评估标准

风险评估标准是指项目主体针对不同的风险后果所确定的可接受水平。单个风险和整体风险都要确定评估标准。评估标准可以由项目的目标量化而成，如项目目标中的工期最短、利润最大化、成本最小化和风险损失最小化等均可量化成为评估标准。

2. 确定风险水平

项目风险水平包括单个风险水平和整体风险水平。整体风险水平需要在清楚各单个风险水平高低的基础上，考虑各单个风险之间的关系和相互作用后进行。

3. 风险评估标准和风险水平相比较

将项目的单个风险水平与单个评估标准相比较，整体风险水平与整体评估标准相比较，从而确定它们是否在可接受的范围之内，进一步确定项目建设的可行性。

10.3.4 风险评估的方法

项目风险的评估往往采用定性与定量相结合的方法来进行。目前，常用的项目评估方法主要有调查打分法、蒙特卡洛模拟法、敏感性分析法等。

1. 调查打分法

调查打分法是一种常用的、易于理解的、简单的风险评估方法。它是指将识别出的项目可能遇到的所有风险因素列入项目风险调查表，将项目风险调查表交给有关专家，专家们根据经验对可能的风险因素的等级和重要性进行评估，确定出项目的主要因素。

调查打分法的步骤如下：

(1)识别出影响待评估工程项目的所有风险因素，列出项目风险调查表。

(2)将项目风险调查表提交给有经验的专家，请他们对项目风险表中的风险因素进行主观打分评价。

①确定每个风险因素的权数 W，取值范围为 $0.01 \sim 1.0$，由专家打分加权确定。

②确定每个风险因素的权重，即风险因素的风险等级 C，其分为五级，分别为 0.2、0.4、0.6、0.8、1.0，由专家打分加权确定。

(3)回收项目风险调查表。各专家打分评价后的项目风险调查表整理出来，计算出项目风险水平。将每个风险因素的权数 W 与权重 C 相乘，得出该项风险因素得分 WC。将各项风险因素得分加权平均，得出该项目风险总分，即项目风险度，风险度越大风险越大。

例如，某建筑工程项目综合风险评估见表10-2。

表 10-2　某建筑工程项目综合风险评估

主要风险因素	权数 W	风险等级 C					WC
		0.2	0.4	0.6	0.8	1.0	
地质特殊处理	0.05			√			0.03
施工技术方案不合理	0.10			√			0.06
进度计划不合理	0.10			√			0.06
业主拖欠工程款	0.05		√				0.02
施工组织不协调	0.05		√				0.02
材料供应不及时	0.10				√		0.08
设计缺陷	0.05				√		0.04
合同缺陷	0.10			√			0.06
安全事故	0.10			√			0.06
管理人员不胜任	0.05		√				0.02
施工人员流动性大	0.05			√			0.03
施工人员素质差	0.05			√			0.03
恶劣天气	0.05			√			0.03
物价上涨	0.10			√			0.06
合　计	1.00						0.60

由表10-2可以看出，该项目的风险度为0.60，此风险度可以和原前期计划中制订的风险管理计划中的风险度进行比较。例如，原前期计划中的风险度为0.65，比较可以看出，该项目实施中的综合风险在可接受范围之内。

2. 蒙特卡洛模拟法

风险评估时经常面临不确定性、不明确性和可变性；而且，即使我们可以对信息进行前所未有的访问，仍无法准确预测未来。蒙特卡洛模拟法允许我们查看做出的决策的所有可能结果并评估风险影响，从而在存在不确定因素的情况下做出更好的决策。蒙特卡洛模拟法是一种计算机化的数学方法，允许人们评估定量分析和决策制订过程中的风险。

应用蒙特卡洛模拟法可以直接处理每一个风险因素的不确定性，并将这种不确定性在成本方面的影响以概率分布的形式表示出来。

🖋 知识拓展 ▶

蒙特卡洛(Monte Carlo)模拟法这个术语是第二次世界大战时期美国物理学家 Metropolis 执行曼哈顿计划的过程中提出来的。此方法首先被科学家用于研究原子弹，它以因赌场而闻名的摩纳哥旅游城市蒙特卡洛命名。自从在第二次世界大战中推出以来，蒙特卡洛模拟法一直用于不同的物理和概念系统的模型建立。

3. 敏感性分析法

敏感性分析法是研究和分析由于客观条件的影响(如政治形势、通货膨胀、市场竞争等风险)使项目的投资、成本、工期等主要变量因素发生变化，导致项目的主要经济效果评价指标(如净现值、收益率、折现率等)发生变动的敏感程度。

任务练习

1. 风险评估就是_____
_____。

2. 风险评估的步骤是_____、_____、_____。

3. 风 险 评 估 的 目 的 是 _____、_____、
_____、_____。

4. 在工程项目风险管理工作中，下列属于风险评估工作的是( )。
   A. 分析各种风险的损失量
   B. 对风险因素采取应对措施
   C. 罗列风险因素
   D. 对风险进行监控

5. 在系统地识别建筑工程风险与合理地做出风险对策之间起着重要桥梁作用的是( )
   A. 风险管理 B. 风险评估 C. 损失控制 D. 风险调查

6. 在下列方法中，属于建筑工程风险评估方法的是( )。
   A. 初始清单法 B. 专家调查法 C. 经验数据法 D. 流程图法

7. 在风险评估的调查打分法中，风险等级可分为( )级。
   A. 3 B. 4 C. 5 D. 6

8. 在风险评估的调查打分法中，风险因素的得分为( )。
   A. 风险因素权数(W)加上风险因素权重(C)
   B. 风险因素权数(W)减去风险因素权重(C)
   C. 风险因素权数(W)乘上风险因素权重(C)
   D. 风险因素权数(W)除以风险因素权重(C)

参考答案

任务 10.4 建筑工程项目风险响应与监控

任务导入

对于风险管理，仅仅把风险识别和评估出来是远远不够的，还要考虑对识别出来的风险如何应对，做好风险应对准备和计划。只要管理者对项目风险有了客观准确的识别和评估，并在此基础上采取合理的响应措施，人们对于风险就不会无能为力。风险的特征决定了风险是存在于项目整个生命周期的，风险又是可变的，所以，在整个项目的管理过程中都必须进行风险的监视和控制。在对风险采取了应对措施后，还应对措施实施的效果加以评价，这样才能保证风险管理的效果。

10.4.1 风险响应

1. 风险响应的定义

风险响应是指针对项目风险而采取的相应对策、措施。由风险特征可知，虽然风险客观存在、无处不在，表现形式也多种多样，但风险并非不可预测和防范。在长期的工程项目管理事件中，人们已经总结出了许多应对工程项目风险的有效措施。只要工程项目管理者对项目风险有了客观、准确的识别和评估，并在此基础上采取合理的响应措施，风险是可以防范和控制的。

经过风险评估，项目整体风险有两种情况：一种是项目整体风险超出了项目管理者可接受的水平；另一种是项目整体风险在项目管理者可接受的水平之内。

(1)风险超过了可接受的水平，有两种措施可供选择：停止项目或全面取消项目；采取措施避免或消减风险损失，挽救项目。

(2)风险在可接受的水平，则应该制订各种各样的项目风险响应措施，去规避或控制风险。

2. 风险响应的措施

常见的风险响应措施有风险回避、风险转移、风险分散、风险自留等。

(1)风险回避。风险回避是指在完成项目风险分析和评估后，如果发现项目风险发生的概率很高，而且可能造成很大的损失，又没有有效的响应措施来降低风险。考虑到影响预定目标达成的诸多风险因素，结合决策者自身的风险偏好和风险承受能力，从而做出的中止、放弃某种决策方案或调整、改变某种决策方案的风险处理方式。风险回避的前提在于企业能够准确地对企业自身条件和外部形势、客观存在的风险的属性和大小有准确的认识。

在面临灾难性风险时，采用风险回避的方式处置风险是比较有效的。它简单易行，对风险的预防和控制具有彻底性，而且具有一定的经济性。但有时，放弃承担风险也就意味着将放弃某些机会。因此，在某些情况下，这种方法是一种比较消极的处理方式。

通常最适合采取风险回避措施的情况有两种：一是风险事件发生的概率很大且损失后果也很大；二是采用其他的风险响应措施的成本超过了其带来的效益。

(2)风险转移。风险转移是一种常用的、十分重要的、应用范围最广且最有效的风险管理手段，其是指将风险及其可能造成的损失全部或部分转移给他人。风险转移并不意味着一定是将风险转移给了他人且他人肯定会受到损失。各人的优势、劣势不一样，对风险的承受能力也不一样，对于自己是损失但对于别人有可能就是机会，所以在某种环境下，风险转移者和接受者会取得双赢。

一般来说，风险转移的方式可以分为非保险转移和保险转移。非保险转移是指通过订立经济合同，将风险以及与风险有关的财务结果转移给别人。在经济生活中，常见的非保险转移有签订承包合同、工程分包、工程担保等；保险转移是指通过订立保险合同，将风险转移给保险公司(保险人)。在面临风险以前，可以向保险人缴纳一定的保险费，将风险转移。一旦预期风险发生并且造成了损失，则保险人必须在合同规定的责任范围之内进行经济赔偿。

由于保险存在着许多优点，所以，通过保险来转移风险是最常见的风险管理方式。需要指出的是，并不是所有的风险都能够通过保险来转移，因此，可保风险必须符合一定的条件。

(3)风险分散。风险分散就是将风险在项目各参与方之间进行合理分配。风险分配通常在任务书、责任书、合同、招标文件等文件中进行规定。风险分散旨在通过增加风险承受单位来减轻总体风险的压力，以达到共同分担风险的目的。

（4）风险自留。风险自留也称风险承担，是指项目管理者自己非计划性或计划性地承担风险，即将风险保留在风险管理主体内部，以其内部的资源来弥补损失。保险和风险自留是企业在发生损失后两种主要的筹资方式，都是重要的风险管理手段。风险自留目前在发达国家的大型企业中较为盛行。风险自留既可以是有计划的，也可以是无计划的。

①无计划的风险自留是由于风险管理人员没有意识到项目某些风险的存在，或者不曾有意识地采取有效措施，以致风险发生后只好保留在风险管理主体内部。这样的风险自留就是无计划的和被动的。

无计划的风险自留产生的原因有：风险部位没有被发现、不足额投保、缺乏风险意识、风险识别失误、风险分析与评价失误、风险决策延误、风险决策实施延误等。在这些情况下，一旦造成损失，企业必须以其内部的资源（自有资金或者借入资金）来加以补偿。如果该组织无法筹集到足够的资金，则只能停业。因此，准确地说，无计划的风险自留不能看作风险管理的措施。

②有计划的风险自留是一种重要的风险管理手段，是主动的、有意识的、有计划的选择。它是风险管理者察觉了风险的存在，估计到了该风险造成的期望损失，决定以其内部的资源（自有资金或借入资金）来对损失加以弥补的措施。有计划的风险自留绝不可能单独运用，而应与其他风险对策结合使用。实行有计划的风险自留，应做好风险事件的工程保险和实施损失控制计划。

3. 风险响应的成果

风险响应的最后一步，是把前面已完成的工作归纳成一份风险管理规划文件。风险管理规划文件中应包括项目风险形势估计、风险管理计划和风险响应计划三大内容。

（1）项目风险形势估计。在风险的识别阶段，项目管理者其实已经对项目风险形势做了估计。风险响应阶段的形势估计比起风险识别阶段更全面、更深入，此阶段可以对前期的风险估计进行修改。

（2）风险管理计划。风险管理计划在风险管理规划文件中起控制作用。在计划中应确定项目风险管理组织机构、领导人员和相关人员的责任和任务。其目的在于在建筑工程项目的实施过程中，对项目各部门风险管理工作内容、工作方向、策略选择起指导作用；强化有组织、有目的的风险管理思路和途径。

（3）风险响应计划。风险响应计划是风险响应措施和风险控制工作的计划和安排，项目风险管理的目标、任务、程序、责任和措施等内容的详细规划，应该细到管理者可直接按计划操作的层次。

10.4.2　风险监控

1. 风险监控的定义

风险监控就是对工程项目风险的监视和控制。

（1）风险监视。在实施风险响应计划的过程中，人们对风险的响应行动必然会对风险和风险因素的发展产生相应的影响。风险监视的目的在于通过观察风险的发展变化，评估响应措施的实施效果和偏差，改善和细化应对计划，获得反馈信息，为风险控制提供依据。风险的监控过程是一个不断认识项目风险的特征及不断修订风险管理计划和行为的过程，这个过程是一个实时的、连续的过程。

(2)风险控制。风险控制是指根据风险监视过程中反馈的信息，在风险事件发生时实施预定的风险应对计划处理措施；当项目的情况发生变化时，重新对风险进行分析，并制订更有效的、新的响应措施。

2. 风险监控的步骤

(1)建立项目风险监控体系。建立项目风险监控体系是指在项目建设前，在风险识别、评估和响应计划的基础上，制订出整个项目的风险监控的方针、程序、目标和管理体系。

(2)确定要监控的具体项目风险。按照项目识别和分析出的具体风险事件，根据风险后果的严重程度和风险发生概率的大小，以及项目组织的风险监控资源情况，确定出应对哪些风险进行监控。

(3)确定项目风险的监控责任。将风险监控的责任工作分配和落实到具体的人员，并确定这些人员的具体责任。

(4)确定风险监控的计划和方案。制订相应的风险监控时间计划和安排，避免错过风险监控的时机。再根据风险监控的时间和安排，制订出各个具体项目风险的控制方案。

(5)实施与跟踪具体项目风险监控。在实施项目风险监控的活动时，要不断收集监控工作的信息并给出反馈，确认监控工作是否有效，项目风险的发展是否有新的变化。不断地提供反馈信息，不断地修订项目风险监控方案与计划。

(6)判断项目风险是否已经消除。判断某个项目风险是否已经解除，如已解除则该具体项目风险的控制作业就可以完成；反之，则需要进行重新识别并开始新一轮的风险监控作业。

(7)风险监控的效果评价。风险监控的效果评价是指对风险监控技术适用性及其收益情况进行的分析、检查、修正和评估，看风险管理是否以最少的成本取得了最大的安全保障。

任务练习

1. 风险响应措施有：_____、_____、_____、_____。

2. 风险响应应形成_____、_____、_____三个方面的成果。

3. 某建筑工程项目在经过可行性分析后，若发现在实施该项目后会面临较大的经济风险，此时立即停止该项目的实施，并放弃这一项目的计划，其属于_____响应措施。

4. 在合同条款中规定，业主对场地条件不承担责任，其属于_____响应措施。

5. 利用招投标方式，业主将设计任务承包给一家具有资质能力的设计单位，其属于_____响应措施。

6. 风险自留有两种形式：一是_____；二是_____。

7. 风险监控包括_____、_____两个方面的工作。

8. 风险监控的步骤包括_____、_____、_____、_____、_____、_____、_____。

9. 对难以控制的风险向保险公司投保是(　　)的一种措施。

　A. 风险规避　　　　B. 风险减轻　　　C. 风险转移　　　　D. 风险自留

10. 下列为防范土方开挖过程中塌方风险而采取的措施，属于风险转移对策的是(　　)。

    A. 投保建筑工程一切险　　　　　　B. 设置警示牌

    C. 进行专题安全教育　　　　　　　D. 设置边坡护壁

项目小结

    风险是指损失的不确定性，指在项目决策和实施过程中，影响项目实际结果与预期目标差异的不确定因素。风险的特点包括风险的客观存在性、普遍存在性、相对性和可变性。建筑工程项目风险管理的核心是对风险进行识别、评估、响应和监控。风险识别是整个风险管理工作的基础，它是通过分析、归纳和整理各种信息资料，系统、全面地认识风险事件并加以适当的归类，对风险的类型、产生原因、可能产生的后果做出定性估计、感性认识和经验判断。识别风险的主要方法有专家调查法、财务报表分析法、流程图法、现场风险调查法等。风险评估是在对各种风险进行识别的基础上，综合衡量风险对项目实现既定目标的影响程度。风险评估的方法有调查打分法、蒙特卡洛法、敏感性分析法等。风险响应措施有风险回避、风险转移、风险分散、风险自留等。监视和控制风险是风险监控的主要内容，无论什么时候，只要在风险监控的过程中发现有新的风险因素，就要对其进行重新评估。

项目练习

1. 设计人员和监理工程师的能力属于(　　)风险。

    A. 组织管理　　　　B. 经济　　　　C. 政治　　　　D. 技术

2. 风险识别的第一步工作是(　　)。

    A. 收集与项目风险相关的信息　　　　B. 确定风险因素

    C. 分析各种风险的损失量　　　　　　D. 编制项目风险识别报告

3. 组织应对可能出现的风险因素进行监控，根据需要制订(　　)。

    A. 监控计划　　　　　　　　　　　B. 风险预警

    C. 风险管理计划　　　　　　　　　D. 应急计划

4. 对建筑工程项目管理而言，风险是指可以出现的影响项目目标实现的(　　)。

    A. 不确定因素　　　B. 错误决策　　　C. 不合理指令　　D. 设计变更

5. 建设工程施工过程，可能会出现不利的地质条件而使施工进度延误、成本增加，这种风险属于(　　)。

    A. 经济风险　　　　　　　　　　　B. 组织管理风险

    C. 环境风险　　　　　　　　　　　D. 技术风险

6. 下列防范土方开挖过程中塌方风险而采取的措施，属于风险转移对策的是(　　)。

    A. 投保建筑工程一切险　　　　　　B. 设置警示牌

    C. 工程环境风险　　　　　　　　　D. 技术风险标进行专题安全教育

    E. 设置边坡护壁

参考答案

7. 按风险来源划分，建筑工程项目的风险有（　　）几种类型。
   A. 组织管理风险
   B. 经济风险
   C. 自然风险
   D. 技术风险
   E. 合同风险

8. 风险管理过程包括项目实施全过程的（　　）。
   A. 项目风险策划
   B. 项目风险识别
   C. 项目风险评估
   D. 项目风险响应
   E. 项目风险控制

 项目实训

实训题 1

【背景资料】

金色花园工程项目总占地面积约为 12 万 m^2，分两期工程按由南向北开展。项目规划总建筑面积为 35 万 m^2，其中住宅为 30 万 m^2。整个项目规划分为南、北两个小区，规划居住人口为 1.8 万人。项目计划总投资 2 亿元人民币。

建筑结构特征：小区内建筑以 6＋1 式多层住宅为主，设计有地下车库，砖混结构为主，毛石混凝土基础。

现场特征及施工条件：由于多座楼房同时开工，且施工现场狭窄，施工现场管理任务重。施工现场离居民区较近，工期紧，施工难度大，为保证本工程如期完成，须协调好周边关系。

材料供应：三大材（钢材、木材、水泥）由业主同意协调采购，袋装水泥运到现场。

参考答案

【要求】

为了使该工程项目能顺利实施，在开工前应做好风险分析和风险计划。试运用头脑风暴法对该项目进行风险初步识别。

实训题 2

【背景资料】

三峡工程左岸电站设备安装工程等保险和高压电器运输保险总投保约为人民币 100 亿元，这是三峡工程迄今为止最大的一项保险项目。中国三峡总公司采取了公开询价、专家评审、领导决策的方式进行投保，较好地体现了"公平、公开、公正"的原则。最后选定国内著名的三家保险公司共保，并由国内外再保险公司进行分保和再保。

【问题】

1. 当预测到风险将会出现时，有哪些响应措施？
2. 此案例中的投保属于风险响应措施中的哪一类？
3. 此案例中采用的风险响应措施有什么优缺点？

【背景资料】

深圳福田写字楼建筑工程项目面积为 19 741.00 m²，总造价为 5 757 万元，建筑层数为 15 层，高度为 75.3 m。该项目由新源房地产公司开发，日升建筑安装工程有限公司与其签订了施工合同并组织承建。该工程的空调工程造价为 497 万元，由于空调设备工程专业性强，日升公司在此方面缺乏专业施工及管理能力，经业主同意后，将空调工程分包给了另一家专业空调施工企业。

【问题】

1. 建筑工程项目风险是如何分类的？

2. 该项目在施工过程中可能面临哪些风险？

项目 11　建筑工程项目收尾管理

项目目标

　　建筑工程项目收尾管理是建筑工程项目管理的任务之一，它主要包括竣工验收、工程保修两项内容。其中，竣工验收是项目收尾结束阶段的关键环节，其内容繁多且杂乱，若控制不好，极易影响工期；工程保修是建筑工程项目管理的收尾延伸。通过对本项目的学习，掌握建筑工程项目收尾管理的程序、流程和相关内容。

教学要求

学习目标	知识要点
了解建筑工程项目竣工验收准备、建筑工程项目回访	(1)建筑工程项目竣工验收准备 (2)建筑工程项目回访
掌握建筑工程项目竣工验收、质量保修的相关内容	(1)建筑工程项目竣工验收条件、依据、质量要求，竣工资料管理 (2)建筑工程项目质量保修范围、期限、责任
掌握竣工结算、决算的知识	(1)竣工结算的定义、程序编制依据、价款支付 (2)竣工决算的定义、编制依据、编制内容、编制程序

案例导入

　　某市一小区1号楼是7层混合结构住宅楼。施工单位自检合格后，报请建设方组织了竣工验收，验收后认为楼梯转角平台栏杆扶手高度不够、窗框四周渗水、内墙面空鼓面积超标，要求施工方整改后复验，施工单位整改后竣工验收合格。验收合格一周后，施工单位向建设方递交竣工及结算报告，建设方在收到报告后30天内完成了结算。该楼交付业主使用后，业主装修发现部分墙体空心，报请法定单位用红外线照相法统计发现，大约有40%的墙体未按设计要求设置构造柱。

　　【问题】

　　1. 本工程竣工验收组织程序、结算申报程序是否合法？

　　2. 本工程是否达到竣工验收条件？

　　3. 施工单位在什么前提下才能向建设方提出竣工验收申请？

　　4. 竣工验收合格后，应签署什么文件？

任务 11.1　建筑工程项目竣工验收、保修回访及项目管理总结

项目收尾管理是指对项目的收尾、试运行、竣工验收、竣工结算、竣工决算、考核评价、保修回访等进行计划、组织、协调、控制等活动。建筑工程的回访和保修制度是在工程竣工交付使用后，在一定的期限内由施工单位主动到建设单位进行回访，依据《中华人民共和国建筑法》《建设工程质量管理条例》及有关部门的相关规定，履行施工合同的约定和《工程质量保修书》中的承诺，并按计划、实施、验证、报告的程序，搞好回访与保修工作。

11.1.1　建筑工程项目竣工验收准备

1. 建立竣工收尾工作小组

项目进入竣工验收阶段，项目经理部应建立竣工收尾工作小组，做到因事设岗、以岗定责，实现收尾的目标。该小组由项目经理、技术负责人、质量人员、计划人员、安全人员组成。

2. 落实竣工收尾计划

首先，编制一个切实可行、便于检查考核的施工项目竣工收尾计划。项目竣工收尾计划的具体内容包括：

(1)竣工项目名称。

(2)竣工项目收尾具体工作。

(3)竣工项目质量、安全要求。

(4)竣工项目进度计划安排。

(5)竣工项目文件档案资料整理要求。

以上内容要求表格化，并由项目经理审核，报上级主管部门审批，具体见表 11-1。项目经理应按计划要求组织实施竣工收尾工作，包括现场施工和资料整理两个部分。

表 11-1　工程项目竣工收尾计划表

序号	收尾工程名称	施工简要内容	收尾完工时间	作业班组	施工负责人	完成验证人
1						
2						
3						
⋮						

项目经理：　　　　　　　　　　技术负责人：　　　　　　　　　　编制人：

项目经理部要根据施工项目竣工收尾计划，检查其收尾的完成情况，要求管理人员做好验收记录，对重点内容重点检查，不使竣工验收留下隐患和遗憾而造成返工损失。

项目经理部完成各项竣工收尾计划后应向企业报告，提请有关部门进行质量验收，对照标准进行检查。各种记录应齐全、真实、准确。需要监理工程师签署的质量文件，应提交其审核签认。实行总分包的项目，承包人应对工程质量全面负责，分包人应按质量验收标准的规定对承包人负责，并将分包工程验收结果及有关资料交承包人。承包人与分包人

对分包工程质量承担连带责任。承包人经过验收，确认可以竣工时，应向发包人发出竣工验收函件，报告工程竣工准备情况，具体约定交付竣工验收的方式及有关事宜。

11.1.2 建筑工程项目竣工验收

1. 竣工验收条件

施工承包人完成了合同约定的全部施工任务，施工项目具备竣工验收条件后，施工承包人向建设方提交"竣工工程申请验收报告"。竣工验收条件基本要求如下：

(1)完成工程设计合同和合同约定的各项工作内容。

(2)施工技术档案和管理资料齐全，包括主要建筑材料、设备等的进场、送检、合格报告。

(3)有勘察方、设计方、施工方、监理方、建设方五方责任主体签署的质量合格文件。

(4)有承包人签署的工程保修书。

(5)施工承包人竣工自验合格。

2. 竣工验收依据

(1)上级主管部门的各项批准文件，包括可行性研究报告、初步设计、立项及与项目相关的其他各种文件。

(2)工程设计文件，含图纸、设备技术说明和操作指导说明、设计变更等。

(3)国家颁布的现行相关规范、行业标准，如《建筑工程施工质量验收统一标准》(GB 50300—2013)。

(4)与施工相关的一切合同、协议。

(5)与施工相关的技术核定、经济签证、整改通知及回执文件等。

3. 项目竣工验收质量要求

建筑工程项目竣工验收质量要求如下：

(1)建筑工程质量应符合《建筑工程施工质量验收统一标准》(GB 50300—2013)和相关专业验收规范的规定。

(2)建筑工程施工应符合工程勘察、设计文件的要求。

(3)参加工程施工质量验收的各方人员应具备规定的资格。

(4)工程质量的验收均应在施工单位自行检查评定的基础上进行。

(5)隐蔽工程在隐蔽前应由施工单位通知有关单位进行验收，并应形成验收文件。

(6)涉及结构安全的试块、试件以及有关材料，应按规定进行见证取样检测。

(7)检验批的质量应按主控项目和一般项目验收。

(8)对涉及结构安全和使用功能的重要分部工程应抽样检测。

(9)承担见证取样检测及有关安全检测的单位应具有相应资质。

(10)工程的感观质量应由验收人员进行现场检查，并应共同确认。

4. 竣工验收管理程序

竣工验收管理程序：竣工验收准备(主要包括施工单位自检、竣工验收资料准备、竣工收尾)→编制竣工验收计划→组织现场验收→进行竣工结算→移交竣工资料→办理竣工手续。

5. 竣工验收实务

(1)竣工自验(竣工预验)。

①竣工自验的标准与正式验收一样，其主要内容是：其工程是否符合国家或地方政府主

管部门规定的竣工标准和竣工规定；工程完成情况是否符合施工图纸和设计的使用要求；工程质量是否符合国家和地方政府规定的标准和要求；工程是否达到合同规定的要求和标准等。

②参加自验的人员，应由项目经理组织生产、技术、质量、合同、预算相关人员以及有关的作业队长（或施工员、工号负责人）等。

③自验的方式，应分层分段、分房间地由上述人员按照自己主管的内容逐一进行检查。在检查中要做好记录。对不符合要求的部位和项目，确定修补措施和标准，并指定专人负责，定期修理完毕。

④复验。在基层施工单位自我检查的基础上，查出的问题全部修补完毕后，项目经理应提请上级进行复验（按一般习惯，国家重点工程、省市级重点工程，都应提请总公司级的上级单位复验）。通过复验，要解决全部遗留问题，为正式验收做好充分的准备。

（2）正式验收。在自验的基础上，确认工程全部符合竣工验收的标准，即可由施工单位同建设单位、设计单位、监理单位共同开始正式验收工作。

①发出《工程竣工报告》。施工单位应于正式竣工验收之日前10天，向建设单位发送《工程竣工报告》。其格式见表11-2。

表 11-2　工程竣工报告

工程名称		建筑面积	
工程地址		结构类型	
建设单位		开工、竣工日期	
设计单位		合同工期	
施工单位		造价	
监理单位		合同编号	
竣工条件自检情况	项目内容	施工单位自查意见	
	工程设计和合同约定的各项内容完成情况		
	工程技术档案和施工管理资料		
	工程所用建筑材料、建筑配件、商品混凝土和设备的进场试验报告		
	涉及工程结构安全的试块、试件及有关材料的试（检）验报告		
	地基与基础、主体结构等重要分部（分项）工程质量验收报告签证情况		
	住房城乡建设主管部门、质量监督机构或其他有关部门责令整改问题的执行情况		
	单位工程质量自检情况		
	工程质量保修书		
	工程款支付情况		
经检验，该工程已完成设计和合同约定的各项内容，工程质量符合有关法律、法规和工程建设强制性标准。 　　　项目经理： 　　　企业技术负责人：（施工单位公章） 　　　法定代表人：　　　　　　　　　　　　　　　　　年　月　日			
监理单位意见： 　　　　　　　　　总监理工程师：（公章） 　　　　　　　　　　　　　　　　　　　　　　　　年　月　日			

②组织验收工作。工程竣工验收工作由建设单位邀请设计单位、监理单位及有关方面参加，同施工单位一起进行检查验收。建设方按照国家规定，可以根据工程实际情况组织一次性或分阶段性竣工验收。一般情况下，建设方应在工程竣工验收确定日7个工作日前，将验收时间、地点、工程基本情况、验收组成员名单书面通知该工程的工程质量监督机构。

③工程竣工验收合格，签发《工程竣工验收报告》并办理工程移交。在建设单位验收完毕，确认工程符合竣工标准和合同条款规定要求以后，即应向施工单位签发《工程竣工验收报告》，其格式见表11-3。若五方责任主体对验收结论不能达成一致，应向施工承包人提出明确的整改事项和整改意见，并且五方协商提出解决问题的方法，待施工承包人整个达标后，重新组织竣工验收。

表11-3　工程竣工验收报告

<table>
<tr><td rowspan="11">工程概况</td><td colspan="2">工程名称</td><td></td><td>建筑面积</td><td>m²</td></tr>
<tr><td colspan="2">工程地址</td><td></td><td>结构类型</td><td></td></tr>
<tr><td colspan="2">层数</td><td>地上　层，地下　层</td><td>总高</td><td>m</td></tr>
<tr><td colspan="2">电梯</td><td>台</td><td>自动扶梯</td><td>台</td></tr>
<tr><td colspan="2">开工日期</td><td></td><td>竣工验收日期</td><td></td></tr>
<tr><td colspan="2">建设单位</td><td></td><td>施工单位</td><td></td></tr>
<tr><td colspan="2">勘察单位</td><td></td><td>监理单位</td><td></td></tr>
<tr><td colspan="2">设计单位</td><td></td><td>质量监督单位</td><td></td></tr>
<tr><td colspan="2">工程完成设计与合同
所约定内容情况</td><td></td><td>建筑面积</td><td></td></tr>
<tr><td colspan="5">验收组织形式</td></tr>
<tr><td colspan="3">专业</td><td colspan="2">验收人员</td></tr>
<tr><td rowspan="6">验收组组成情况</td><td colspan="3">建筑工程</td><td colspan="2"></td></tr>
<tr><td colspan="3">采暖卫生和天然气工程</td><td colspan="2"></td></tr>
<tr><td colspan="3">建筑电气安装工程</td><td colspan="2"></td></tr>
<tr><td colspan="3">通风与空调工程</td><td colspan="2"></td></tr>
<tr><td colspan="3">电梯安装工程</td><td colspan="2"></td></tr>
<tr><td colspan="3">工程竣工资料审查</td><td colspan="2"></td></tr>
<tr><td rowspan="2">工程竣工验收意见</td><td colspan="5">建设单位执行基本建设程序情况：</td></tr>
<tr><td colspan="5">对工程勘察、设计、监理等方面的评价：</td></tr>
<tr><td colspan="6">项目负责人

　　　　　　　　　　　　　　　　　　　　　　　　　　　　（公章）
　　　　　　　　　　　　　　建设单位　　　　年　　月　　日</td></tr>
</table>

勘察负责人		（公章）
	勘察单位	年　月　日
设计负责人		（公章）
	设计单位	年　月　日
项目经理		
企业技术负责人		（公章）
	施工单位	年　月　日
总监理工程师		（公章）
	监理单位	年　月　日

工程质量综合验收附件：

　　1. 勘察单位对工程勘察文件的质量检查报告；

　　2. 设计单位对工程设计文件的质量检查报告；

　　3. 施工单位对工程施工质量的检查报告，包括：单位工程、分部工程质量自检记录，工程竣工资料目录自查表，建筑材料、建筑构配件、商品混凝土、设备的出厂合格证和进场试验报告的汇总表，涉及工程结构安全的试块、试件及有关材料的试（检）验报告汇总表和强度合格评定表，工程开工、竣工报告；

　　4. 监理单位对工程质量的评估报告；

　　5. 地基与基础、主体结构分部工程以及单位工程质量验收记录；

　　6. 工程有关质量检测和功能性试验资料；

　　7. 住房城乡建设主管部门、质量监督机构责令整改问题的整改结果；

　　8. 验收人员签署的竣工验收原始文件；

　　9. 竣工验收遗留问题的处理结果；

　　10. 施工单位签署的工程质量保修书；

　　11. 法律、规章规定必须提供的其他文件

　　④办理工程档案资料移交。

　　⑤办理工程移交手续。

　　在对工程检查验收完毕后，施工单位要向建设单位逐项办理移交手续和其他固定资产移交手续，并应签认交接验收证书。还要办理工程结算手续。工程结算由施工单位提出，送建设单位审查无误后，由双方共同办理结算签认手续。工程结算手续一旦办理完毕，合同双方除施工单位承担工程保修工作以外，建设单位同施工单位双方的经济关系和法律责任即予解除。

　　6. 竣工验收的时效和竣工日期的规定

　　《建设工程施工合同（示范文本）》对项目竣工验收的时效性和竣工日期的确定做了一定的规定：

　　（1）发包人收到竣工验收报告后28天内组织有关单位验收，并在验收后14天内给予认可或提出修改意见，承包人按要求修改，并承担由自身原因造成的修改费用。

(2)发包人收到竣工验收报告后 28 天内不组织验收，或验收后 14 天内不提出修改意见，视为竣工验收报告已被认可。

(3)发包人收到竣工验收报告后 28 天内不组织验收，从第 29 天起承担工程保管及一切意外责任。

(4)中间交工工程的范围和竣工时间，双方在专用条款中约定。

(5)工程竣工验收通过，承包人交送竣工报告的日期为实际竣工日期，工程发包人要求修改后竣工验收的，实际竣工日期为承包人修改后提请发包人验收的日期。

7. 建筑项目的竣工资料管理

工程竣工资料是记录和反映施工全过程工程技术与管理档案资料的总称。竣工资料的内容应包括工程技术资料、工程质量保证资料、工程检验评定资料、竣工图、规定的其他应交资料。承包人应按照竣工要求，整理、完善能反映建筑项目管理全过程实际的全套资料，并有规律地组卷。资料要真实、可靠、完整、连贯。

工程竣工资料的完善与组卷应与工程项目所在地建设主管部门、质量安全监督管理机构、建筑工程档案管理部门沟通，在其要求和指导下，并以《科学技术档案案卷构成的一般要求》(GB/T 11822—2008)为组卷基本依据进行组卷。

竣工资料移交时承包人应向发包人列出移交清单，发包人应逐项检查资料的完整性，并完备检验验证手续。发包人应将列入归档范围的竣工资料汇总后，向建筑工程档案管理部门移交备案。

竣工资料的移交验收是建筑工程项目竣工验收的重要内容。资料的移交应符合国家《建设项目(工程)档案验收办法》与《建设工程文件归档规范》(GB/T 50328—2014)的规定以及工程所在地建筑工程档案管理部门的规定。

竣工资料的套数一般按工程所在地建筑工程档案管理部门的要求进行准备，但竣工图一般在工程承包合同中明确规定套数，竣工图是真实记录建筑物(含隐蔽的、地下的)、构筑物等情况的技术文件，是工程教研、维护、改建或扩建的依据。其具体要求如下：

(1)绝对真实。

(2)原施工图无变更，以原施工图加盖竣工图章作为竣工图；有设计变更时，在原图上做出修改后并注明、附上设计变更单加盖竣工图章作为竣工图。

(3)结构改变、施工工艺改变及平面布置等重大改变，原图纸修改无法真实反映的，应重新绘制后，加盖竣工图章作为竣工图。

11.1.3　工程质量保修及回访

1. 工程质量保修

工程质量保修是指施工单位对房屋建筑工程竣工验收后，在保修期限内出现的质量不符合工程建设强制性标准以及合同的约定等质量缺陷，予以修复。

施工单位应在保修期内，履行与建设单位约定的、符合国家有关规定的、工程质量保修书中的关于保修范围、保修期限和保修责任等义务。

(1)保修范围。对房屋建筑工程及其各个部位，保修范围主要有：地基基础工程，主体结构工程，屋面防水工程，有防水要求的卫生间、房间和外墙面的防渗漏，供热与供冷系统，电气管线、给水排水管道、设备安装和装修工程以及双方约定的其他项目。由于施工单位施工责任造成的建筑物使用功能不良或无法使用的问题，都应实行保修。

凡是由于用户使用不当或第三方造成建筑功能不良或损坏者，或是工业产品项目发生问题，或不可抗力造成的质量缺陷等，均不属保修范围，由建设单位自行组织修理。

(2)保修期限。在正常使用条件下，房屋建筑工程的保修期应从工程竣工验收合格之日起计算，其最低保修期限如下：

①地基基础工程和主体结构工程，为设计文件规定的该工程的合理使用年限。

②屋面防水工程，有防水要求的卫生间、房间和外墙面的防渗漏为5年。

③供热与供冷系统，为2个采暖期、供冷期。

④电气管线、给水排水管道、设备安装为2年。

⑤装修工程为2年。

⑥住宅小区内的给水排水设施、道路等配套工程及其他项目的保修期，由建设单位和施工单位约定。

(3)保修责任。

①发送工程质量保修书(房屋保修卡)。工程质量保修书由施工合同发包人和承包人双方在竣工验收前共同签署，其有效期限至保修期满。

一般是在工程竣工验收的同时或之后的3~7天内，施工单位向建设单位发送《房屋建筑工程质量保修书》。保修书的主要内容包括：工程简况、房屋使用管理要求、保修范围和保修内容、保修期限、保修责任和记录等。还附有保修(施工)单位的名称、地址、电话、联系人等。

工程竣工验收后，施工企业不能及时向建设单位出具工程质量保修书的，由住房城乡建设主管部门责令改正及处罚等。

②实施保修。在保修期内发生了非使用原因的质量问题，使用人应填写《工程质量修理通知书》，通告承包人并注明质量问题及部位、联系维修方式等；施工单位接到保修责任范围内的项目进行修理的要求或通知后，应按《工程质量保修书》中的承诺，7日内派人检查，并会同建设单位共同鉴定，提出修理方案，将保修业务列入施工生产计划，并按约定的内容和时间承担保修责任。

发生涉及结构安全或者严重影响使用功能的质量缺陷，建设单位应立即向当地住房城乡建设主管部门报告，采取安全防范措施；由原设计单位或具有相应资质等级的设计单位提出保修方案，施工单位实施，工程质量监督机构负责监督；对于紧急抢修事故，施工单位接到保修通知后，应立即到达现场抢修。

若施工单位未按质量保修书的约定期限和责任派人保修，发包人可以另行委托他人保修，由原施工单位承担相应责任。

③验收。施工单位在修理完毕后，要在保修书上做好保修记录，并由建设单位(用户)验收签认。涉及结构安全的保修，应报当地住房城乡建设主管部门备案。

(4)保修经济责任。保修经济责任由造成质量缺陷的责任方承担。

①由于承包人未按国家标准、规范和设计要求施工造成的质量缺陷，应由承包人修理并承担经济责任。

②因设计人造成的质量问题，可由承包人修理，由设计人承担经济责任，其费用额按合同约定，不足部分由发包人补偿。

③属于发包人供应的材料、构配件或设备不合格而明示或暗示承包人使用所造成的质

量缺陷，由发包人自行承担经济责任。

④凡因地震、洪水、台风等不可抗力原因造成损坏或非施工原因造成的紧急抢修事故，施工单位不承担经济责任。

⑤不属于承包人责任，但使用人有意委托修理维护时，承包人应为使用人提供修理、维护等服务，并在协议中约定。

2. 建筑工程项目回访

(1)工程回访的要求与内容。工程回访应纳入承包人的工作计划、服务控制程序和质量管理体系文件中。

工程回访工作计划由施工单位编制，其内容有：主管回访保修业务的部门、工程回访的执行单位、回访的对象(发包人或使用人)及其工程名称、回访时间安排和主要内容以及回访工程的保修期限。

工程回访一般由施工单位的领导组织生产、技术、质量、水电等有关部门人员参加。通过实地察看、召开座谈会等形式，听取建设单位、用户的意见、建议，了解建筑物使用情况和设备的运转情况等。每次回访结束后，执行单位都要认真做好回访记录。全部回访结束，要编写"回访服务报告"。施工单位应与建设单位和用户经常联系和沟通，对回访中发现的问题认真对待，及时处理和解决。

(2)工程回访类型。

①例行性回访。例行性回访一般以电话询问、开座谈会等形式进行，每半年或一年一次，了解日常使用情况和用户意见；保修期满前回访，对该项目进行保修总结，向用户交代维护和使用事项。

②季节性回访。季节性回访根据各分项工程的不同特点，进行可能的质量问题回访，如在雨期回访屋面、外墙面的防水。

③技术性回访。技术性回访是对新材料、新工艺、新技术、新设备的技术性能和使用效果进行跟踪了解，通常采用定期和不定期两种模式相结合进行回访。

④保修期满时的回访。保修期满时的这种回访一般在保修期将结束前进行，主要是为了解决遗留的问题和向业主提示保修即将结束，业主应注意建筑的维修和使用。

11.1.4 项目管理总结

在项目管理收尾阶段，项目管理机构应进行项目管理总结，编写项目管理总结报告。根据项目范围管理和组织实施方式不同，需分别采取不同的项目管理总结方式。项目总结报告应包含下列主要内容：

(1)项目可行性研究报告的执行总结。

(2)项目管理策划总结。

(3)项目合同管理总结。

(4)项目管理规划总结。

(5)项目设计管理总结。

(6)项目施工管理总结。

(7)项目管理目标执行情况。

(8)项目管理经验与教训。

(9)项目管理绩效与创新评价。

任务练习

1. 竣工预验由_____组织完成，正式验收由_____共同组织完成。

2. 电气管线、给水排水管道、设备安装的质量保修年限为（　　）。

  A. 从竣工之日算起 5 年   B. 从移交结束之日算起 2 年

  C. 从竣工之日算起 2 年   D. 从移交结束之日算起 5 年

参考答案

3. 供热系统的保修期为（　　）。

  A. 2 年   B. 1 年

  C. 2 个采暖期   D. 1 个采暖期

4. 关于质量保修和竣工决算的说法，下列不正确的是（　　）。

  A. 工程竣工验收报告经发包人认可后 28 天内，承包人向发包人递交竣工决算报告

  B. 发包人收到竣工结算报告和资料后 28 天内进行核实

  C. 承包人收到竣工结算价款后 14 天内，将竣工工程交付给发包人

  D. 发包人应在质量保证期满后 28 天内，将剩余保修金和利息返还给承包人

5. 由不可抗力原因造成的工程保修费，由（　　）负责处理。

  A. 业主   B. 政府

  C. 承包方   D. 发包方

任务 11.2　建筑工程项目竣工结算与决算

任务导入

  建筑工程项目经竣工验收合格后，进入竣工结算阶段，建筑工程项目竣工结算直接关系到建设单位和施工单位的切身利益。竣工决算是建设工程经济效益的全面反映，是项目法人核定各类新增资产价值、办理其交付使用的依据。两者的区别在于，前者是工程价款结算，后者是建设单位单方面为了量化考核、分析项目投入实际费用等编制的经济文件。

11.2.1　建筑工程项目竣工结算

1. 建筑工程项目竣工结算的定义

  建筑工程项目竣工结算是指承包人在完全按照与发包人的约定完成全部承包工作，并通过了竣工验收后与发包人进行的最终工程价款结算过程。

2. 建筑工程项目竣工结算的程序

  (1)工程竣工验收报告经发包人认可后 28 天内，承包人向发包人递交竣工结算报告及完整的结算资料。双方按照协议书约定的合同价款及专用条款约定的合同价款调整内容，进行工程竣工结算。

  (2)发包人收到承包人递交的竣工结算报告及结算资料后 28 天内进行核实，给予确认或者提出修改意见。发包人确认竣工结算报告后，通知经办银行向承包人支付工程竣工结

算价款。承包人收到竣工结算价款后 14 天内，将竣工工程交付发包人。

（3）发包人收到竣工结算报告及结算资料后 28 天内无正当理由不支付工程竣工结算价款，从第 29 天起按承包人同期向银行贷款利率支付拖欠工程款的利息，并承担违约责任。

（4）发包人收到竣工结算报告及结算资料后 28 天内不支付工程竣工结算价款，承包人可以催告发包人支付结算价款。发包人在收到竣工结算报告及结算资料后 56 天内仍不支付的，承包人可以与发包人协议将该工程折价，也可以由承包人申请人民法院将该工程依法拍卖，承包人就该工程折价或者拍卖的价款优先受偿。

（5）工程竣工验收报告经发包人认可后 28 天内，承包人未能向发包人递交竣工结算报告及完整的结算资料，造成工程竣工结算不能正常进行或工程竣工结算价款不能及时支付，发包人要求交付工程的承包人应交付；发包人不要求交付工程的，承包人承担保管责任。

（6）发包人和承包人对工程竣工结算价款发生争议时，按有关争议的约定处理。

3. 建筑工程项目竣工结算的编制依据

建筑工程项目竣工结算由承包人编制，发包人审查或者委托工程造价咨询单位进行审查，最终由发包人和承包人达成一致，共同认可、确定。其主要编制依据如下：

（1）合同文件，包括补充协议。主要参考合同及补充协议中对合同价款的确定模式，材料、人工等费用调整模式和计量模式。

（2）中标的投标书报价单。

（3）竣工图纸、设计变更文件、施工变更记录、技术经济签证单等。

（4）工程计价文件、工程量清单、取费标准及有关调价办法。

（5）三方认可的索赔资料。

（6）工程竣工验收报告。

（7）工程质量保修书。

4. 建筑工程项目竣工结算的价款支付

建筑工程项目竣工结算价款支付是承包人回收工程成本并获取相应利润的最后步骤。只有有效地获得支付，才能实现承包人的既定目标，包括产值目标和经济效益目标。

建筑工程项目竣工结算价款的支付遵循如下公式：

建筑工程项目竣工结算最终价款支付＝合同总价＋工程变更等调整数额－已预付工程价款。

工程价款的结算方式一般有竣工后一次结算和分段结算两种，发包人和承包人签订合同时应详细约定。

（1）竣工后一次结算。这种方式主要用于建筑项目或者单位工程建设周期不超过一年或者承包合同价格不高于 100 万元的项目。

（2）分段结算。这种结算方式主要用于建筑单位工程或项目要跨年度施工的情况，一般分不同阶段进行结算，其工程支付方式多采用逐月按形象进度预支工程款。

11.2.2 建筑工程项目竣工决算

1. 建筑工程项目竣工决算的定义

建筑工程项目竣工决算是指建筑工程项目在竣工验收、交付使用阶段，由建设单位编制的反映建设项目从筹建开始到竣工投入使用为止全过程中实际费用的经济文件。

编制建筑工程项目竣工结算的意义在于：可作为正确核定固定资产价值、办理交付使用、考核和分析投资效果的依据。

2. 建筑工程项目竣工决算的编制依据

(1)项目计划任务书和有关文件。

(2)项目总概算和单项工程综合概算书。

(3)项目设计图纸和说明书。

(4)设计交底、图纸会审资料。

(5)合同文件。

(6)项目竣工结算书。

(7)各种设计变更、技术经济签证。

(8)设备、材料调价文件及记录。

(9)竣工档案资料。

(10)相关的项目资料、财务决算及批复文件。

3. 建筑工程项目竣工决算的编制内容

竣工决算一般由竣工财务决算说明书、竣工财务决算报表、工程项目竣工图、工程造价比较分析四个部分组成。其中，竣工财务决算说明书和竣工财务决算报表又合称为竣工财务决算。

(1)竣工财务决算说明书。竣工财务决算说明书主要包括：工程项目概况；会计账务的处理、财产物资情况及债权债务的清偿情况；资金节余及结余资金的分配处理情况；主要技术经济指标的分析、计算情况；工程项目管理及决算中存在的问题、建议；需要说明的其他事项。

(2)财务决算报表。建设项目竣工决算报表要根据大、中型建设项目和小型建设项目分别制订。大、中型建设项目竣工决算报表包括：建设项目竣工财务决算审批表、竣工工程概况表、竣工财务决算表、交付使用资产总表、交付使用资产明细表。小型建设项目竣工财务决算报表包括：建设项目竣工决算审批表、竣工财务决算总表、建设项目交付使用资产明细表。

(3)工程项目竣工图。工程项目竣工图是真实地记录各种地上地下建筑物、构筑物等情况的技术文件，是工程进行交工验收、维护改建和扩建的依据，是重要技术档案。

国家规定：各项新建、扩建、改建的基本建设工程，特别是基础、地下建筑、管线、井巷、桥梁、隧道、港口、水坝以及设备安装等隐蔽部位，都要编制竣工图。为确保竣工图质量，必须在施工过程中(不能在竣工后)及时做好隐蔽工程检查记录，整理好设计变更文件。

(4)工程造价比较分析。工程造价比较分析是指对控制工程造价所采取的措施、效果及其动态的变化进行认真的比较，总结经验教训。工程造价比较分析应侧重完成的实物工程量和用于工程的材料消耗量。

4. 建筑工程项目竣工决算的编制程序

(1)收集、整理有关项目竣工决算资料和依据。

(2)清理项目账务、债务和结余物资。

(3)填写项目竣工决算报告。

(4)编制项目竣工决算说明书。

(5)报上级审查。

任务练习

1. 竣工决算是建设工程经济效益的全面反映,是(　　)核定各类
新增资产价值、办理其交付使用的依据。

　　A. 建设项目主管单位　　　　　　B. 施工企业

　　C. 项目法人　　　　　　　　　　D. 国有资产管理局

参考答案

2. (　　)是承包方将所承包的工程按照合同规定全部完工交付后,
向发包单位进行的最终工程价款结算。

　　A. 竣工结算(乙方编制)　　　　　B. 竣工决算(甲方编制)

　　C. 竣工结算(甲方编制)　　　　　D. 竣工决算(乙方编制)

3. 竣工决算是由(　　)编制,反映建设项目实际造价和投资效果的文件。

　　A. 承包方　　　　　　　　　　　B. 总承包方

　　C. 发包方　　　　　　　　　　　D. 项目经理

4. 竣工决算的编制依据包括(　　)。

　　A. 经批准的项目建议书及其投资估算

　　B. 竣工图及各种竣工验收资料

　　C. 经批准的施工图设计及其施工图预算

　　D. 设计交底、图纸会审资料

　　E. 招投标的标底、承包合同、工程结算资料

5. 竣工决算的编制步骤有(　　)。

　　A. 收集、整理、分析原始资料

　　B. 做好工程造价对比分析

　　C. 对照、核实工程变动情况,重新核实各单位工程、单项工程造价

　　D. 编制竣工财务决算说明书

　　E. 按监理规定上报、审批、存档

6. 建筑工程项目竣工结算与竣工决算有何区别?

➤ 项目小结

　　建筑工程项目收尾管理是整个项目管理周期中的一个重要环节,而在实际项目管理中通常没有给予足够重视,出现该阶段人员组织混乱、资料管理松散、剩余资源利用不合理等问题。本项目通过对收尾管理工作的介绍,着重强调收尾管理工作是项目管理工作的一个重要组成部分,主要介绍了竣工验收、工程质量保修与回访、竣工结算与竣工决算的相关知识。

1. 建筑工程竣工经验收合格后，方可交付使用；未经验收或者验收不合格的，（　　）。
   A. 不能正式使用　　　　　　　　B. 不得进行销售
   C. 不能进行结算　　　　　　　　D. 不得交付使用

2. 根据《建设工程质量管理条例》，（　　）应按照国家有关规定组织竣工验收，建设工程验收合格，方可交付使用。
   A. 建设单位　　　　　　　　　　B. 施工单位
   C. 工程监理单位　　　　　　　　D. 设计单位

3. 某工程竣工验收合格后第11年内，部分梁板发生不同程度的断裂，经有相应资质的质量鉴定机构鉴定，确认断裂原因为混凝土施工养护不当致其强度不符合设计要求，则该质量缺陷应由（　　）。
   A. 建设单位维修并承担维修费用
   B. 施工单位维修并承担维修费用
   C. 施工单位维修，设计单位承担维修费用
   D. 施工单位维修，混凝土供应单位承担维修费用

4. 根据《建设工程质量管理条例》关于质量保修制度的规定，下列关于最低保修期限的说法错误的是（　　）。
   A. 基础设施工程、房屋建筑的地基基础工程和主体结构工程，为设计文件规定的该工程的合理使用年限
   B. 屋面防水工程，有防水要求的卫生间、房间和外墙面防渗漏为5年
   C. 供热与供冷系统，为2个采暖期、供冷期
   D. 电气管线、给水排水管道、设备安装和装修工程为3年

5. 根据《房屋建筑工程质量保修办法》的规定，（　　）属于保修范围。
   A. 1个采暖期、供冷期内供热与供冷系统的质量缺陷
   B. 因使用不当造成的质量缺陷
   C. 第三方造成的质量缺陷
   D. 不可抗力造成的质量缺陷

6. 某房屋的主体结构因设计原因出现质量缺陷，则关于该房屋质量保修事宜的说法，下列错误的是（　　）。
   A. 施工单位仅负责保修，并有权对由此发生的保修费用向建设单位索赔
   B. 设计单位应承担此笔保修费用
   C. 施工单位接到保修通知后，应在保修书约定的时间内予以保修
   D. 施工单位不仅要负责保修，还要承担保修费用

7. 在保修期限内，因工程质量缺陷造成房屋所有人、使用人或者第三方人身、财产损害的，房屋所有人、使用人或者第三方可以向建设单位提出赔偿要求。因保修不及时造成新的人身、财产损害，由（　　）承担赔偿责任。
   A. 保修施工方　　　　　　　　　B. 质量原因鉴定方

C. 建设管理方　　　　　　D. 造成拖延的责任方

8. 工程项目回访的方式包括(　　)。

　　A. 季节性回访　　　　　　B. 技术性回访

　　C. 保修期满前的回访　　　D. 周期性回访

项目实训

---------------------------- **实训题 1** ----------------------------

【背景资料】

　　某建筑工程合同工期为 700 天,当距离合同竣工日还有 40 天时,承包人自检认为已达到竣工验收要求,向发包人递交了竣工验收申请。发包人接到申请后次日,由总监组织,发包人、设计方、承包人、工程所在地质量安全监督管理站监督员共同进行了初验。初验现场,质量安全监督管理站监督员认为本次初验组织不符合要求,要求重新组织初验。2 日后,由总监组织,发包人、设计方、地勘单位、承包人、工程所在地质量安全监督管理站监督员再次共同进行初验。验收时,发包方以承包人有压缩工期之嫌,提前竣工验收后距离向业主交房的时间还有近 1 个月,增加了发包方的管理工作量,要求推迟验收。

参考答案

【问题】

　　1. 总监组织发包人、设计方、承包人、工程所在地质量安全监督管理站监督员共同进行初验,质量安全监督管理站监督员认为该次验收组织不符合要求,理由是什么?

　　2. 发包方要求推迟验收是否合理?

　　3. 项目收尾管理主要包括哪些方面的管理工作?

---------------------------- **实训题 2** ----------------------------

【背景资料】

某施工单位承包某工程项目,甲、乙双方签订的关于工程价款的合同内容有:

(1)建筑安装工程造价为 660 万元,建筑材料及设备费占施工产值的比重为 60%;

(2)预付工程款为建筑安装工程造价的 20%,工程实施后,预付工程款从未施工工程尚需的主要材料及购件的价值相当于工程款数额时起扣;

(3)工程进度款逐月计算;

(4)工程保修金为建筑安装工程造价的 3%,竣工结算月一次扣留;

(5)材料价差调整按规定进行(按有关规定上半年材料价差上调 10%,在 6 月份一次调增)。

工程各月实际完成产值见表 11-4。

表 11-4　各月实际完成产值　　　　　　　　　　　　万元

月　　份	2	3	4	5	6
完成产值	55	110	165	220	110

【问题】

1. 通常，工程竣工结算的前提是什么？

2. 工程价款结算的方式有哪几种？

3. 该工程的预付工程款为多少？

4. 6月份办理工程竣工结算，该工程结算造价为多少？甲方应付工程结算款为多少？

5. 该工程在保修期间发生屋面漏水，甲方多次催促乙方修理，乙方一再拖延。最后，甲方另请施工单位修理，修理费为1.5万元，该项费用如何处理？

实训题3

【背景资料】

某市一建筑公司与发包人签订建筑工程合同工期为350天。距离合同竣工日还有60天时，发包人口头要求合同压缩30天，并承诺若承包人能压缩合同工期30天，将给予承包人5万元的奖励。承包人根据发包人要求，重新调整计划，组织赶工作业队伍进行赶工施工，并报方案经发包方签字确认。承包人于原合同工期的第325天时，完成了全部合同施工内容，并自检认为已达到竣工验收要求，向发包人递交了竣工验收申请。发包人接到申请后次日，组织了包括发包人、设计方、地勘单位、承包人、工程所在地质量安全监督管理站监督员在内的验收队伍进行工程竣工验收。

竣工验收合格，发包人认为承包人未能按要求压缩工期30天，取消奖励，同时不承认相关赶工费用，发包人还要求承包人自原合同工期满之日计算工程质保期。

按照合同约定，施工现场所有签证须在签证发生当月完成签证手续，承包人向发包人申请竣工结算时，发包人发现承包人基础施工时换填淤泥的签证未报发包人签字，仅现场管理人员进行了工程计量确认，因此，不予承认该签证。

承包人项目经理经过多次与发包人沟通，最终完成了项目竣工结算工作，拿到了工程尾款，宣布项目工作结束，解散项目部。

【问题】

1. 根据项目收尾管理知识，发包人取消承诺给承包人的奖励并不承认相关赶工费用，是否合理？

2. 根据项目收尾管理知识，承包人项目经理在项目收尾管理中应如何有效地与发包人进行沟通？

3. 根据项目收尾管理知识，发包人要求承包人自原合同期满之日起计算工程质保期是否正确？

4. 发包人不对承包人基础施工换填淤泥的签证予以承认是否正确？

5. 承包人项目经理拿到项目工程尾款就意味着项目工作结束了吗？

参 考 文 献

[1]中华人民共和国住房和城乡建设部.GB 50300—2013 建筑工程施工质量验收统一标准[S].北京：中国建筑工业出版社，2014.

[2]中华人民共和国国家质量监督检验检疫总局，中国国家标准化管理委员会.GB/T 24001—2016 环境管理体系要求及使用指南[S].北京：中国标准出版社，2016.

[3]中华人民共和国国家质量监督检验检疫总局，中国国家标准化管理委员会.GB/T 28001—2011 职业健康安全管理体系　要求[S].北京：中国标准出版社，2012.

[4]中华人民共和国住房和城乡建设部.GB/T 50326—2017 建设工程项目管理规范[S].北京：中国建筑工业出版社，2017.

[5]中华人民共和国住房和城乡建设部.GB/T 50319—2013 建设工程监理规范[S].北京：中国建筑工业出版社，2014.

[6]全国二级建造师执业资格考试用书编写委员会.建设工程管理与实务[M].北京：中国建筑工业出版社，2016.

[7]桑培东，亓霞.建筑工程项目管理[M].北京：中国电力出版社，2007.

[8]冯松山，李海全.建设工程项目管理[M].北京：北京大学出版社，2011.

[9]周鹏，奉丽玲.建筑工程项目管理[M].北京：冶金工业出版社，2010.

[10]银花.建筑工程项目管理[M].北京：机械工业出版社，2010.

[11]郑文新.土木工程项目管理[M].北京：北京大学出版社，2011.

[12]李玉芬.建筑工程项目管理[M].北京：机械工业出版社，2015.

[13]王庆刚，李静.建筑工程施工项目管理[M].武汉：武汉理工大学出版社，2011.

[14]宋春岩，付庆向.建设工程招投标与合同管理[M].北京：北京大学出版社，2008.

[15]叶雯.建筑信息模型(BIM)概论[M].重庆：重庆大学出版社，2017.